全国高等职业教育计算机类规划教材·实例与实训教程系列

多媒体技术与应用项目教程

王　珊　　赵志亮　　张园园

李文莉　高　妍　江立芬　编著

U0338814

电子工业出版社

Publishing House of Electronics Industry

北京·BEIJING

内 容 简 介

本书以基于工作过程的教学理念为指导，采用综合项目形式介绍 Authorware、Premiere、Flash 等多媒体软件在日常生活和工作中的典型应用及多媒体产品开发的过程。全书共 10 章，首先介绍多媒体项目的规划及多媒体素材的采集制作方法，然后通过毕业留念册、宣传片、视频教学光盘、触摸屏查询系统、基于数据库的考试系统、电子杂志、复杂个性化电子杂志、音乐 MTV 等 8 个综合项目的完成，来实现知识和技能的掌握，熟悉行业应用技巧，提高实际操作技能，灌输设计理念，最终使读者学习后能快速进入工作角色，与他人协作，完成项目的开发任务。

本书以适度、够用为原则介绍多媒体作品设计制作技术，让读者了解每一个真实项目制作的全过程和实现多媒体作品的基本原理、制作思路和高使用频率方法。本书可作为各高职院校计算机专业的"多媒体技术"课程的实验教材，也可作为高职院校非计算机专业学生进行职业综合能力、通识素质培养的"多媒体技术与应用"课程教材，还可供各类培训、多媒体技术爱好者参考使用。

本书配有教案、样例素材、程序源代码和实训练习素材，便于教师教学；配有教学操作录屏演示课件，便于读者自主学习与课外复习；读者可登录华信教育资源网（http://www.hxedu.com.cn）免费下载。

图书在版编目（CIP）数据

多媒体技术与应用项目教程/王珊等编著. —北京：电子工业出版社，2013.3
全国高等职业教育计算机类规划教材·实例与实训教程系列
ISBN 978-7-121-18910-4

Ⅰ．①多… Ⅱ．①王… Ⅲ．①多媒体技术—高等职业教育—教材 Ⅳ．①TP37

中国版本图书馆 CIP 数据核字（2012）第 269127 号

策划编辑：左 雅
责任编辑：左 雅 特约编辑：朱英兰
印 刷：北京虎彩文化传播有限公司
装 订：北京虎彩文化传播有限公司
出版发行：电子工业出版社
　　　　　北京市海淀区万寿路 173 信箱 邮编 100036
开 本：787×1 092 1/16 印张：21.75 字数：556.8 千字
版 次：2013 年 3 月第 1 版
印 次：2021 年 2 月第 7 次印刷
定 价：45.00 元

前　　言

随着数码产品的迅速普及，图片、音频、视频等资料也越来越多，无论工作还是个人平时生活，对多媒体信息处理的需求也越来越多。多媒体技术已经融入社会、生活的各个方面，其思想也已深入人心，成为人们关注的热点，是计算机及通信技术应用领域的一个发展方向，多媒体技术的应用将会越发普及。教育部计算机基础课程教学指导委员会应时代发展确定了"多媒体技术与应用"为大学计算机基础核心课程之一，本、专科学生都应具有多媒体技术技能和多媒体应用能力。

多媒体产品的制作是一件令人愉快的事情，你一旦投入进去，就会发现其中的乐趣并能体验到成功的快乐。本书以培养和提高运用多媒体技术创作有价值的项目作品为主要目标，介绍了现代生活和工作中开发多媒体项目必须的基本知识和实现技术。

本书是中国职业技术教育学会"十二五"规划课题《创新创业教育机制与多媒体技术课程体系的开发与实践模式研究》（项目编号：200924）的研究成果，是创新教学方法、与企业深度合作、协同创新的成果。

本书的定位

这是一本介绍工作、生活中常见的多媒体项目设计制作的书籍，以培养多媒体技术的中、高级实用人才为目的，通过多个完整的多媒体项目创作，促使读者具有多媒体产品开发思想和实际解决问题的能力。这本书从岗位和工作过程的角度，通过 8 个项目制作的全过程，诠释了"必须的基本知识和操作技术"，丰富多媒体技术课程的学习和教学。

本书可作为复合技能型、应用型人才培养的各类教育层次"多媒体技术与应用"课程的教学用书，也可供各类培训、多媒体制作从业人员和爱好者参考使用。

本书的特点

本书项目案例以典型工作、生活任务为载体，将工作任务目标设定为项目案例目标，项目具有真实、重现率高等特点，有利于学生理解项目背景，学习相关知识的应用场景。本书特点如下。

1. 以综合大项目为牵引，培养多媒体产品开发的思想

本书从项目规划构思入手，介绍项目素材采集、制作、作品编辑创作直至作品的发布、试用、调试完善的整个流程，让读者掌握每一个多媒体项目创作的全过程和实现多媒体作品的基本原理、制作思路。

2. 以工作需求和"二八法则"为参考，合理取舍软件功能

"二八法则"是指一个软件中能解决 80%需求的是其 20%的功能。本书主要讲解的软件有 6 个，任何一个都可以单独写一本教材，我们根据工作需求和"二八法则"取舍软件的功能介绍，通过项目案例对 20%的常用功能进行梳理，有利于初学者迅速掌握必要的技能。

3. 以工作生活中的典型应用精选案例，体现实用性、完备性、职业性

本书案例都是日常生活和工作中的典型应用，具有很高的实用性，通过 8 个全过程项目为学生提供了全方位的解决方案，提高学生的多媒体应用能力，促使学生成为多媒体创作的多面手。本书的组织紧紧围绕其职业要求，除了给出项目实现的具体步骤外，还给出相关问题的处理方法，使读者熟悉行业应用技巧，提高实际操作技能，灌输设计理念，最终使读者学习后能快速进入工作角色，与他人协作，完成项目的开发任务，为实际工作打下良好的基础。

4. 突出协同创新，培养学生团队意识，创新精神

本书注重培养学生自主学习能力和创新意识，更强调学生团队协同工作能力的培养。教材中的综合项目在实际教学中，采用小组共同完成的方式，四五个人一组，分工协作，让学生感受到好的协作会开发出好的作品。在每章后配有实训练习，只提出实训项目要求，给学生留有足够创作空间，培养学生的创新能力。

5. 提供"立体化"教学资源，便于教师备课和学生自学

本书配用各章节相关素材、效果样例、程序源代码、电子教案及实训练习素材，便于教师教学；配有教学操作录屏演示课件，便于读者自主学习与课外复习；读者可登录华信教育资源网（http://www.hxedu.com.cn）免费下载。

本书的内容结构

本书以基于工作过程的教学理念为指导，采用综合项目形式介绍 Authorware、Premiere、Flash 等多媒体软件在日常生活和工作中的典型应用及多媒体产品开发的过程。全书共 10 章，内容包括多媒体项目的规划及多媒体素材的采集制作方法，然后通过毕业留念册、宣传片、视频教学光盘、触摸屏查询系统、基于数据库的考试系统、电子杂志、复杂个性化电子杂志、音乐 MTV 等 8 个综合项目。

学生基础不同所需课时也不同，具体教学学时请根据实际教学情况酌情进行增减。建议学时分配如表 1 所示。

表 1　学时分配表

章　　节	学　　时
第 1 章　多媒体项目规划	2～4
第 2 章　多媒体素材制作	20
第 3 章　毕业留念册（Authorware）	4～6
第 4 章　宣传片（Authorware）	6～8
第 5 章　多媒体视频教学光盘（Authorware）	6～8
第 6 章　触摸屏商场查询系统（Authorware）	4
第 7 章　基于数据库的考试系统（Authorware）	6～8
第 8 章　电子杂志（ZineMaker）	4～6
第 9 章　复杂个性化电子杂志（Flash）	6～8
第 10 章　音乐 MTV（Premiere）	6～8
合计	64～80

本书使用的软件

本书涉及很多软件，为了方便老师教学与读者学习，列出软件清单如表 2 所示。

表 2　本书涉及的软件清单及应用领域

编号	软件名称	在项目制作中的应用	编号	软件名称	在项目制作中的应用
1	中文版 Microsoft Office	整理文字材料及教案演示	10	中文版 Illusion	制作视频粒子特效
2	中文版 Ulead COOL 3D	制作特效文字	11	中文版 Adobe Premiere	视频采集与处理
3	中文版 HyperSnap	计算机屏幕抓图	12	英文版 SWiSHmax	制作特效文字动画
4	中文版 ACDSee	图像文件的管理	13	中文版 Adobe Flash	动画制作
5	英文版 Crystal Button	水晶按钮制作	14	中文版 ZineMaker	电子杂志设计
6	中文版 Adobe Photoshop	界面及界面元素设计制作	15	中文版 Authorware	多媒体程序设计
7	英文版 EAC	CD 抓轨	16	英文版 IconWorkshop	制作图标，改变运行程序的图标
8	中文版 Adobe Audition	音频采集与处理	17	刻录软件	刻录光盘
9	中文版 Adobe Captivate	录制计算机屏幕操作	18	中文版暴风影音	播放视频文件

本书配套资源文件和目录结构

电子教案（文件夹）第 1～10 章教案（PPT）。

教学素材（文件夹）各章素材（文字、图片、声音、视频、动画），源文件，效果文件。

学习建议

我们希望您能从本书中学到处理问题的方法，也希望这些项目在今后的学习和工作中能给您提供适当的参考，在未来的学习中，当您遇到新的问题时，首先想到的是"我要干什么"，而不是"怎么做"，因为怎么做的问题，您完全可以交给"百度"、"Google"等。

致谢

感谢聂哲教授对本教材写作所给予的帮助，感谢电子工业出版社的左雅编辑给予的大力支持，感谢我的家人对我的理解。

本教材由王珊进行规划与统稿，由王珊（第 1、2、5、7、8 章）、张园园（第 3、4 章）、赵志亮（第 6 章）、李文莉（第 9 章）、高妍（第 10 章）、江立芬（第 2 章第 5 节）合作编著。由于时间紧迫和编写水平的限制，书中不足甚至错误在所难免，敬请读者多提宝贵意见。

编　者

2013 年 1 月于深圳西丽湖畔

目 录

CONTENTS

X

第 8 章　电子杂志（ZineMaker）　/229

第1章

多媒体项目规划

1.1 多媒体技术的应用

多媒体技术是一个涉及面极广的综合技术，是开放性的没有最后界限的技术，它被广泛地应用于企业宣传——商业演示光盘，教学培训——教学培训光盘，产品使用说明——技术资料光盘，影视创作——《馒头血案》、《楼市春晚》、《个性 MTV》，多媒体触摸屏的商场导购，展会导览，信息查询等诸多领域。多媒体技术的出现为人们提供了一个新的表现舞台。

多媒体技术给人们的工作、生活和娱乐带来了巨大的影响，是一门实用性极强的技术。如今，多媒体技术思想已经深入人心，成为人们关注的热点，它有很大的发展前景，是计算机应用领域及通信技术的发展方向。由于多媒体产品具有直观、生动、人机交互好、信息量大和易于传播的特点，是一种更易于被人类自然接受的媒体，所以它会越来越普及。那么如何在屏幕这个方寸之间使多媒体作品发挥更好的表现效果，将成为每一位多媒体创作者不懈追求的目标。

多媒体技术的典型应用主要包括以下几个方面。

1．教育和培训

多媒体技术的特点最适合教育，利用多媒体技术进行教学、培训工作，寓教于乐，教学内容直观、生动、活泼，教学效果好。在教育领域中，CAI，CAT，CBL 都是多媒体技术典型应用的例子。

2．信息发布与推广

在销售、宣传及推广等活动中，使用多媒体技术制作的多媒体宣传片，能够图文并茂地展示产品、个人、公司情况及活动主题，达到或超过预期的宣传效果。

3．娱乐与游戏

影视作品和游戏产品是计算机的一个重要应用领域。多媒体技术的出现给影视作品和游戏产品的制作带来了革命性的变化。随着数码相机、数码摄像机、CD-ROM、VCD、DVD 等产品的流行并日趋普及，各种价廉物美的光盘产品给人们的日常生活带来无比的欢乐。多媒体技术在作品的制作与处理上，越来越多地被人们采用。

4．视频会议系统

随着多媒体通信和视频图像传输数字化技术的发展，计算机技术、通信技术、网络技术的结合，视频会议系统将成为人们关注的另一个应用领域。与电话会议系统相比，视频会议系统有一种让人身临其境的效果。

多媒体技术应用十分广泛，上面只是列举了几个典型应用。伴随着信息化社会的进一步发展，多媒体技术将更加普及，其应用将更加广泛。

1.2 多媒体设计师职位要求

（1）大学专科及以上学历；

（2）对多媒体行业，影视动画后期制作有浓厚的兴趣；

（3）想象力丰富，思路新颖，有较强的文案策划能力；

（4）能熟练运用 Authorware 或 Flash，兼通 Premiere、Photoshop、AE、3DMAX 等多媒体软件操作；

（5）具有一定的美术基础、色彩控制能力强、会校色；

（6）熟悉镜头语言，理解脚本，善于剪辑动画或者影视广告；

（7）熟悉音频的录制、编辑及音效处理；

（8）积极肯干，吃苦耐劳，责任心强，具有创新精神；

（9）具有团队协作精神和良好的沟通能力；

（10）附近期具有代表性的作品一二件（最好是能体现个人能力的代表作）。

1.3 多媒体项目的特点

1.3.1 教学软件的特点

多媒体教学软件是一种根据教学目标设计的，表现特定教学内容，反映一定教学策略的计算机教学程序，它可以用来存储、传递、处理教学信息，是能让学生进行交互操作，并对学生的学习做出评价的教学媒体。用多媒体教学软件教学可以为教师和学生节省大量的时间，比如板书、画图、各种资料的演示。多媒体教学软件中描述的概念应具有科学性，问题表达要准确无误，引用资料要正确，并有合理的认知逻辑，内容展现直观、有趣、交互性高，易操作。一般在设计制作时应注意以下几点。

▶ 1. 明确应用对象、应用环境

教学软件从应用群体上分，分为供学校教师课堂使用的课件和学生课外使用的家庭教学软件及个人教学软件。家庭教学软件又分为与大纲同步的综合软件和偏重具体学科或具体知识点的独立软件。

▶ 2. 明确具体的教学目标

使用教学软件最终要达到什么样的教学效果，就是要明确教学软件在学习过程中扮演什么样的角色。如果是助学型软件，就要考虑软件的服务对象是学生，他们每天在学校接受系统的教育，在学校课堂上已经完成了学习过程中的主要环节，使用教学软件的

目的是为弥补在校学习的不足和强化学习效果、提高学习成绩。所以，教学软件就没必要再是课堂教学的翻版。基于这种认识，软件在设计上应有所侧重，在保证知识体系完整的前提下，淡化"教学"突出"助学"，将预习、学习、复习、自我测试、自我评价融合到软件各个模块中，有利于学生自主选择学习，充分发挥学生自身的主动性。

3．设置丰富的人机交互

计算机有别于传统媒体，它拥有强大的信息处理能力，能够提供丰富的人机交互。在教学软件的设计过程中要特别注重交互设计，围绕学习目标，给用户提供多种适当的交互手段。针对使用者特点，软件内容可以丰富多彩，但使用宜简单灵活。

4．兼顾各层次的学生

软件设计要充分地兼顾各层次的学生，使层次浅的学生有所收获，使出色的学生有可以钻研的内容，达到吸引各层次学生的注意力并能有效提高学生的思维能力的目的。

1.3.2 宣传软件的特点

随着多媒体技术的不断发展，在进行企业产品、旅游景点介绍、服务信息的推广及企业个人形象的宣传时，已不再只通过宣传册的方式来宣传，而是通过精美的宣传光盘来宣传。宣传光盘与宣传册相比具有成本适中、易于传播、内容丰富多彩、容量巨大、易于携带、方便保存、比纸质媒体具有更好的耐用性和持效性等优点。

多媒体宣传软件的设计方法与多媒体教学软件是不同的，它没有课前复习、目的要求、重点难点、课堂练习等组成部分。它一般应有一个片头，中间是主体部分，最后是开发团队、鸣谢等内容，主体部分通常用交互结构来实现。在开发制作工作中，设计策划和素材准备将是整个制作流程的重要工作环节，设计制作内容一般应具有以下特点。

1．美观的用户界面

亲切、美观的用户界面是吸引使用者进行内容浏览的基本前提。

2．明确的主题

要让人一看便知道是什么样的信息内容，画面主题的文字或图形要醒目，在画面中应占据突出地位。标志性的文字或图案，尽量统一，使其贯穿全局。

3．清晰的导航结构和浏览指示

栏目菜单页中的导航安排，需要按照各个栏目的主次关系来排列顺序，让用户清楚地了解各个栏目内容的功能和重要程度，能更主动地浏览需要的内容。用于进行导航控制的指示（按钮、按键或其他方式），要符合"安排合理、控制简易、生动美观"的要求。

4．内容完整，主次分明

不同定位宣传光盘，其内容信息也具有不同特点。不管是进行产品说明，信息推广，还是服务宣传或其他信息的展示，对项目内容的完整表现都是最重要的基本要求。有效信息的表现必须标准、全面；辅助信息是保持用户浏览兴趣的重要内容，如在光盘浏览过程中提供一些与主题相结合的娱乐性的内容，可以增强主题内容的表现力，取得更好的诉求效果，达到了预期目标。

1.3.3 触摸屏项目的特点

触摸屏是一种应用广泛的多媒体发布形式，而且是一种对于不懂计算机的普通人来说都会接触到的一种形式。这种项目相对简单，它不需要音频，也没有视频，但与一般多媒体演示程序相比它具有如下的特点。

1. 界面上不能有退出程序的交互

触摸屏实际就是在普通 PC 屏幕上加了一个触摸屏，使用户点按屏幕就能获得与使用鼠标一样的交互效果。一般放在展会大厅里的触摸屏的 PC 部分（键盘、鼠标、主机）都被锁在柜子里，如果在程序上设置退出交互按钮，当使用者退出程序时，就需要打开柜子重新启动程序，这样就会造成麻烦。

2. 设置易于触摸屏操作的交互

在触摸屏项目中不要设置鼠标双击、拖动等使用触摸屏不方便操作的交互。因为使用触摸屏时用户的手指代替了鼠标，所以就要求程序有更易于操作的交互性。

3. 项目需要全屏显示

一般多媒体项目，不需要程序的演示窗口全屏演示，但是对于触摸屏项目来说最好是全屏演示，因为这样程序的界面就会相对大一些，与使用者的交互会更好一些。

1.4 多媒体项目开发流程

多媒体项目涉及多种媒体的综合使用，强调创意和表现手法，与通常的计算机软件系统的开发过程有所不同，一般多媒体项目开发流程如图 1-1 所示，包括从编制项目进度计划到推广发布应用维护七个阶段。

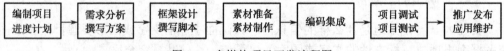

图 1-1 多媒体项目开发流程图

1.4.1 编制项目进度计划

项目进度计划需要安排所有与该项目有关的活动，在项目开发中，不是所有任务都是完全独立的顺序进行的，有些任务是可以并行的。制订项目进度计划时，必须协调这些平行的任务并且组织这些任务工作，以使资源的利用率达到最优化。同时，还必须避免由于关键路径上的任务没有完成而导致整个项目的推迟。项目计划可使项目组成员明确自己的工作目标、工作方法、工作途径、工作期限要求，使得项目各项工作协调一致开展。如表 1-1 所示是一个小型项目的进度计划。

表 1-1 项目进度计划表

序　号	制作过程	可同时进行的过程	时间分配（工作日）
1	需求分析撰写方案	硬件软件安装调试	2
2	框架设计撰写脚本	项目设计	3
3	素材的前期采集		2
4	素材的后期制作		4
5	项目设计与制作		5
6	项目调试与修改		2
7	编写文档与发布		1
8	测试评价确认质量		1
合计			20

1.4.2 需求分析撰写方案

需求分析撰写方案阶段的主要任务是明确设计范围、设计要求和目标，进而完成方案报告和需求规格说明书。

1. 需求分析，明确项目范围

项目的需求分析应主要包含三方面内容：目标、信息接受者和实际制作因素。可以对客户及团队成员进行咨询探索，对问题认识逐步深入，以便明确设计范围、要求和目标。

一般应列出以下问题：

（1）该多媒体项目的主要目的或要达到的目标是什么？

（2）谁是接受这些信息的观众？

（3）主要交付介质是什么（CD-ROM、网页、硬盘，或者访问者通过 Internet 下载等）？

（4）现有什么样的资料（例如，其他多媒体程序、图形、演讲录音、手册等）？

（5）开发时间有多长？

（6）将来是否升级该程序？

（7）该项目的财务预算是多少？

（8）执行该程序所需的软硬件配置情况是什么样的？

（9）系统难度有多高？

（10）是否有足够的人员配合？

通过对这些问题的回答，可以帮助确定包括财务预算、时间进度、实现手段在内的所有项目范围。

2. 撰写方案

需求分析完成后就着手撰写方案书，多媒体项目好比盖一座房子，最初的方案书就是一个设计草图，有了这个草图，客户才会知道你的设计意图。这个方案书对于制作者来说非常重要，一般客户在签订合同的时候往往以这个方案书作为双方认同的最后产品应该达到的标准，但如果纯粹为了省事写得太简单则客户不会把项目交给你。怎么把握这个度呢？要根据自身条件和客户需求实事求是来写，不玩"虚"的，对双方都有好处。最终的方案书应包括作品类型、用户分析、内容分析、软硬件分析、成本/效益分析等内容。

经验技巧

（1）一般在制作工作进行一段时间以后，客户会对原来的方案书（此时已经签下合同）提出修改，如果读者朋友碰到这种情况，一定不要轻易答应，即使答应了也要与客户重新签订合同。因为在制作开始一段时间后，再修改方案是制作多媒体项目的大忌，这样会增加很多工作量。

（2）在进入下一个环节前，要进行方案评估，评估的目的在于确认各种可能的方案是否真正使问题得到解决。因此，必须将方案与用户需求互相对照并列出功能，有条件应请最终用户判断这些方案的正确性，并在正确的方案中找出有创意的目标方案。这里要强调创意新颖，但也要强调可行性。因为有的设计方法可能很有创意，但可行性不高，难以实现。从众多的分析方案中找到一个可行性高而最有价值的方案后，再次征求用户意见以确定之。

1.4.3　框架设计撰写脚本

通过需求分析确定设计方案后，接着就进入项目设计阶段，即开始构思项目结构，规划项目的整体框架，层次结构，交叉跳转，这通常可能是开发项目中最困难的一部分。大家要将创造性和灵感全部集中起来，设计一个明确的制作过程，并用流程图或演示文档的方式描绘出来形成脚本。脚本应包括两方面内容，即脚本内容和控制路径设计。脚本内容将所需要表达的内容用具体的文字描述出来，并对项目各个部分所需要的媒体和表现方式进行设计。而控制路径设计可以从内容、交互性、用户友好性开始，创建一幅流程图来使原形结构形象化。这种做法非常有益，对于由两个或更多的人来创建应用程序项目就更为重要，这将会为每个人提供公共的参考，避免在该项目的制作过程中产生混乱。

在进行脚本设计时还必须对多媒体软件的屏幕布局、图文比例、色彩、色调、音乐节奏、显示方式和用户交互方式等内容进行设计，确定多媒体软件的表现形式、界面元素排列位置及激活方式等。因此，脚本设计过程实际上是一个创意过程，创意的好坏取决于设计人员对需要表现内容的深刻理解和创作人员的水平，它决定了最终多媒体软件的质量。

经验技巧

（1）创意设计要紧扣主题，对准设计目标，不可一味追求新、奇、特，要知道所有的技术手段都是为了主题服务的，不可喧宾夺主。

（2）多媒体程序的层次结构不宜设计得过于复杂，因为浏览者希望通过尽可能简单的操作就可看到真正要看的内容，否则有可能在等待界面切换时就失去了耐心。

1.4.4　素材准备与制作

准备多媒体素材是多媒体项目制作中一件费时却又必须做的事。素材的采集准备可由多人分工合作。在准备多媒体素材时，可以通过各种途径获取已有的媒体素材。但是在使用其他人或公司的素材时，需要特别注意素材的版权问题。

素材采集好后，就应制定素材制作标准，将各类媒体的格式或者压缩标准规定好写入技术文档中，以便于在素材采集和处理时做到媒体格式统一和视觉、听觉效果的统一。设置的标准主要包括文字标准、图形图像标准、动画设计标准、音频设计标准和视频设计标准。下面列出一些标准。

（1）文字标准。

统一采用系统字体，以减少程序的数据量，加快程序的运行速度。字体可采用宋体、黑体、楷体 GB-23121、隶书。字符的大小采用 Authorware 标准的 12、14、18、20、22 几种大小。

（2）图标和变量名称的规定。

图标名称和变量名称同样非常重要，如果随意命名会导致重复和混乱，因为项目程序是由几个人分开制作的。所以一旦变量和图标名称重复，就会导致很严重的错误。在 Authorware 中如果图标名称重复，很多函数语句就会失效。所以要严格规定图标和变量的命名规则，这样不仅减少了程序错误，还使得以后修改和阅读程序非常容易。一般对于图标名称可采用如下命名规则：

【程序模块代码】【所在层代码】【用途代码或素材说明】【其他信息说明】

例如，片头动画的视频图标名称如下：

ML2 视频片头——其中 M 表示主程序，L2 表示在程序的第 2 层，视频片头是描述它的文字。

对于不能够说明的图标，还应该在它的上面加入计算图标来说明，以便在进行最终程序集成的时候提高工作效率和减少错误。

无论文本、声音、动画等媒体文件源于何处，都必须进行数字化处理、编辑，最后转换为项目标准要求的存储形式。

1.4.5　编码与集成

多媒体应用项目制作任务可分为两个方面：一个是素材制作，另一个是集成制作。在上一个环节中，素材制作已完成，那么编码集成阶段的主要任务是按照设计脚本将已经制成的各种多媒体素材连接起来，集成为完整的多媒体应用软件。对于 MTV 影视节目来说，就是影片的后期制作。

多媒体应用项目集成一般采用两种实现方法：一是采用多媒体编程语言，如 Visual Basic、Visual C++等；二是选用多媒体制作工具，如 Authorware、Dreamweaver 等。若要开发有创新的应用项目，不被创作工具局限性所控制，就应采用如 Visual Basic 或 Visual C++等编程语言编码设计，但编码复杂，需要由训练有素的程序员来完成。所以，一般情况下采用多媒体制作工具进行开发，仅当多媒体制作工具不能实现需要的功能时，才考虑用程序语言编程。

1.4.6　系统测试与调试

完成一个多媒体项目制作后，必须进行项目质量测试，以便改正错误、修补漏洞。有时还要进行优化，如版面设计是否美观、速度是否可以提高。质量测试贯穿项目制作的始终。开发周期的每个阶段、每个模块都要经过单元测试、功能测试，模块连接后要进行总体功能测试，发现错误后及时改进。问题发现越早，越能减少后续工作人力、物力的浪费。

对软件程序模块的测试方法是"走代码"（Walk-through）的方法，即静态的研读脚本设计书和源代码，对有逻辑分支部分，每个分支至少走一遍来检查错误，并记录下来。

实际测试时可从以下五个方面来进行。

（1）内容：测试系统内容的正确性，应完全符合开发目标。

（2）界面：通过对系统进行多方面的测试，确保无任何缺陷。

（3）数据：应保证数据调用完整无损。

（4）性能：由目标用户代表进行，确保符合方案书中开发协议的要求。

（5）容错：具有容错功能。

1.4.7 试用维护推广发布

当项目测试完成修改后，形成一个可用的文件版本，便可交给用户投放试用。在试用中再不断地清除错误，强化软件的可用性、可靠性及功能，具体方法如下。

（1）用户实测：把系统交给多个用户使用，看是否能满足用户需求、有无特殊困难和问题，要求用户记录使用过程。

（2）多种环境下实地观测：应用系统能否正常使用，不仅是系统本身设计的好坏，还涉及到许多外部因素。因此，应在多种应用环境下测试应用软件，检查软件对操作平台的支持性能。

（3）专家评估：聘请应用领域专家和计算机软件开发专家进行应用系统评估。这两方面的人员缺一不可，由他们进行评估、功能测试，并提出较为完整的评估报告。

（4）问卷与访谈：选取较多的用户进行问卷调查，以便了解更多用户意见。

在试用后，根据用户提出的建议，对软件进行维护，使项目功能更加完善。每次进行维护，都应该遵守规定的程序进行，并填写和更改好有关的文档。经过试用检查和优化，确认多媒体项目符合用户需求后，就可以交付使用或推广发布了。与此同时，还需要制作一些使用说明书及包装产品等，送到最终用户手中。

1.5 多媒体项目界面设计原则

屏幕界面的设计是一门艺术，综合了多门学科的内容，更是一门科学，一般应遵循以下几个基本原则。

1．一致性

一致性是指多媒体软件的所有界面设计要给人前后一致的感觉。具体而言，对于具有相同功能的操作对象，在形式和格式上要一致，起控制作用的按钮和图标也应一致，否则会增加用户的思考时间。

2．简洁性

简洁性是指在分析使用该软件的用户基础上，设计的界面复杂程度和清晰度应与用户的能力相适应，在完成预定功能的前提下，应该使得用户界面越简单越好，让用户把注意力放在软件所要表达的内容和功能上，而不是仅仅被吸引到界面的美观性上。每个画面中的功能数目应该在 7±2 个范围内，这是人们记忆能力的最佳数目。

3．可理解性

可理解性是指屏幕的设计应让人容易领会和理解，界面术语标准化，拥有帮助功能、快捷的系统响应和较低的系统开销。用户应在界面中很好地找到要做什么、怎么去做，通过图形、文字提示使用户通过尽可能简单的操作便可得到所需要的信息。

4．平衡性

屏幕界面中各显示元素应尽可能地保证上、下、左、右均衡分布，过分拥挤的显示容易让人产生视觉疲劳和信息接收错误。

5．文字用语简洁规范

文字用语简洁，格式规范，不易产生二义性。在界面中必须保证文字的简洁性，尽量采用用户熟悉的行业术语或行话，不要使用过多的文字信息。当界面必须显示大量文字信息时，应尽量采取分页措施。在设计界面文字显示风格时，除了关键字和特殊用语加粗或加大外，同一组或同一行的显示文字应尽量使用同一种字型来表示。

6．色彩和谐

界面元素的颜色搭配对软件界面显示效果影响很大，和谐的彩色显示比黑白显示更令人愉悦，且不易引起人的疲劳。但是，纯色对细节的视觉分辨力较好，在界面颜色的搭配过程中，需要在舒适感和细节分辨两者之间进行折中。

在界面元素的颜色使用过程中，除了特殊字词以外，所有文字以同一种颜色显示；对启用的对象和禁用的对象采用不同的颜色进行显示，启用的对象颜色鲜艳，禁用的对象颜色暗淡；用鲜艳的彩色作为前景颜色，用暗色或浅色作为背景色；警告信息用红色表示，或通过闪烁来引起注意；在同一个画面中应当不超过四种颜色，用不同层次及形状来配合颜色，以增加变化效果；注意利用颜色的心理暗示，如蓝色代表博大、永恒的象征，绿色代表健康、生机、清爽、新鲜等，红色代表热情、兴奋等。

1.6　多媒体项目界面色彩运用

当人们在观察一件事物时，首先映入眼帘的就是事物表面的色彩，色彩在界面设计中占据相当重要的地位。有些界面看上去十分典雅、令人赏心悦目，但是界面结构却很简单、图像也不复杂，这主要是色彩运用得当所取得的事半功倍的效果。在多媒体项目界面设计时，应注意运用色彩来进行视觉区域的划分，主次的引导，主题的烘托。计算机显示器的色彩是通过荧光屏的磷光片发出的色光通过正混合叠加出来的，它能够显示出千万种色彩。下面介绍色彩的主要知识。

1．色彩的三个基本概念

（1）三原色：是指不能用其他色混合而成的颜色，有红（Red）、绿（Green）、蓝（Blue），一般称为 RGB 模式。

（2）三间色：是指由任意两个原色混合后的颜色，有橙、绿、紫。红+黄=橙；黄+蓝=绿；蓝+红=紫。

（3）六复色：是指由一种间色+一种原色混合而成的颜色，有黄橙、红橙、红紫、蓝紫、蓝绿、黄绿六种颜色。

2. 色彩的三要素

（1）色相。

色相是指色彩的相貌，色彩的外观特征，是色彩之间相互区别的最主要的因素。

知识链接

把色相接近的那些色（色相环中相距 30 度左右的色）称为同类色；色相差别较大的那些色（色相环中相距 90~180 度左右的色）称为对比色或互补色；色相差别适中的那些色（色相环中相距 50 度左右的色）称为类似色。

（2）饱和度。

饱和度是指色彩的艳丽程度。例如在一个大红色里逐步添加白色或者黑色，这个大红色就会变得不像以前那么艳丽了，这是因为它的纯度下降了。

（3）明度。

明度是指色彩的明暗程度或亮度。一般来说黄色最亮，即明度最高；蓝色最暗，即明度最低。

3. 色彩的心理效应

在多媒体项目界面设计中必须考虑色彩的心理因素。下面对几个基本色相共有的心理效应作一下介绍。

红色——让人联想到火焰、太阳、血、玫瑰。在心理上具有热情、兴奋、靓丽、勇气、活力、危险、紧迫、炎热的反应。如采用红色作为整个画面的主要色调，会体现一种刺激紧迫的视觉效果。

橙色——让人联想到火焰、太阳、橘子、夏天。同时在心理上产生了热情、兴奋、靓丽、青春、时尚、勇气、活力、危险、紧迫、炎热的反应。如整个画面采用橙色为主色调，就会表现了一种活力的视觉效果。

黄色——让人联想到光、麦田、向日葵、柠檬、香蕉、月亮。在心理上产生明亮、温暖、幸福、快乐、轻松、希望、提高警惕的反应。如采用黄色为主色调，则能体现画面幸福快乐的视觉心理感受，也会给人警惕、危险的感受。

绿色——让人联想到大自然、植物、树叶、蔬菜、青苹果。在心理上产生健康、生机、清爽、新鲜、放松、年轻、平衡、和平的反应。绿色符合了服务业，教育卫生保健业的诉求；在工厂中为了避免操作时眼睛疲劳，许多工作的机械也是采用绿色；一般的医疗机构场所，也常采用绿色来作空间色彩规划来标示医疗用品。

蓝色——蓝色是最冷的色，是永恒的象征，具有深远、永恒、沉静、理智、诚实、寒冷的意象。在设计中，强调科技、效率的商品或企业形象，大多选用蓝色当标准色、企业色，如计算机、汽车、影印机、摄影器材等；另外蓝色也代表忧郁。

紫色——紫色让人联想到紫罗兰、薰衣草、葡萄、藤花、紫水晶。在心理上，紫色给人一种高贵、特别、气质、灵性、忧郁、低俗的反应。运用紫色为主色调，会使整个界面具有高贵、气质的视觉效果。

黑色——黑色让人联想到夜晚、乌鸦、头发、黑色礼服、丧服等。在情感上，黑色给人死亡、神秘、高贵、厚重、阴郁、绝望、恐怖、邪恶、不安、危险的心理反应。采用黑色为主色调，可体现出神秘奇异的效果。

白色——白色让人联想到雪、云、兔子、纸、牛奶、天鹅、医院、婚纱。白色具有高级、科技的意象，通常需和其他色彩搭配使用，纯白色会带给别人寒冷、严峻、纯洁、神圣、朴素的感觉，所以在使用白色时，都会掺一些其他的色彩，如象牙白、米白、乳白、苹果白。在生活用品、服饰用色上，白色是永远流行的主要色，可以和任何颜色作搭配。

灰色——灰色让人联想烟雾、阴沉的天空、工路、老鼠。在情感上，灰色让人感觉朴素、模糊、抑郁、优柔寡断、时尚。灰色与高纯度和明度的彩色搭配，能起到很好的缓冲作用。

青色——让人联想到天空、大海、湖泊、山川、清水。同时在心理上，给人以清爽、爽快、寒冷、冷静、庄严、神圣的感觉。

▶ 4. 色彩构成

色彩构成（Interaction of Color），是研究符合人们知觉和心理原则的配色。配色有三类要素：光学要素（色相、饱和度、明度），存在条件（面积、形状、肌理、位置）和心理因素（冷暖、进退、轻重、软硬、朴素华丽）。设计的时候运用逻辑思维选择合适的色彩搭配，产生恰当的色彩构成。最优秀的配色范本是自然界里的配色，要养成观察自然界里的配色的习惯，通过理性提炼，最终获得所需要的配色方案。

1.7 多媒体项目开发人员组成与分工

多媒体项目制作从项目的构思到产品交付使用，需要耗费大量的时间和开发人员的精力。多媒体项目制作是个复杂的过程，也是一个创新的过程，没有现成的毫无疏漏的准则，都需要项目负责人组织，开发成员共同研讨制订出开发进程计划。一项原始简单的多媒体制作可能由一个人完成，但大中型多媒体应用项目都需要许多人共同合作来完成。当建立开发队伍时，应该确保承担任务的人清楚理解开发过程每个角色所要完成的工作，开发时要掌握项目每一位成员正在干什么，并清楚谁对谁负责，避免开发过程混乱和开发人员陷入困境。

通常情况下，一个完整的多媒体软件开发组需要配置以下开发人员。

▶ 1. 项目总负责人

项目总负责人承担整个项目的开发和实施，主要任务有选择项目、筹划资金、经费预算、进度安排、人员安排、启动创作、组织调试和发布。他起到将全组成员团结在一起的核心作用。

作为一名优秀的项目总负责人，管理能力是首要的。即使项目开发队伍很小，高超的管理能力对于项目总负责人处理费用开支、工作进程和不可避免的困难都是必需的。除了管理能力，有远见和洞察力是一名优秀多媒体项目总负责人的另一个基本素质。从多媒体制作项目策划设计到最后完成，构想产品的外观及给人的整体感觉是项目总负责人的责任。项目总负责人必须能把自己的构想清楚地表达给相应的成员，让他们来具体完成。在实际的开发过程中，项目总负责人非常像大海里的船长，在大脑里构想着一幅地图，一条既定的航线，还要组织安排大船和船员。在开发过程中，项目总负责人应该了解各成员的工作进度，指导他们高效率地完成任务。除了上述素质外，一名多媒体项目总负责人还应经常把更多传统的媒体背景知识带给其成员。总之，项目总负责人是整个多媒体开发制作过程的最高统帅，负责重要的决策，预计工作进展并按计划投放资金。

2. 多媒体设计师

多媒体设计师协助项目总负责人为项目设计脚本和将脚本转化成多媒体产品，任务如下。

（1）脚本设计：是多媒体软件开发的核心。创作者需对软件的主题和内容有深入的理解，并应具有较强的综合组织和文字表达能力。脚本应紧扣主题目标，进行项目作品风格、交互风格、分支分层结构、菜单形式、超级文本、超级媒体的组织方式的规划设计，然后逐渐发展成一份提纲，一个故事概要，一篇详细的描述，最后演变成可操作的模块和层次。不管项目作品的类型如何，脚本都应体现多媒体软件的集成性和交互性特点。

（2）创作人员组织：调配各方面专业人才的分工，例如，脚本修改、人机交互设计、界面设计、文字录入、音乐创作、语言录音、图形处理、视频制作和程序设计等，以便协调开展工作。

（3）设计指导：对作品的总体和模块设计进行指导。总体设计是指对整个脚本的版面、图文比例、呈现方式、色彩、音乐的节奏及整体的结构进行总的设计和描述。分模块设计的关键是根据总体设计的方案和原则对模块所表达的内容的交互性作更深一层的描述。

3. 数据采集员

数据采集人员负责前期资料整理工作，包括扫描文字的录入和数据转换，将各种媒体数据整理到位。

4. 多媒体设计员

多媒体设计人员包括美术师、动画师、图像处理专家、视频专家和音频专家，分别负责设计界面的图形视觉效果、声音的处理、视频处理和动画处理等工作，并能协同进行多种媒体信息的协调和同步处理。

对于创业型的小型开发组，把管理当作团队工作共同完成，权力差别小一点比较好，这样可以让每个人分担多一些责任。所有重要事情都讨论决定，可以找一个威望最高的人，在时间紧迫无法讨论的情况下做决策，但大家要信任他，相当于是大家给他授权。

项目团队是否有凝聚力取决于参与人员是否有共同目标，而不是靠权力和关怀。

▶ 5．多媒体软件工程师

多媒体软件工程师负责通过多媒体制作工具或编程语言将多媒体素材按照脚本创作规定的方式组织起来，形成完整的多媒体软件作品。

▶ 6．软件测试工程师

软件测试工程师主要负责对多媒体软件产品进行多种测试。

1.8 多媒体创作工具简介

1.8.1 多媒体创作工具的定义

多媒体创作工具是集成处理和统一管理文本、图形、静态图像、视频图像、动画、声音等多种媒体信息的一个或一套编辑、制作工具，也称多媒体开发平台。而在集成多媒体信息的基础上，创作工具提供了自动生成超文本组织结构功能，即进行超链接的功能，就称为超媒体创作工具。在多媒体应用设计过程的选题、设计、准备数据、集成、测试及发行各阶段中，创作工具实际上是指在集成阶段所使用的工具。

多媒体创作工具实质是程序命令的集合。它不仅提供各种媒体组合功能，还提供各种媒体对象显示顺序和导航结构，从而简化程序设计过程。目的是为多媒体/超媒体应用系统设计者提供一个自动生成程序编码的综合环境。因此，多媒体创作工具应包括制作、编辑、输入/输出各种媒体数据，并将其组合成所需要的呈现序列的基本工作环境。

虽然多媒体创作工具可设计内容丰富的应用程序，但由于有些创作工具是为媒体数据传输特别设计的，往往不如程序设计语言灵活有效。

1.8.2 多媒体创作工具的种类

每一种多媒体创作集成工具都提供了不同的应用开发环境，并具有各自的功能和特点，适用于不同的应用范围。根据多媒体创作方法和特点的不同，可将多媒体集成工具其划分为以下几类。

▶ 1．以时间为基础的多媒体创作工具

以时间为基础的多媒体创作工具所制作出来的节目最像电影或卡通片，它们是以可视的时间轴来决定事件的顺序和对象显示上演的时段。这种时间轴中可以包括多行道或多频道，以便安排多种对象同时呈现；还可以用来编辑控制转向一个序列中的任何位置的节目，从而增加了导航和交互控制。

通常该类多媒体创作工具中都会有一个控制播放的面板，与一般录音机的控制面板类似。在这些创作系统中，各种成分和事件按时间路线组织，这种控制方式的优点是操作简便、形象直观，在一个时间段内，可任意调整多媒体素材的属性（如位置、转向、出图方式等）。缺点是要对每一素材的呈现时间作精确的安排，调试工作量大，适合一项有头有尾的消息。这类多媒体创作工具的典型产品有 Director 和 Action 等。

2．以图标为基础的多媒体创作工具

在这些创作工具中，多媒体成分和交互队列（事件）以结构化框架或过程图标为对象，使项目的组织方式简化，而且多数情况下是显示各分支路径上各种活动的流程图。创作多媒体作品时，创作工具提供一条流程线（Line），供放置不同类型的图标使用。使用流程图隐语去"构造"程序，多媒体素材的呈现是以流程为依据的，在流程图上可以对任意图标进行编辑。优点是调试方便，在复杂的设计框架中，这个流程图对开发过程特别有用。缺点是当多媒体应用软件制作很大时，图标与分支很多。这类创作工具典型代表是 Authorware。

3．以页式或卡片为基础的多媒体创作工具

以页式或卡片为基础的多媒体创作工具都是提供一种可以将对象连接于页面或卡片的工作环境。一页或一张卡片便是数据结构中的一个节点，类似于教科书中的一页或数据袋内的一张卡片，只是这种页面或卡片的数据比教科书上的一页或数据袋内一张卡片的数据多样化罢了。在多媒体创作工具中，可以将这些页面或卡片连接成有序的序列。

这类多媒体创作工具是以面向对象的方式来处理多媒体元素的。这些元素用属性来定义，用剧本来规范，允许播放声音元素及动画和数字化视频节目。在结构化的导航模型中，可以根据命令跳转到所需要的任何一页，形成多媒体作品。其优点是便于组织和管理多媒体素材，缺点是在要处理的内容非常多时，卡片或页面数量过大，不利于维护与修改。这类创作工具主要有 Tool Book 及 PowerPoint 等。

4．以传统程序语言为基础的创作工具

这些工具需要大量编程，可重用性差，不便于组织和管理多媒体，且调试困难，如 Visual C++、Visual Basic，其他如综合类多媒体节目编制系统则存在着通用性差和操作不规范等缺点。

多媒体项目开发过程中从采集处理素材，到最终发布成光盘要用到的工具软件如表 1-2 所示。

表 1-2　多媒体项目开发使用的工具软件一览表

编　号	软 件 名 称	在项目制作中的应用
1	Word	整理文字材料
2	Ulead COOL 3D	制作特效文字
3	HyperSnap	计算机屏幕抓图
4	ACDSee	图像文件的管理
5	Crystal Button	水晶按钮制作
6	Photoshop	界面及界面元素设计制作
7	EAC	CD 抓轨
8	Audition	音频采集与处理
9	Captivate	录制计算机屏幕操作
10	Illusion	制作视频粒子特效

编　号	软 件 名 称	在项目制作中的应用
11	Premiere	视频采集与处理
12	SWiSHmax	制作特效文字动画
13	Flash	动画制作
14	ZineMaker	电子杂志设计
15	Authorware	多媒体程序设计
16	IconWorkshop	制作图标，改变运行程序的图标
17	刻录软件	刻录光盘

1.9　本章小结

　　本章从多媒体设计师的岗位要求出发，着重介绍了多媒体项目制作流程，即从编制项目进度计划到确定项目范围到进行脚本和创意的设计，再到人机交互界面设计，最终到项目的集成，一步一步分阶段实施。其次介绍了多媒体界面设计原则和色彩运用的基础知识，最后就开发多媒体项目的人员队伍的组织管理也作了全面的介绍。良好的开端是成功的一半，多媒体项目制作的前期准备工作需要大家好好领会掌握。

1.10　实训练习

1．简述多媒体项目的开发流程。
2．作为项目总负责人，要为班级做一个宣传片，请写出设计思路和人员安排。

15

第2章

多媒体素材制作

在多媒体界面中，主要构成要素包括文字、图像、色彩、音频、视频与动画元素。

2.1 文本获取与处理

在现实生活中，人们在使用计算机时，使用最多、接触最频繁的媒体就是文字（包括字符和各种专用符号）。文字是任何界面的核心，也是视觉传达最直接的方式。在多媒体作品中文字主要用于对知识的描述性表示，例如阐述概念、定义、原理和问题，以及显示标题、菜单等内容。

2.1.1 文本的文件格式

以下为常用的四种文本文件格式。

▶ 1. TXT 格式

TXT 即纯文本格式，在不同操作系统之间可以通用，兼容于不同的文字处理软件，因无文件头，不易被病毒感染。

▶ 2. DOC 格式

由文字处理软件 Word 生成的文档格式，表现力强、操作简便。不过 Word 文档的向下兼容性不太好，用高版本 Word 编辑的文档无法在低版本中打开，在一定程度上影响了使用。

▶ 3. WPS 格式

由国产文字处理软件 WPS 生成的文档格式，老版本的 WPS 所生成的*.wps 文件实际上只是一个添加了 1024 字节控制符的文本文件，只能处理文字信息。而 WPS 97/2000 所生成的*.wps 文件则在文档中添加了图文混排的功能，大大扩展了文档的应用范围。值得一提的是，WPS 的向下兼容性较好，即使是采用 WPS 2000 编辑的文档，只要没有在其中插入图片，仍然可以在 DOS 下的老版本 WPS 中打开。

▶ 4. RTF 格式

一种通用的文字处理格式，几乎所有的文字处理软件都能正确地对其进行存取操作。

2.1.2 文本的属性

丰富多彩的文本信息是由文字的多种变化而构成的,即是由字体(Font)、大小(Size)、格式(Style)、定位(Align)等组合形成的。文字素材的属性一般具有以下内容。

1. 字体

根据字体在界面中出现的频率来说,中文文字常用的字体主要有宋体、黑体、仿宋体和楷体四种。字体是一种印刷艺术语言,无论是书法体或印刷体,虽然用于阅读和介绍内容是第一位的,然而它们都有自己的艺术特征。

由于计算机系统上安装的字库不是完全相同的,所以字体的选择也会有所不同。可以通过安装字库来扩充可选择的字体,它们默认保存在 Windows 系统下的 Fonts 文件夹中。字体文件的扩展名多为.fon 及.tt(TrueTybe),TT 格式支持无级缩放、美观、实用,因此,一般字体都是 TT 形式。常用的一些装饰标志也可以以字体的形式出现。

2. 格式

字体的格式主要有普通、加粗、斜体、下画线、字符边框、字符底纹和阴影等。通过字体的格式设置,可以使文字的表现更加丰富多样。

3. 大小

字的大小在中文里通常是以字号为单位的,从初号到八号,由大到小;而在西文中却以磅为单位,磅值越大,字就越大。在设计中要特别注意控制界面中文字的跳跃率。所谓跳跃率是指界面中标题字体的大小和正文字体的大小的比率。这是用于判断界面视觉效果的一个有效的衡量尺度。

为了使用方便,表 2-1 中列出了文字字号、磅值及毫米之间的对应关系。

表 2-1　文字字号、磅值及毫米之间的对应关系

字号	初号	小初	一号	小一	二号	小二	三号	小三
磅值	42	36	26	24	22	18	16	15
毫米	14.82	12.70	9.17	8.47	7.76	6.35	5.64	5.29
字号	四号	小四	五号	小五	六号	小六	七号	八号
磅值	14	12	10.5	9	7.5	6.5	5.5	5
毫米	4.94	4.32	3.7	3.18	2.65	2.29	1.94	1.74

4. 定位

字体的定位主要有左对齐、右对齐、居中、两端对齐及分散对齐。一般标题采用居中,其他应根据具体情况设置。另外,设计中界面内对字距和行距的设定将直接影响到界面给读者的直观心理感受和界面风格的确定。

5. 颜色

对文字指定不同的颜色,使画面更加漂亮。

2.1.3 获取 PDF 文件中的文本

下面介绍用 Solid Converter PDF 软件实现 PDF 文件转换成 Word 文档的方法。Solid Converter PDF 是一款非常实用的工具。

步骤 1 启动 Solid Converter PDF 软件，打开"会议通知.pdf"文件，如图 2-1 所示。

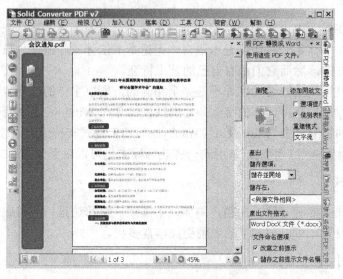

图 2-1 Solid Converter PDF 的主界面

步骤 2 单击 按钮，转换器就会弹出"转换成 Word"对话框，单击"确定"按钮，如图 2-2 所示。

步骤 3 文件转换开始，并出现文件转换的进度提示框，如图 2-3 所示。等待转换完毕，在"会议通知.pdf"文件所在的文件夹下，就出现了转换好的"会议通知.docx"文件。

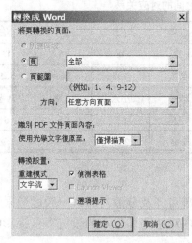

图 2-2 "转换成 Word" 对话框

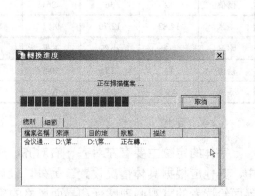

图 2-3 "转换进度" 提示框

2.1.4 获取网页上的文本

下面介绍用 HyperSnap 7 软件捕捉网页上的文本的方法。

步骤 1 　启动 HyperSnap 7 软件，单击"文本捕捉"选项卡，就打开了"文本捕捉"的工具面板，单击"区域文本"按钮，勾选"纯文本"复选框，如图 2-4 所示。

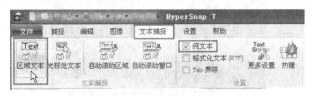

图 2-4　文本铺捉的设置

步骤 2 　在 Internet Explorer 浏览器中输入网址 http://www.szpt.edu.cn/，打开深圳职业技术学院网页，框选一个区域文本，如图 2-5 所示。

图 2-5　框选网页的文字

步骤 3 　单击框选的网页文字后，在 HyperSnap 7 软件窗口就出现了捕捉好的文本，可以另存为 TXT 格式文本，如图 2-6 和图 2-7 所示，可看到文本抓取前后的效果。

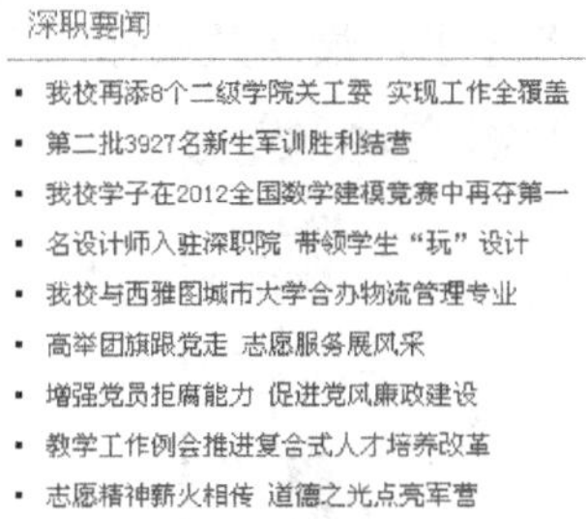

图 2-6　网页文字 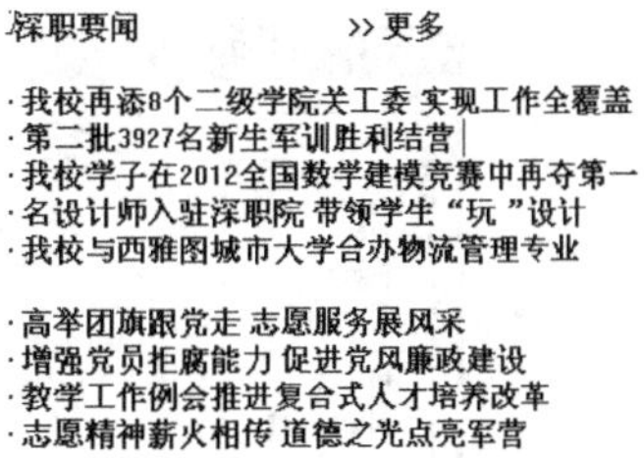　　　　　　　　图 2-7　转换成 TXT 的网页文字

2.1.5　用 Photoshop 创建特效字

多媒体项目界面中有些文字需要处理成个性化的，即一目了然地展示文字的内容，并使浏览者产生更多的回味，这就需要做特效字。

用 Adobe Photoshop 创建特效字，一般都会用到图层样式、滤镜、笔刷等。在多媒体项目界面中各级标题一般使用特效字，如图 2-8 所示。

下面介绍快速制作多媒体项目界面特效字的制作思路和高使用频率方法，主要应用了图层样式的投影、内阴影、外发光效果，具体制作过程如下。

图 2-8　界面中的特效字

步骤 1　在 Photoshop 中打开已做好背景的"main.psd"图片，建立一个文字图层，输入标题文字"Word 长文档排版"，字体设置为"华文行楷"，字号为"9"点，颜色值为"c58920"，如图 2-9 所示。

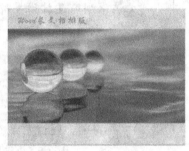

图 2-9　输入标题文字

步骤 2　双击该"文字"图层，打开"图层样式"面板，勾选"投影"、"内阴影"和"外发光"三个复选框，参数取默认值，如图 2-10 所示。立体特效字就制作成功了，界面中的二级标题特效字的制作方法一样，在此就不多述了，最终效果如图 2-11 所示。

图 2-10　"图层样式"对话框

图 2-11　立体特效字

2.1.6 用 SWiSH Max 创建文字标题动画

多媒体项目片头片尾中运用文字标题动画会使项目增色不少，文字标题动画使得文字的表述非常生动有趣。但是要使用 Flash 制作出绚丽的文字动画不容易，而且还很费时间。为了解决快速便捷制作文字动画的问题，在此介绍 Swish 软件。SWiSH Max 是 Swish 的版本3，使用它可以轻松制作出各种文字特效（有超过150种爆炸、旋涡、3D 旋转及波浪等预设的动画效果可供选择），控制文字的移动位置，输出 SWF 格式的文件，如果需要还可以导出到 Flash 中加以编程。一个在 Flash 中需要花费一个小时制作的动画，在 Swish 中只需要几分钟就可以完成。

Swish 的主操作界面共分五个部分：主菜单、工具栏、场景列表、预览窗口和属性窗口。主菜单中共有"文件"（File）、"编辑"（Edit）、"查看"（View）、"插入"（Insert）、"修改"（Modify）、"控制"（Control）、"工具"（Tools）、"面板"（Panels）及"帮助"（Help）九个菜单，Swish 的所有功能就是通过这些菜单中的命令来实现的。工具栏中则集中了平时使用频率比较高的一些命令，通过工具栏也可以实现 Swish 的绝大部分功能，并且熟练使用工具栏会使操作更加快捷。

下面以设计一个"Word 长文档排版"的片头文字动画为例说明 Swish 的制作过程，操作步骤如下。

步骤1 启动 SWiSH Max 软件，首先弹出的"您想要做什么？"对话框，如图 2-12 所示，单击第一个"开始新建一个空影片"按钮，就进入软件主界面。

步骤2 设置影片宽度为"800"像素，高度为"250"像素，选择"插入→图像"菜单命令，插入已在 Photoshop 中做好的"标题.jpg"文字图片，如图 2-13 所示。也可按下此软件工具栏中的"输入文本"按钮，在文本输入框中输入文字"Word 长文档排版"实现文本输入，不过这样做的静态文字比在 Photoshop 中做的文字效果差。

图 2-12 SWiSH Max 启动的 "您想要做什么？"对话框

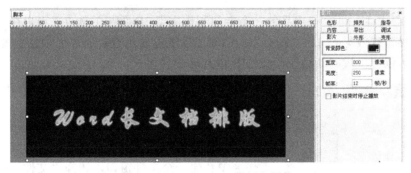

图 2-13 SWiSH Max 中插入图像

步骤3 选择"插入→效果→滑动→从左进入"菜单命令，为文本图像添加动画效果，如图 2-14 所示。注意在操作该步骤的时候要先"选择对象"，也就是首先要选中要添加动画效果的文本图像。

步骤4 添加效果后，时间轴上就多出一个动画块。程序默认给该文本加上的动画效果延续10帧，如果需要加长或者减少该动画的时间，可以拖动结束帧的位置。调整滑块从 0 帧开始，到 25 帧结束，如图 2-15 所示。

图 2-14 添加动画效果

步骤 5 再给文字添加一段动画效果。首先单击第 29 帧处，然后选择"插入→效果→核心效果→爆炸"菜单命令，调整滑块从 29 帧开始，到 50 帧结束，如图 2-15 所示。

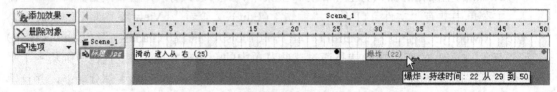

图 2-15 时间轴

技 巧

1. 两种效果之间留白：用户可以在第 26 帧处直接添加新的效果，两种效果连在一起也可以形成动画，但是两种效果之间留空白效果更好，有时间让用户看清楚文字。

2. 如果先插入文字，再插入图像，那么后插入的图像会显示在文本之上，会把文本遮盖住。用户可以在时间轴上拖动文本和图像来改变它们的上下顺序。

步骤 6 制作完成后，选择"控制→播放影片"菜单命令，浏览文字动画效果，满意后，选择"文件→导出→SWF"菜单命令，生成 SWF 文件。

至此，文字标题动画制作完成。

2.1.7 用 Cool 3D 创建文字动态 Logo

Cool 3D 是 Ulead 公司出品的一个专门制作文字 3D 效果的软件，可以用它方便地生成具有各种特殊效果的 3D 动画文字。Cool 3D 的主要用途是制作视频及主页上的 Logo 动画，它可以把生成的动画保存为 GIF 和 AVI 文件格式。

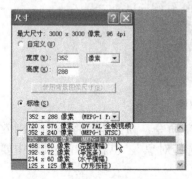

图 2-16 "尺寸"设置对话框

下面以设计一个"SZPT"的视频 Logo 为例说明 Cool 3D 的制作过程，操作步骤如下。

步骤 1 在 Ulead Cool 3D 3.5 中，选择"文件→新建"菜单命令或单击标准工具栏上的"新建"按钮，在工作区中新建一个文件窗口，选择"文件→另存为"菜单命令，打开保存文件对话框，将当前文件以"SZPTlogo.c3d"为名保存。

步骤 2 选择"图像→尺寸"菜单命令，弹出"尺寸"对话框，如图 2-16 所示。选中"标准"单选按钮，并设置文件大小，其中宽度为"352"像素，高度为"288"像素（MPEG-1 PAL 的尺寸），如图 2-16 所示，单击"确定"按钮，返回文件窗口。

步骤3　单击标准工具栏上的"插入文字"按钮。在弹出的"Ulead Cool 3D 文字"对话框中设置字体为"Arial Black"，字号为"16"磅，输入文字"SZPT"，单击"确定"按钮，将文字添加到文件窗口中，如图 2-17 所示。

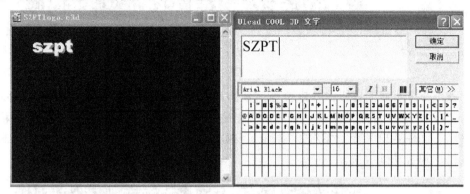

图 2-17　输入文字

步骤4　单击百宝箱文件目录区的"对象样式"下的"光线和色彩"文件夹，选择从头数第 12 个效果略图并双击鼠标，文字"SZPT"对象颜色就变成了蓝色，如图 2-18 所示。

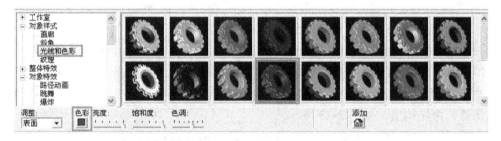

图 2-18　设置对象颜色

步骤5　单击百宝箱文件目录区的"工作室"下的"对象"文件夹，双击"高音谱号"效果略图，将"高音谱号"添加到文件窗口中央，按下 ✍ 按钮，移动"高音谱号"对象到画面左上方合适的位置，并按下 ✥ 按钮调整"高音谱号"的大小，如图 2-19 所示。

图 2-19　添加对象

步骤6　在标准工具栏中的"从对象列表中选取对象"下拉列表中选择"SZPT"，如图 2-20 所示。单击百宝箱文件目录区的"对象特效"下的"部件旋转"文件夹，双击第 5 个效果略图，"SZPT"对象就添加上了旋转效果。单击动画工具栏上的"播放"按钮，观看动画效果，如图 2-21 所示。

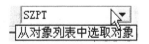

图 2-20　选取对象

图 2-21　部件旋转设置

步骤 7　在动画工具栏中，定位当前帧为第 1 帧，帧数目设置为 100 帧，每秒帧数设置为 25 帧，选择百宝箱文件目录区的"斜角特效"下的"边框"文件夹，双击第 4 个效果略图，如图 2-22 所示。"SZPT"对象就添加上了边框效果。单击动画工具栏上的"播放"按钮，观看动画效果。

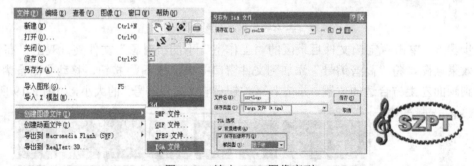

图 2-22　"斜角特效"下的"边框"

步骤 8　单击动画工具栏上的"播放"按钮，查看最终制作的效果，满意后，选择"文件→保存"菜单命令，保存"SZPTlogo.c3d"源文件，并选择"文件→创建图像文件→TGA 文件"菜单命令，在弹出的对话框中勾选"保存图像序列"复选框，其他选项取默认值，命名输出，如图 2-23 所示。

图 2-23　输出 TGA 图像序列

至此，经过 Cool 3D 的处理，就生成了 100 张 TGA 序列的图像，在第 10 章 MTV 视频制作时，就可叠加到视频画面中成为动态 Logo。

2.2　图像获取与处理

图像的容度大，能把平庸的事物变成活泼生动的画面，比文字吸引人的注意力高，容易激起阅读欲望。图像的变数大，对事物的描述、演示、剖析随设计制作者的需要与意愿而变化。

2.2.1 图像的文件格式

（1）PSD：PSD 是 Photoshop 的默认文件格式，可直接用于 Adobe 其他软件，并保留许多 Photoshop 功能，文件中的图层得到了存储，便于在其他文件中读取文件时，图像中的图层不会丢失，便于设计操作。

（2）BMP：BMP 是英文 Bitmap（位图）的简写，它是 Windows 操作系统中的标准图像文件格式，能够被多种 Windows 应用程序所支持。随着 Windows 操作系统的流行与丰富的 Windows 应用程序的开发，BMP 位图格式理所当然地被广泛应用。这种格式的特点是包含的图像信息较丰富，几乎不进行压缩，但由此导致了它与生俱生来的缺点——占用磁盘空间过大。所以，目前 BMP 在单机上比较流行。

（3）JPEG：缩小文件容量，将图像压缩后保存的文件格式。这样的格式具有极强的压缩能力，但缺点是会造成图像中像素的丢失，影响画面的质量，可用于网络的图像文件格式。

（4）GIF：可以对图像中的指定区域设置为透明状态，而且可赋予图像动画效果的文件格式，可用于网络的图像文件格式。

（5）TIFF：是一种灵活的位图图像格式，受几乎所有的绘画、图像编辑和页面排版应用程序的支持。支持具有 Alpha 通道 CMYK、RGB、Lab、索引颜色和灰度图像，以及没有 Alpha 通道的位图模式图像。在存储印刷时，对文件压缩较小，确保画面的质量，因此常用于印刷文件的存储格式。

（6）EPS（Encapsulated PostScript）：是 PC 用户较少见的一种格式，而苹果 Mac 机的用户则用得较多。它是用 PostScript 语言描述的一种 ASCII 码文件格式，主要用于排版、打印等输出工作。

（7）TGA（Tagged Graphics）：是由美国 Truevision 公司为其显示卡开发的一种图像文件格式，已被国际上的图形、图像工业所接受。TGA 的结构比较简单，属于一种图形、图像数据的通用格式，在多媒体领域有着很大影响，是计算机生成图像向电视转换的一种首选格式。

（8）PNG：PNG（Portable Networf Graphics）的原名称为"可移植性网络图像"，是网上接受的最新图像文件格式。PNG 能够提供长度比 GIF 小 30% 的无损压缩图像文件。它同时提供 24 位和 48 位真彩色图像支持及其他诸多技术性支持。由于 PNG 非常新，所以目前并不是所有的程序都可以用它来存储图像文件，但 Photoshop 可以处理 PNG 图像文件，也可以用 PNG 图像文件格式进行存储。

2.2.2 图像的管理

▶ 1. 批量修改文件名

大家都知道 ACDSee 是用来浏览图像的，其实它还具有批量修改文件名的功能，能够很方便地对图片进行批量重命名，为用户大量修改文件名节省时间。下面介绍 ACDSee 批量修改文件名的方法。

步骤 1　启动 ACDSee 软件，在界面左侧选择"第 2 章\图像的管理\素材\le 原横向照片"文件夹，如图 2-24 所示。

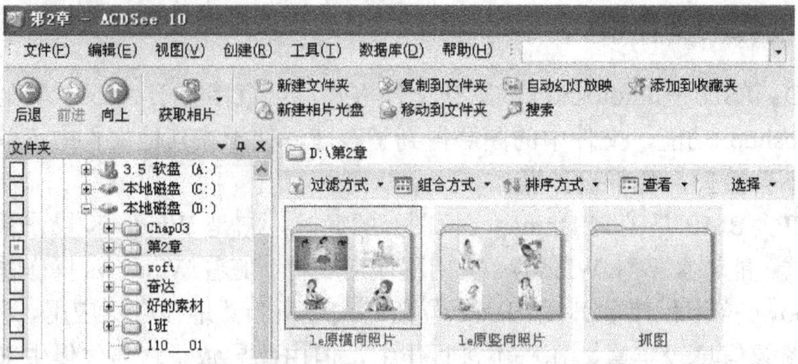

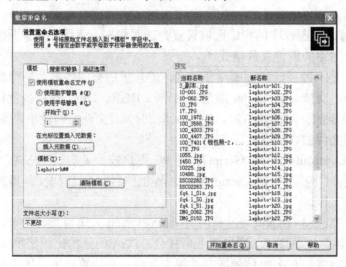

图 2-24 ACDSee 中选中一批图像照片

步骤 2 选定"le 原横向照片"文件夹中所有图像，选择"工具→批量重命名"菜单命令，打开"批量重命名"对话框，如图 2-25 所示。

图 2-25 "批量重命名"对话框

步骤 3 在"模板"选项卡的"模板"下拉列表框中输入修改后的文件名，如"lephoto-h##"，在"开始于"数字微调框中输入"1"，其余选项使用默认设置，此时在"预览"框的左边可以看到新文件名，如图 2-25 所示。

步骤 4 单击"开始重命名"按钮后，所有选中的图片都被重新命名为 lephoto-h01、lephoto-h02、lephoto-h03 等形式。

步骤 5 批量重命名完成后，单击"完成"按钮，至此，"第 2 章\图像的管理\素材\le 原横向照片"文件夹中的文件全部重命名为有秩序的文件名，这样可方便以后多媒体项目的制作。

2. 批量更改图像大小

除了批量修改文件名的功能，ACDSee 软件还具有批量调整大小的功能，对多媒体项目的前期素材标准化处理非常有用，虽说在 Photoshop 中利用动作记录功能也能实现批量更改图像大小，但这种方法更简单，效率更高。

步骤 1 选定"le 原横向照片"文件夹中所有图像，单击工具栏的 批量调整图像大小 按钮，打开"批量调整图像大小"对话框，重新指定图像的大小，宽度为"1024"像素，高度为"768"像素。注意尽量不要取消"保持原始的纵横比"复选框的选择，否则，图像会失真，如图2-26所示。

步骤2　单击"批量调整图像大小"对话框中的"选项"按钮，在弹出的"选项"对话框中设置将修改后的图像放置在"D:\第 2 章\图像的管理\预处理横向照片"文件夹中，单击"确定"按钮如图2-27所示。接着单击如图2-26所示的"开始调整大小"按钮，批量调整大小完成后，单击"完成"按钮。至此，完成一批图像大小的调整。

图 2-26　"批量调整图像大小"对话框

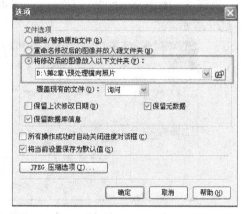

图 2-27　"选项"对话框

此外，ACDSee 软件的"批量设置信息"等批量命令对素材的管理都很有效，读者不妨一试。

2.2.3　用 HyperSnap 抓取屏幕图像

在进行多媒体项目制作时，经常需要截取计算机屏幕上的文字、图像。最原始的截图方法是按键盘上的【Print Screen】键，将当前屏幕复制到剪贴板中，然后再粘贴到"画图"或者其他图像软件中进行裁减、加工。这个过程不太方便，使用截图软件可以很好地简化这种操作过程。下面介绍一个十分流行且好用的截图工具 HyperSnap，掌握它的使用方法，可以事半功倍地截取计算机屏幕图像，并把抓取下来的图片保存为支持透明背景的文件格式，如 GIF、PNG 等。

HyperSnap 是 Greg Kochaniak 公司出品的一款能胜任各种 D3D 加速甚至 3DFX 的 Glide 加速的游戏画面截图的工具。并且，它还能抓取 DVD 影片的画面。它支持 TWAIN 兼容方式的输入界面，可以从扫描仪、数码相机等外部设备获得图片来源。

HyperSnap 除了有不同的特色抓图功能外，自身还包含了一些比较实用的图像处理工具，比如图像的大小调整、色彩处理和去背景功能等。

1. 截取屏幕区域

步骤1　选择"开始→程序→HyperSnap"开始菜单命令，或双击桌面上的 HyperSnap 图标，启动 HyperSnap 软件。

步骤2　打开需要截取窗口的程序，例如打开"Crystal Button"程序，确认需要的窗口显示在桌面上。

步骤3　按【Ctrl+Shift+R】组合键，或选择"捕捉→区域"菜单命令。

步骤4　HyperSnap 程序主窗口自动最小化，屏幕上出现一个 HyperSnap 的帮助菜单和一个十字线，用鼠标拖出一个区域框住要截取的窗口区域，如图 2-28 所示。当所需对象被围住时，单击鼠标左键或按【Enter】键，即可完成屏幕截取操作。

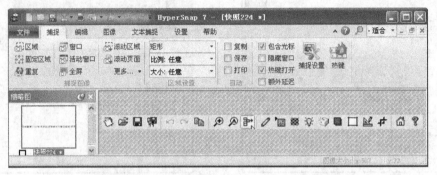

图 2-28　Crystal Button 的工具面板

步骤5　HyperSnap 程序主窗口自动弹出，在图像显示区中将出现刚截取的窗口，如图 2-29 所示。

图 2-29　截取的窗口出现在 HyperSnap 主窗口中

步骤6　在 HyperSnap 窗口中对刚截取的图像进行裁剪、亮度调整、添加注释、加框线以突出画面要引人注意的地方。

步骤7　单击工具栏上的"保存"按钮，打开"保存"对话框。

步骤8　选择保存路径、格式、输入文件名，然后单击"保存"按钮即可。

知识链接

在上述抓取过程中，只要还没有完成抓取，随时可按【Esc】键放弃当前操作。

2．抓取全屏幕

启动 HyperSnap，按【Ctrl+Shift+F】组合键，或者用鼠标单击"捕捉"下的"全屏"按钮，之后将会听到类似照片的"咔嚓"声，操作成功。

3．多区域抓图

如要在资源管理器中同时抓取某个文件（夹）的右键快捷菜单和该文件（夹）的图标，可以这样操作：首先在菜单区域使它被选中，再按住鼠标右键不放手，会马上出现一个子菜单，从中单击"重启区域方式"后放开，此时出出现十字形光标，用该光标单击文件图标的左上角和右下角各一次，使文件图标被选中（原来选中的菜单仍处于选中状态），最后按【Enter】键完成抓取。

4．抓取 VCD/DVD 电影画面

能否顺利捕捉 VCD/DVD 电影画面取决于所使用的播放器是否支持 DirectX，其次同样需要设置并启动特殊捕捉功能，然后用 VCD/DVD 播放软件播放电影，当出现需要捕捉的画面时（注意让电影画面出现在前台），按【Scroll Lock】键或【Print Screen】键抓取。

2.2.4　用 Crystal Button 制作水晶按钮

Crystal Button 是一款好用的所见即所得方式制作水晶按钮的软件，通过使用 Crystal Button，可以制作出各种三维玻璃质、金属质、塑料质、甚至 Windows XP 风格的按钮，制作令人叫绝的导航条、动态按钮更是不在话下。当然，包括颜色、文字、边界等在内各种细节都可以进行精确设置。

该软件的界面非常简洁，一目了然，主界面分为三个区：最左边的"工具栏"提供进行颜色、文字、边界等各种细节的精确设置，最右边的"模板库"是用来快速生成各种精美按钮的模板，中部是预览区。对按钮的设置变化，会在预览区即时显示出来，可以立即看到设置的效果，操作都在一个窗口中进行，不必在多个窗口中切换，这也是这个软件的直观易用之所在，如图 2-30 所示。

图 2-30　Crystal Button 主界面

工具栏虽然占用的位置不多，但是它融合了该软件的大部分设置，功能强大，通过单击相应的图标按钮，可以弹出相关的属性设置对话框。

（1）文字：在弹出的文字选项对话框中，可以输入任意的按钮文字，并即时地显示在预览区。在该选项卡中，可以对文字的水平和垂直位置、字体、颜色等进行调整，在更多按钮中，还隐藏着文字阴影和边距的设置功能。

（2）照明：在照明选项对话框中，提供了光源的三种方案，其中两种方案，可以自定义光源的颜色、旋转角度和移动方向，第三种方案是自照明，可以定义颜色，但是三种效果可以形成叠加光源，效果很好。

（3）边框：通过边框选项对话框，可以随意地把各种边框的形状应用到按钮的四个边缘，还可以进行边框的调整。

（4）材料：材质的选择很重要，它完全可以改变按钮的外观，所以应对应用材料、反射、光泽还有透明度等都要进行精心的选择。

（5）形状：单击形状选项对话框中的应用形状，并改变它的水平或垂直的位置还有形状的锐度，就可以创造出多变的按钮。

（6）变形：变形选项对话框的属性设置，可以在以上属性设置的基础上，再增添些与众不同的设置，变形方式、深度和偏移等都可以自己定义。

（7）图像：图像选项对话框，顾名思义就是对图像高度、宽度和背景颜色等的调整。如果觉得麻烦，就直接选择自动调整尺寸的单项选，一切由软件帮助智能地完成。

下面制作一组在第 7 章的项目界面要用到的按钮，如图 2-31 所示。

图 2-31　按钮

步骤 1　选择"开始→程序→Crystal Button"开始菜单命令，或双击桌面上的 Crystal Button 图标，启动"Crystal Button"软件。

步骤 2　在 Crystal Button 界面右侧的模板库面板中单击"光滑#1"选项卡，在该选项卡下面选择"钻蓝色"选项，然后再选择"提交"选项，如图 2-32 所示。

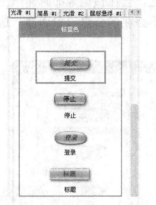

图 2-32　"钻蓝色"模板选项

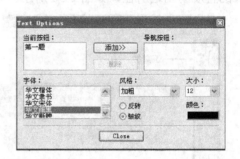

图 2-33　"Text Options（文字选项）"对话框

步骤 3　选择完以后，在 Crystal Button 的主界面中，将出现所选择的水晶按钮模板。

步骤 4　单击工具栏中的"文字"选项按钮，或选择"窗口→文本"菜单命令，弹出"Text Options（文字选项）"对话框，在该对话框中，将当前按钮文本框中的文字设置为"第一题"，将字体设置为"华文细黑"，风格为"加粗"，并将大小设置为 12 磅，如图 2-33 所示。设置完成后，单击"Close（关闭）"按钮。

步骤 5　单击工具栏中的"形状"选项按钮，或选择"窗口→形状"命令，弹出如图 2-34 所示的"Shape Options（形状选项）"对话框，单击"Close（关闭）"按钮。

步骤 6　单击工具栏上的"纹理"选项按钮，或选择"窗口→纹理"命令，弹出"纹理选项"对话框，如图 2-35 所示，设置纹理，设置完成后，单击"关闭"按钮。

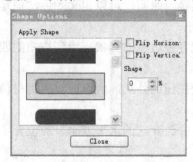

图 2-34　"Shape Options（形状选项）"对话框

图 2-35　"纹理选项"对话框

步骤 7　单击工具栏上的"照明"选项按钮，或选择"窗口→光线"菜单命令，弹出如图 2-36 所示的"光线选项"对话框，在该对话框中分别拖动"光源#1"和"光源#2"中"旋转"和"前-后"选项下方的"△"滑块，设置灯源的位置和面积。设置完成后，单击"关闭"按钮。

步骤 8　单击工具栏上的"导出图像"按钮，或选择"文件→导出按钮图像"菜单命令，弹出如图 2-37 所示的"Export Image（导出图像）"对话框，在对话框的文件名文本框中输入图像的名称，然后在保存类型下拉列表中选择"PNG（*.png）"选项。

图 2-36　"光线选项"对话框　　　　图 2-37　"Export Image（导出图像）"对话框

步骤 9　单击工具栏中的"文字"选项按钮，弹出"文字选项"对话框，在该对话框中，将当前按钮文本框中的文字更改为"上一题"，"下一题"，"最末题"，并另导出三张按钮图片。

步骤 10　设置完成后，即可保存按钮源文件，如不合适，以后拿出源文件还可以修改。

2.2.5　Photoshop CS4 简介与主要功能

Photoshop CS4 也称为 Photoshop 11，因为从 Photoshop 8 开始，Adobe 公司就已经把 Photoshop 整合到 Adobe Creative Suite 内，并称其为 Photoshop CS。Photoshop CS4 是专业从事图形图像处理的软件，因其具有强大的编辑位图图像的功能，所以它具有图像处理之王的美称。Photoshop CS4 具有极强的兼容性，可以打开或存储多种格式的图形图像文件，在实际界面设计操作中可以更方便地对不同格式的文件进行操作。主要文件格式有 Photoshop 格式（PSD）、数字负片格式（DNG）、BMP 格式、GIF 格式、JPEG 格式、PNG 格式、Targa 格式、TIFF 格式等。下面介绍 Photoshop CS4 的主要功能，便于在多媒体界面设计时熟练应用。

▶ 1．选区

选区是 Photoshop 中重要的工具之一。在设计和处理图像的过程中，常用三类选区工具创建选区，对选区内的图像可以进行移动、复制、填充、调整等各种编辑操作，且不会影响其他区域的图像。

在对图像进行处理前，首先应确定需要编辑的区域，因此，首先创建选区。选区的功能如下。

（1）选区的保护功能。

在图像中创建选区后，可以单独对选区图像进行编辑，在选区内可以对图像进行填充、复制、调整等相关操作，而不影响到选区外的图像效果，从而起到保护图像的作用。

（2）选区的移动功能。

创建选区以后，单击选区创建工具，可以对选区进行位置的移动也可以通过键盘上的键对选区进行移动。需要对选区内图像进行移动时，则只需要选择移动工具，移动鼠标即可。

2. 图层蒙版的运用

蒙版是 Photoshop 的核心功能之一。使用图层蒙版能进行各种图像的合成，在蒙版中进行图像处理。对图像进行隐藏与还原，避免图像中的部分图像丢失，具有保护图像的作用。在蒙版图层中能够运用黑、白、灰三种颜色改变原图像的效果。要学好图像合成，图像蒙版的运用起着关键的作用。

（1）创建蒙版。

打开图像文件，将背景图层转换为普通图层，单击"图层"面板下方的"添加图层蒙版"按钮，就添加了图层的蒙版。

（2）删除蒙版。

需要对蒙版进行重新编辑时，可以选择将蒙版进行删除。删除蒙版的方式很多，关键在于在什么情况下对蒙版进行删除。选择图层，将鼠标指针移动到蒙版缩览图上，按住鼠标左键不放对蒙版进行拖动，将其拖动至"删除图层"按钮上，在弹出对话框中单击"删除"按钮，对蒙版进行删除。如果单击"应用"按钮，则在删除蒙版的同时，对蒙版所进行的编辑仍然存在。

（3）停用/启用图层蒙版。

选择蒙版图层，选择"图层→图层蒙版→停用"菜单命令，当前蒙版图层缩览图上将出现一个红色的符号，即表示当前蒙版不能被使用。选择"图层→图层蒙版→启用"菜单命令，可以恢复蒙版图层。

（4）编辑图层蒙版。

蒙版创建完成后，可以结合画笔工具，用黑色与白色在图像上涂抹，对图像进行隐藏或显示。

知识链接

用 Photoshop 创建遮罩文件是最简单也是最常用的方法。遮罩文件是图形文件，并不是一种文件格式，任何图形文件都可以拿来当做遮罩使用。通常意义上，黑白的遮罩文件创造出的效果最好，多数遮罩文件中只有黑白两种颜色，其次为带有黑白渐变色的灰度文件，彩色的遮罩文件较少或基本不使用。

遮罩的功能就是在视频画面上再添加一层，通过遮罩上的"空洞"看到遮罩下的画面。遮罩通常和透明度等参数结合起来使用。通过遮罩设置需要显示的区域，不需要显示的区域将被隐藏，然后选择相应的透明度参数即可做出遮罩效果。

3. 通道的运用

通道是 Photoshop 中最强大的功能。通过图层通道能够创建复杂的人物选区，对图像进行高级合成、调整图像颜色等。

在 Photoshop 中通道是用来保存颜色信息及选区的载体。通道主要分为颜色通道、Alpha 通道、专色通道三种。Alpha 通道是为了保存选择区域，专色通道主要运用在印刷上，不同的颜色模式有不同的颜色通道。

（1）颜色通道。在 Photoshop 中对图像的颜色进行编辑时，实际上就是在编辑颜色通道。通过通道将图像分解成一个或多个色彩成分，图像的模式决定了颜色通道的数量。RGB 模式有三个颜色通道，红色、绿色和蓝色分别保存在红色通道、绿色通道和蓝色通道中。如果将其中的蓝色通道隐藏，则画面中的蓝色成分将消失，画面呈现出蓝色的反色——黄色。而 CMYK 模式的图像则有四个通道，主要包含了所有被印刷显示的颜色。

（2）Alpha 通道。Alpha 通道主要是为了保护选择区域，其中白色区域是被选择的区域，黑色区域是未被选择的区域，灰色区域则为羽化效果的区域，Alpha 通道属于额外的灰度图层，是 8 位的灰度图像，可显示 256 级（2 的 8 次方）灰阶。大部分软件都可以将其转换为相应的透明级别，例如，用黑色表示透明，白色表示不透明，各个渐变的灰度色表示半透明。

Alpha 通道具有下列属性。

① Alpha 通道中的图像不影响实际看到的图像外观，例如，一张普通的照片，它的 Alpha 通道可以使任意形状，但不会使照片中的画面发生变化。

② Alpha 通道的命名是任意的，只要计算机能够识别即可，但最好不要超过 256 个字符。

③ Alpha 通道中可以保存有 256 级灰阶的颜色，无法保存彩色的图像。

④ Alpha 通道和原图像具有相同的尺寸和像素数量。

⑤ Alpha 通道的创建可以通过多种软件来实现，如 Photoshop、Fireworks、After Effects 和 Flash 等。

⑥ Alpha 通道不是某个软件专有的，它存在于图形文件之中，能够被其他所有支持 Alpha 通道的软件所读取。

⑦ 一个图形文件可以不具备 Alpha 通道，为图形文件增加一个 Alpha 通道也会增加文件的尺寸大小。

⑧ 并不是所有的文件格式都支持 Alpha 通道的，即保存 Alpha 通道信息，例如，GIF 文件就无法保存 Alpha 通道信息，为其添加 Alpha 通道将会出错。

某些软件可以读取 Alpha 通道中的信息并对其进行特效控制，就好像是在控制另一个单独的文件一样。

（3）专色通道。专色通道常被用于一些特殊处理的操作中，如增加荧光油墨或夜光油墨、烫金烫银、套版印刷无色系等，这些特殊的油墨无法用三原色油墨进行混合，因此需要专色通道和专色印刷实现。打开通道面板，在面板中单击右上角的扩展按钮，在弹出的菜单栏中选择"新建专色通道"命令，弹出"新建专色通道"对话框，单击"确定"按钮，可以完成对专色通道的创建。

后面三小节将介绍多媒体项目中常见场景图像画面的实现。

2.3 证件照片的制作

2.3.1 设计制作目标

照证件照常常都是去照相馆里拍的，但随着数码相机的普及化，证件照完全可以自己来做，按照 5 寸照片来洗，8 张 1 寸证件照片只需要五、六角钱就可以完成，很经济，更何况还可以对自己的脸部做美化修饰。

证件照片主要用于身份的证明，由于其特定的作用，往往需要被拍摄人物真实、严肃地出现在画面中。本例将完成 8 张 1 寸证件照片的制作。

2.3.2 技术要点

用 Photoshop 把一张个人生活照裁剪成合适的尺寸，再排版到一张相纸上。本例将用到滤镜的抽出、裁切工具属性的设定、渐变工具、画布大小设置、定义与填充图案、图层命名等技术。

2.3.3 实现步骤

实现过程分以下两个任务来完成。

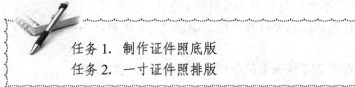

任务 1. 制作证件照底版
任务 2. 一寸证件照排版

任务 1. 制作证件照底版

步骤 1 选一张适合制作免冠照的个人生活照片（可用数码相机自己设定高分辨率拍摄），用 Photoshop 打开这张图片，如图 2-38 所示。

图 2-38 Photoshop 中的个人生活照

步骤 2 按【Ctrl+K】组合键调出"首选项"对话框，勾选"用滚轮缩放"复选框，如图 2-39 所示。

步骤 3 用滚轮放大照片到显示 100%比例，也可在导航器左下角输入 100%，接着用导航器定位要裁切的区域，如图 2-40 所示。

步骤 4 按【Ctrl+Alt+X】组合键调出滤镜的"抽出"面板，准备抠图，如图 2-41 所示。

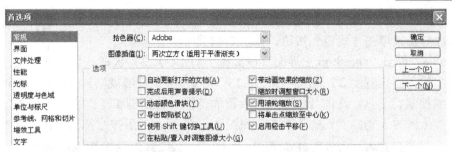

图 2-39 "首选项"对话框

图 2-40 100%比例显示照片

图 2-41 "抽出"面板

步骤 5 勾选"智能高光显示"复选框,单击"边缘高光器工具"按钮,用边缘高光器工具勾画出孩子的轮廓线(衣服下边不需要画轮廓),如勾画有误,可用橡皮工具擦除后再勾画,勾画前先用【Ctrl+ +/-】组合快捷键进行画面的放大缩小,以方便操作,如图 2-42 所示。

步骤 6 单击"填充工具"按钮,在轮廓线中单击已选定图像,使其变暗,如图 2-43所示。

　　步骤 7　单击"预览"按钮，用"清除工具"和"边缘修饰工具"修改所选图的边缘，修改好后，单击"确定"按钮，如图 2-44 所示。

　　步骤 8　回到 Photoshop 主界面，按键盘上的【C】键，选取裁切工具，在裁切工具选项栏中输入固定宽度 2.2 厘米，高度 3.2 厘米（一寸证件照规格），分辨率为 300 像素/英寸。拖拽裁切工具，在图片中选取需保留的范围，裁切框要与人物居中对齐，裁切框的中心点大致与人物的"人中"对齐，如图 2-45 所示，然后按回车键确认。

图 2-42　画出轮廓线

图 2-43　填充轮廓线中的图

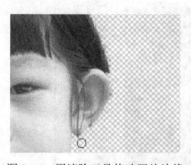

图 2-44　用清除工具修改照片边缘

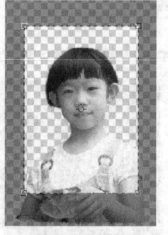

图 2-45　裁切成 1 寸照片

　　步骤 9　将抠好、裁切好的图层命名为"照片底版"，并另存为"证件照底版.psd"。

知识链接

（1）各类证件照规格尺寸（cm）。

1 寸：2.5×3.5	2 寸：3.6×4.9	毕业照 2 寸：3.3×4.8	大 2 寸：3.6×5.2
护照：3.3×4.8	签证：4×4.5	驾照：2.1×2.6	车照：6×8.5
身份证：2.2×3.2	二代身份证　2.6×3.2		

（2）各类风景人物照冲印规格尺寸（cm）。

5 寸	3R	3.5×5inch = 8.9×12.7cm
6 寸	4R	4×6inch = 10.16×15.24cm

7寸　　　5R　5×7inch = 12.70×17.78cm

9寸　　　6R　6×9inch = 15.24×22.86cm

10寸　　8R　8×10inch = 20.32×25.40cm

12寸　　8RW　8×12inch = 20.32×30.48cm

（3）自己拍摄证件照。

器材：数码相机（300万像素以上）、三脚架、背景布（如果没有，就用白墙作背景）。

光源：数码专用持续光源（如果没有，就用自然顺光，脸朝向窗户，脸部光线柔和就行）。

步骤 10　添加证件照背景：新建一个图层，命名为"蓝底"，用渐变工具给该图层拉出从蓝色到浅蓝色的渐变，同样方法，再添加两个图层做出"红底"和"白底"，如图2-46所示。

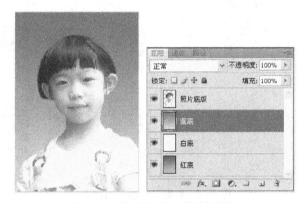

图2-46　给证件照加背景色图层

步骤 11　选中"照片底版"图层，选用工具栏中"橡皮"工具对照片局部做修改，直至修改完美。

步骤 12　将填充好背景色的照片另存为 BMP 或 JPG 格式，一张独立的证件照就作好了，如输出为"证件照（蓝底）.jpg"，"证件照底版.psd"文件也要保存好。

知识链接

一般的证件照背景色，穿深色衣服时背景为白色，穿浅色衣服时背景为蓝色或者红色。

任务2.　一寸证件照排版

步骤1　加白边：打开换好色的图片"证件照（蓝底）.jpg"，设置背景色为"白色"，选择"图像→画布大小"菜单命令，将宽高各加0.3毫米，即调整画布大小为宽2.5厘米，高3.5厘米，定位居中，画布扩展颜色为"白色"，单击"确定"按钮，如图2-47所示。

步骤2　按【Ctrl+N】组合键，新建一个图像，设置画布大小，定义为宽12.5厘米，高8.0厘米（标准5寸相纸大小，洗印8张），分辨率为300像素/英寸，模式RGB颜色，保存为"le（3R排版1寸身份照）.psd"。

步骤3　复制加了白边的"证件照（蓝底）.jpg"图像到"le（3R排版1寸身份照）.psd"中，并定位画面左上角，为了精确，在标尺上纵向拉出3.1厘米、6.2厘米、9.3厘米的参考线，横向拉出4.0厘米的参考线，如图2-48所示。

图 2-47　画布大小调整

步骤 4　在工具面板上单击矩形选框工具（在不是文字输入状态下，快捷键为【M】），框选画布左上角图像，如图 2-48 所示。

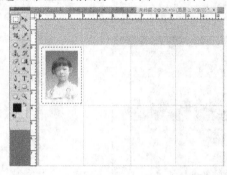

图 2-48　8 张 1 寸照片的排版

步骤 5　在工具面板上单击移动工具（在不是文字输入状态下，快捷键为【V】），左手按住【Alt】键不放，用鼠标点着选区内的图像拖移，放好一张图片后，松开鼠标左键，再重新按住【Alt】键不放，再用鼠标点着选区内的图像拖移，直到复制完 8 张照片为止，如图 2-48 所示。

步骤 6　按【Ctrl+D】组合键，取消选区，保存"le（3R 排版 1 寸身份照）.psd"文件，并另存为一个"le（3R 排版 1 寸身份照）.jpg"的准备冲印的文件，品质调整为 10 以上。

到此，8 张 1 寸证件照制作完毕。

知识链接

也可选择"编辑→定义图案"菜单命令，把扩展了画布尺寸的单张证件图像定义到了图案库中；再选择"编辑→填充"菜单命令，在填充工具选项栏中调整"前景"填充为"图案"填充，在图案选项中已定义的"单张证件图像"图案，然后填充画面，也可获得如图 2-48 所示的效果。

2.4　多媒体项目界面设计制作

通过设计制作摄影网站"魅影视线"的页面来学习运用 Photoshop 创作界面背景、线条、文字框等界面元素的方法。

2.4.1　设计制作目标

图像界面设计制作在多媒体项目制作过程中占据着重要的地位。设计一个摄影网页的界面，以紫色为基调，突出摄影机构拍摄的照片能展示人生魅力，具有独特、神秘、专业的视觉效果。

2.4.2　技术要点

掌握用 Photoshop 软件设计多媒体界面元素的方法。

本例要求制作的界面由界面背景、图像、线条、框角、文字、胶片等部分组成，制作前应先确定好输出展示媒体的尺寸，运用选区、羽化选区、调节图层、图层蒙版、滤镜、定义与填充图案、定义画笔、图层样式、渐变工具、钢笔工具和路径等技术来完成设计制作。

2.4.3　实现步骤

实现过程共分以下 10 个任务来完成。

任务 1. 图像文件页面设置
任务 2. 界面背景的制作
任务 3. 界面中图像的合成与调色
任务 4. 界面中线条的设计制作
任务 5. 界面中内容文字底框的制作
任务 6. 界面中框角的制作
任务 7. 界面中图案文字的设计制作
任务 8. 界面中渐变文字的设计制作
任务 9. 胶片的制作
任务 10. 添加胶片图层

任务 1. 图像文件页面设置

选择"文件→新建"菜单命令，打开"新建"对话框，设置名称为"魅影视线"，宽度为"1024"像素，高度为"768"像素，分辨为"300"像素/英寸，如图 2-49 所示。设置完成后单击"确定"按钮，创建一个新的图像文件。

任务 2. 界面背景的制作

步骤 1　添加布纹图像。

选择"文件→打开"菜单命令，打开"第 2 章\魅影视线\素材\布纹.jpg"文件。然后单击移动工具，将"布纹.jpg"图像移动到"魅影视线.psd"图像文件中，图层命名为"布纹"，调整其在图像中的位置，如图 2-50 所示。

步骤 2　添加填充图层。

选择"布纹"图层，单击"图层面板下方的 按钮，在弹出的下拉菜单中选择"纯色"选项，打开"拾取实色"对话框，设置 RGB 的颜色值，如图 2-51 所示。

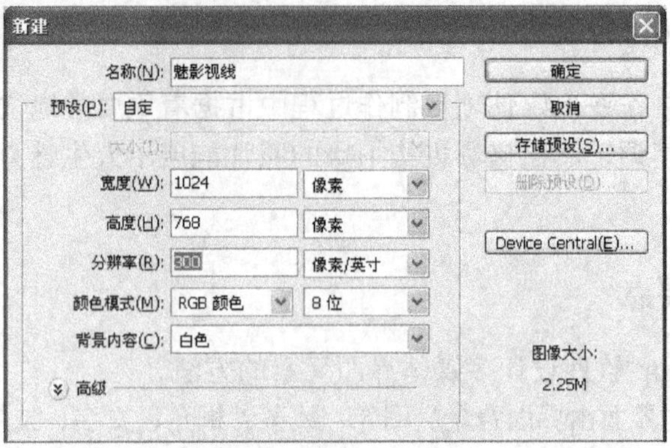

图 2-49 "新建"对话框

图 2-50 添加布纹图层

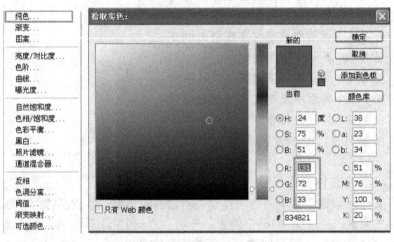

图 2-51 打开"拾取实色"对话框

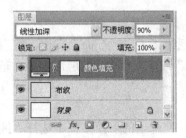

图 2-52 设置"线性加深"
图层混合模式

步骤3 设置图层混合模式。

设置完成后单击"确定"按钮，在"图层"面板中自动生成一个填充图层，选择"颜色填充"图层，设置图层混合模式为"线性加深"，设置图层不透明度为"90%"，如图 2-52 所示。

步骤4 添加图层蒙版。

单击"图层"面板下方的"创建新图层"按钮，新建一个图层，重命名图层为"黑色背景"。然后单击"图层"面板下方的"添加图层蒙版"按钮 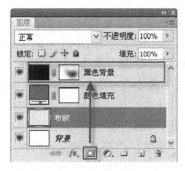，为该图层添加图层蒙版，如图 2-53 所示。单击套索工具，在图像上创建不规则选区，如图 2-54 所示。

步骤 5　编辑图层蒙版。

选区创建完成后按快捷组合键【Shift+F6】，打开"羽化选区"对话框，设置羽化半径为"118"像素，如图 2-55 所示。设置完成后单击"确定"按钮。然后在"图层"面板中单击图层蒙版缩览图，填充选区颜色为黑色，如图 2-53 所示，将部分黑色图像进行隐藏，取消选区。

图 2-53　添加图层蒙版

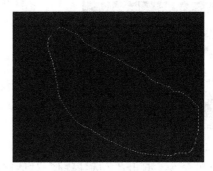

图 2-54　创建选区

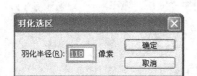

图 2-55　"羽化选区"对话框设置与羽化效果

知识链接

（1）创建白色的图层蒙版。

添加一个默认为白色的图层蒙版，将显示全部图像。

方法一：单击"图层"面板底部的"添加图层蒙版"按钮。

方法二：选择"图层→图层蒙版→显示全部"菜单命令。

（2）创建黑色的图层蒙版。

添加一个默认为黑色的图层蒙版，将隐藏全部图像。

方法一：按住【Alt】键，单击"图层"面板底部的"添加图层蒙版"按钮。

方法二：选择"图层→图层蒙版→隐藏全部"菜单命令。

原则：图层蒙版中的白色区域显示当前图层中对应区域的图像，图层蒙版中的黑色区域隐藏当前图层中对应区域的图像，如果图层蒙版中存在灰色区域，则对应图像呈现半透明效果。

黑色—透明，白色—不透明，灰色—半透明。

（3）编辑图层蒙版。

当蒙版处于启用状态时，前景色和背景色均采用默认灰度值。选择任一种编辑或绘画工具都可以编辑图层蒙版。

方法一：选择工具框上的"渐变"工具，渐变编辑器选从前景色到透明，或前景色到背景色。

方法二：直接用画笔工具涂抹。

（4）查看图层蒙版状态。

按住【Alt】键加单击图层蒙版缩览图。

图 2-56　绘制黄色圆斑

步骤 6　绘制黄色光影。

新建一个图层，重命名图层为"黄色光影"，然后单击画笔工具，在画笔预览面板中选择柔角较大的笔刷样式，设置前景色为黄色，然后在图像上单击，结合键盘上的【[】和【]】键在图像上绘制大小不一的圆形斑点，如图 2-56 所示。

步骤 7　添加"动感模糊"滤镜。

选择"黄色光影"图层，选择"滤镜→模糊→动感模糊"菜单命令，打开"动感模糊"对话框，设置参数值，如图 2-57 所示。设置完后单击"确定"按钮，使"圆点"图像变得模糊。

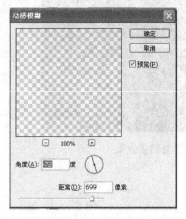

图 2-57　动感模糊设置与效果

步骤 8　液化图像。

选择"滤镜→液化"菜单命令，打开"液化"对话框，单击向前变形工具，然后对图像进行扭曲。完成后单击"确定"按钮。

步骤 9　设置图层混合模式。

在"图层"面板中选择"黄色光影"图层，设置图层混合模式为"线性光"，使图像光影效果与背景衔接更自然。

任务 3．界面中图像的合成与调色

步骤 1　添加人物素材图像。

选择"文件→打开"菜单命令，打开"第 2 章\魅影视线\素材\人物.jpg"文件，把人物从背景中抠出。然后单击移动工具，将"人物"图像移动到当前图像文件中，得到图层"人物"，调整其在图像中的位置，如图 2-58 所示。

图 2-58　添加人物图层

步骤 2　添加花纹。

打开"第 2 章\素材\花纹.png"文件，然后单击移动工具，将"花纹"图像移动到当前图像文件中，得到图层"花纹"，将"花纹"图像移动到"人物"图像的下方，如图 2-59所示。

图 2-59　花纹图层

步骤 3　为花纹调色。

选择"花纹"图层，按快捷键【Ctrl+U】，打开"色相/饱和度"对话框，设置各项参数值，如图 2-60 所示。设置完成后单击"确定"按钮，执行"色相/饱和度"命令，调色完成。

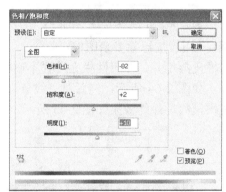

图 2-60　为花纹调色

任务 4．界面中线条的设计制作

步骤 1　新建图层。

在"人物"图层的下方新建一个图层，重命名图层为"线条 1"。单击矩形选框工具，在图像上创建矩形选区，如图 2-61 所示。

图 2-61　创建线条 1 选区

步骤 2　用渐变色填充选区。

选区创建完成后，单击渐变工具，在属性栏中单击"点按可编辑渐变"按钮，打开"渐变编辑器"对话框，设置渐变颜色从左到右依次为透明浅紫到深紫再到透明浅紫，如

图 2-62 所示。设置完成后单击"确定"按钮，然后从左到右填充选区为线性渐变，完成后取消选区。

步骤 3　用铅笔绘制线条 2。

在"线条 1"图层的上方新建一个图层，重命名图层为"线条 2"，然后单击铅笔工具，设置铅笔大小为"3px"，如图 2-63 所示。设置前景色为深紫，然后按住【Shift】键的同时在图像上绘制线条 2。

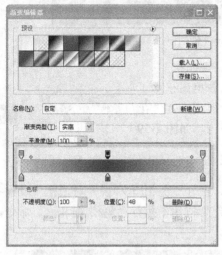

图 2-62　"渐变编辑器"对话框

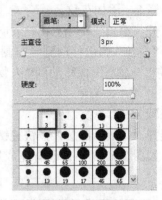

图 2-63　铅笔笔头大小

步骤 4　用橡皮擦除多余图像。

单击橡皮擦工具，在属性栏上设置不透明度为"20%"，选择柔角笔头，适当调整画笔的大小，如图 2-64 所示，然后对"线条 2"图像的两端进行涂抹，将"线条 2"图像的两端变得模糊，最终效果如图 2-65 所示。

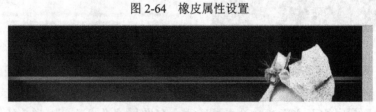

图 2-64　橡皮属性设置

图 2-65　界面中的线条绘制

任务 5. 界面中内容文字底框的制作

步骤 1　为选区填充颜色。

在"线条 2"图层上新建图层，重命名为"底框 1"。单击矩形选框工具，在图像上创建矩形选区。选区创建完成后，填充选区颜色为 R82、G8、B1，然后在"图层"面板中设置该图层的不透明度为"59%"，取消选区。

步骤 2　复制多个底框图层。

选中"底框 1"图层，按【Ctrl+J】组合键，复制三个底框图层，分别命名为"底框 2"、"底框 3"、"底框 4"。降低"底框 2"和"底框 4"图层的透明度，设置图层不透明度为"59%"，按【Ctrl+T】组合键，放大这两个图层底框的大小，如图 2-66 所示。

图 2-66　四个底框图层及效果

步骤 3　为"底框 1"描边。

选中"底框 1"图层，选择"编辑→描边"菜单命令，打开"描边"面板，设置各项参数值，其中颜色为 R109、G17、B8，如图 2-67 所示。设置完成后单击"确定"按钮，为"底框 1"添加了边框效果。

任务 6．界面中框角的制作

步骤 1　创建矩形选区。

在"底框 2"图层上新建图层，命名为"框角 1"，用吸管工具选择前景色为 R92、G33、B0，接着单击矩形选框工具，在"框角 1"图层中创建矩形选区，选择"编辑→描边"菜单命令，在弹出的对话框中设置参数值，描边宽度为"3px"，位置为"居中"，设置完成后单击"确定"按钮，边框添加完毕，如图 2-68 所示。

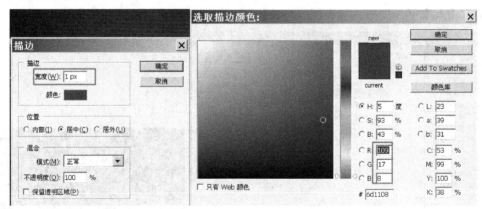

图 2-67　"描边"选项设置

图 2-68　边框制作

步骤2 创建要删除的选区。

单击矩形选框工具，在属性栏上单击"添加到选区"按钮，在图像上创建如图 2-69 所示的选区。

图 2-69 删除选区创建

步骤3 删除选区内图像。

选区创建完成后，按【Del】键，删除选区内图像，然后取消选区，"框角 1"图形就完成了。

步骤4 双击"框角 1"图层，弹出"图层样式"对话框，双击"描边"选项，在图层样式的描边窗口中设置参数，颜色设置为 R131、G32、B32，效果如图 2-70 所示。

步骤5 选中"框角 1"图层，按【Ctrl+J】组合键，复制三个"框角 1"图层，分别命名为"框角 2"、"框角 3"、"框角 4"，并放置到合适位置。

任务7．界面中图案文字的设计制作

步骤1 输入文字。

单击横排文字工具，在属性栏上单击"切换字符和段落面板"按钮，打开"字符"面板，设置各项参数值，其中颜色为 R188、G130、B242，设置完成后在"人物"图像的下方输入文字，调整文字在图像中的位置，如图 2-71 所示。

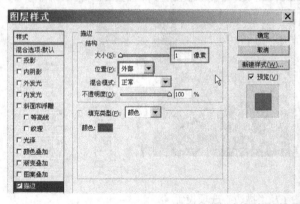

图 2-70 框角外描边

图 2-71 输入文字效果

步骤 2　定义图案。

打开"第 2 章\魅影视线\素材\布纹.jpg"文件，选择"编辑→定义图案"菜单命令，打开"图案名称"对话框，设置名称为"布纹"，单击"确定"按钮，如图 2-72 所示。

步骤 3　添加图层样式。

选择文字图层，单击"图层"面板下方的"添加图层样式"按钮，在弹出的下拉列表中选择"图案叠加"选项，打开"图案叠加"对话框。选择"布纹"图案，设置混合模式为"线性加深"，调整不透明度，参数值如图 2-73 所示。设置完成后单击"确定"按钮，给文字填充了布纹图案效果。

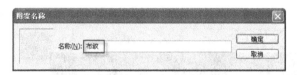

图 2-72　"图案名称"对话框设置　　　　　图 2-73　"图案叠加"选项设置

任务 8．界面中渐变文字的设计制作

步骤 1　输入文字 P。

单击横排文字工具，打开"字符"面板，设置字体参数值为"Wide Latin"，其中颜色为白色，设置完成后在图层的最上方输入文字"P"，调整其在图像中的位置，之后对该文字进行栅格化，并按住【Ctrl】键，单击图层"P"，载入图层选区，如图 2-74 所示。

图 2-74　栅格化文字"P"

步骤 2　用渐变色填充选区。

单击渐变工具，打开"渐变编辑器"对话框，设置渐变颜色如图 2-75 所示。设置完成后单击"确定"按钮，然后从上到下填充选区线性渐变，取消选区，完成渐变文字的制作。

步骤 3　添加图层样式。

双击"P"图层，为图层添加"光泽"各种图层样式，最终效果如图 2-76 所示。

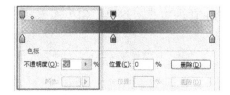　　　　　　　

图 2-75　渐变编辑器设置　　　　　　　　图 2-76　渐变文字

步骤 4　输入文字"hantom line of sight"。

单击横排文字工具，输入文字"hantom line of sight"，设置字体为"Old English Tex..",颜色为白色，栅格化文字，将文字图层转换为普通图层。然后单击渐变工具，打开"渐变编辑器"对话框，设置渐变颜色。

步骤 5　用渐变色填充选区。

按住【Ctrl】键，单击图层"hantom line of sight"，载入该图层选区。然后从上到下用线性渐变颜色填充选区，完成后取消选区。

步骤 6　输入文字"魅影视线"。

单击横排文字工具，在图像中输入中文文字"魅影视线"，调整文字间的间距，完成文字制作。

步骤 7　输入文字"ABOUT"。

单击横排文字工具，在"底框 1"上输入文字"ABOUT"，设置文字颜色为渐变色文字，调整文字在画面中的位置，如图 2-77 所示。

图 2-77　内容文字

步骤 8　单击横排文字工具，在"底框 2"上拖拽一个文字输入框，如图 2-78 所示，复制粘贴"第 2 章\魅影视线\素材\文字.txt"中的内容文字，设置文字颜色为白色，如图 2-79 所示。

图 2-78　录入段落文字的文字框

步骤 9　在"底框 3"制作渐变文字"ABOUT"、"WORKS"、"CONTACT"、"BBS"，效果如图 2-79 所示。

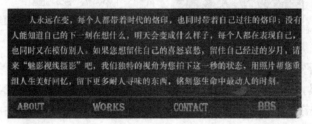

图 2-79　内容文字

步骤 10　添加素材图像。

打开"第 2 章\魅影视线\素材\布纹.jpg"文件，单击移动工具，将"按钮"图像移动到"底框 1"中，调整其在"底框 1"中的位置。

任务 9. 胶片的制作

步骤 1　新建图像文件。

选择"文件→新建"菜单命令，打开"新建"对话框，名称为"自制胶片"，宽度为

"530"像素，高度为"20"像素，分辨率为"300"像素/英寸，设置完成后单击"确定"按钮，创建一个新的图像文件。

步骤 2　制作胶片单元图案。

选择矩形选框工具画出一矩形选区，设置前景色为"黑色"，按【Alt+Del】组合快捷键填充前景色"黑色"，取消选区，再选择矩形选框工具在黑色矩形内画出一小矩形选区，按【Del】键，删除小矩形选区的内容，上方就呈现出一个白洞，按【↓】方向键，移动小矩形选区到黑色矩形的下方，按【Del】键，删除小矩形选区的内容，下方就呈现出一个白洞，如图 2-80 所示。

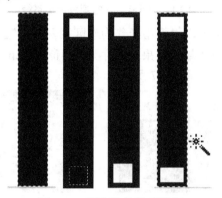

图 2-80　制作胶片单元图案

步骤 3　定义胶片单元图案。

用魔棒工具选中黑色区域，按住【Shift】键的同时单击空白小矩形，然后选择"编辑→定义图案"菜单命令，弹出"图案名称"对话框，将图案名称命为"胶片"，如图 2-81 所示。

图 2-81　定义胶片图案

步骤 4　删除图层 1 所有内容，选择"编辑→填充"菜单命令，在弹出的对话框中设置内容→图案→自定图案（选择"胶片"），然后单击"确定"按钮，形成胶片，如图 2-82 所示。

图 2-82　填充胶片图案

步骤 5　选择"文件→打开"菜单命令，选择所需要的照片，直接用鼠标把图片拖到"自制胶片"文件中，自动生成三个图层，按【Ctrl+T】组合键改变图像大小，完成的胶片如图 2-83 所示。

步骤 6　利用钢笔工具，做一个胶片头，如图 2-84 所示。

图 2-83　胶片

图 2-84　钢笔工具勾画胶片头路径

步骤 7　在路径面板中单击"将路径作为选区载入"按钮，如图 2-85 所示。再返回图层面板，将选区删除，形成最终效果，保存为"自制胶片.psd"文件，并另存为"自制胶片.png"文件，如图 2-86 和图 2-87 所示。

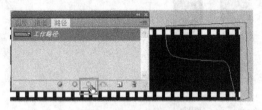

图 2-85　将路径作为选区载入　　　　　图 2-86　删除选区

图 2-87　胶片效果图

任务 10．添加胶片图层

步骤 1　选择"文件→打开"菜单命令，打开"自制胶片.png"文件，单击移动工具，用鼠标把"自制胶片图片"拖到"魅影视线.psd"文件中的"人物"图层下方，形成"胶片"图层，选择"图像→图像旋转→90 度（顺时针）"菜单命令，把"自制胶片"竖起来，如图 2-88 所示。

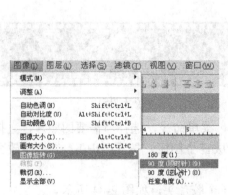

图 2-88　旋转胶片

步骤 2　选择"滤镜→扭曲→切变"菜单命令，打开"切变"对话框，改变切变线条的弯曲度，然后单击"确定"按钮，胶片就形成了波浪形，如图 2-89 所示。

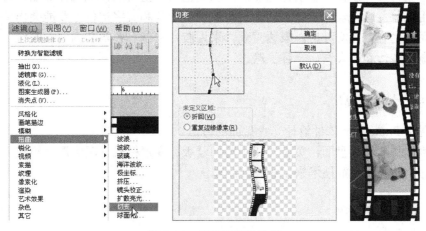

图 2-89　切变设置及效果

步骤 3　选择"图像→图像旋转→90 度（逆时针）"菜单命令，把"自制胶片"横过来，调整到合适位置，并调整图层的不透明度为"42%"，魅影视线界面全部制作完毕，如图 2-90 所示。

图 2-90　魅影视线界面

至此，完成本例制作。

2.5　光盘盘面设计制作

本例将介绍一张多媒体教材光盘的盘面创意制作，要在光盘装帧的形式上突破常规，具有创意，必须更新光盘装帧的意识，融合其他艺术的表现形式，才能设计出新奇的、别开生面的艺术效果。在本例中将充分运用色彩、图案对应法，借彼显此，互比互衬，达到手法简洁、主题集中、层次变化的表现目的。通过这种手法可以鲜明地强调多媒体光盘专业而又独特的特点，简明的画面里隐含着丰富的意味，展示光盘内容表现的层次和深度，给读者以深刻的视觉感受。

2.5.1 设计制作目标

为本教材设计制作匹配的光盘盘面，以蓝色为主基调，体现理性专业，思想深邃的意念；用浅蓝色音符表达多媒体的丰富与灵动；图片和文字定位上要能突出体现教材章节的画面和内容，图文呼应，表达直观；采用胶片来统一各章节画面，既统一协调，又独立清晰，整体和谐大气，一目了然。

2.5.2 技术要点

掌握用 Photoshop 软件设计光盘盘面的方法。

本例制作的光盘盘面，关键要巧用剪切蒙版、变形模式、图像混合模式、图层和图层组管理、路径文字等技术来完成设计制作。

2.5.3 实现步骤

实现过程共分以下 6 个任务来完成。

任务 1. 图像文件页面设置
任务 2. 盘面背景的制作
任务 3. 胶片 1 及其图像制作
任务 4. 胶片 2 及其图像制作
任务 5. 胶片 3 制作
任务 6. 路径文字设计制作

任务 1. 图像文件页面设置

选择"文件→新建"菜单命令，或按快捷键【Ctrl+N】，打开"新建"对话框，设置名称为"多媒体光盘"，宽度为"13"厘米，高度为"13"厘米，分辨率为"300"像素/英寸，颜色模式为 RGB 模式，创建一个新的图像文件。

知识链接：光盘盘面设计原则

（1）光盘的规格固定，盘面尺寸较小。因此，设计者应该首先熟悉光盘的规格，否则光盘盘片的镂空圆洞会影响到图与文的排列。（注意：普通光盘的尺寸，外径是 120mm，内径是 15mm，盘面印刷的部分要向内缩进 1mm 左右。）

（2）光盘盘面设计在信息的传达上必须是直接的，最好是唯一的、直观的。强调目光接触瞬间的吸引力。

（3）设计时不但要考虑到整个光盘的总体美观、视觉效果，还要深入了解多媒体光盘内容和定位。

任务 2. 盘面背景的制作

步骤 1　添加"盘面"文件。

选择"文件→打开"菜单命令，打开"第 2 章\光盘盘面\素材\盘面.png"文件。然后单击移动工具，将"盘面"图像移动到当前图像文件中，调整图像的大小和位置，并将图层命名为"盘面"。

知识链接

选择一个或多个图像文件，拖拉至 Photoshop 工作窗口，能快速打开文件。

步骤2　设置图层样式。

选择该图层，选择"图层→图层样式→投影"菜单命令，设置"图层样式"对话框，参数设为默认值。

知识链接

双击图层缩略图，或单击图层面板下方的"图层样式"按钮 *fx*，都能打开"图层样式"对话框。

步骤3　改变背景图层颜色。

选择"背景"图层，选择"编辑→填充"菜单命令，在弹出的对话框中把"内容"颜色选择为"黑色"，如图 2-91 所示。

图 2-91　"填充"对话框

知识链接

把前景色设置为黑色，然后按【Ctrl+Del】组合键，可以填充前景色。按【Alt+Del】组合键，可以填充背景色。

在工具面板中，右键单击"渐变工具"按钮，在弹出的工具图标列表单中选择"油漆桶工具" ，使用此工具可以填充前景色。

步骤4　添加参考线。

选择"视图→标尺"菜单命令，或按快捷键【Ctrl+R】，显示水平标尺和垂直标尺。

鼠标指针指向水平标尺，按住鼠标左键往右拖拉，参考垂直标尺上的标注，在上下居中的位置画一条水平参考线。

用同样的方法，鼠标指针指向垂直标尺，在左右居中的位置画一条垂直参考线。

知识链接

利用移动工具可移动参考线，往外拖动可丢掉参考线。

步骤 5　绘制同心圆。

选择"图层→新建→图层"菜单命令，调出"新建图层"对话框，新建一个图层，图层命名为"同心圆"。

知识链接

单击"图层"面板下方的"创建新图层"按钮 ，也可新建图层。

在工具面板中，右键单击"矩形选择工具"按钮，在弹出的工具图标列表单中选择"椭圆选框工具" ，按住【Alt+Shift】组合键，从盘面中心（参考线交点）开始，按住鼠标左键拖动，画一个比盘面直径稍小的正圆选区，然后填充成白色。按【Ctrl+D】组合键，取消选区。

在该图层，用同样的方法画一个比盘孔直径稍大的正圆选区，按【Del】键，删除选区内像素。

注 意

为了观察"盘面"图层孔径的大小，可以降低"同心圆"图层不透明度。

知识链接

在使用"椭圆选框工具"制作选区时，分别尝试不按住任何键、按住【Shift】键、按住【Alt+Shift】组合键、按住【Alt】键制作选区，并比较使用这四种方法制作选区的不同。

步骤 6　设置图层混合模式。

选择"同心圆"图层，设置图层混合模式为"正片叠底"，如图 2-92 所示。

注 意

添加同心圆图层的目的，是制作盘面边缘。制作剪切蒙版时，内容图层以此为基底（形状）图层，隐藏同心圆外的图像。

任务 3．胶片 1 及其图像制作

步骤 1　添加"胶片 1"文件。

选择"文件→打开"菜单命令，打开"第 2 章\素材\胶片 1.jpg"文件。然后单击移动工具，将"胶片 1"图像移动到当前图像文件中，调整图像的大小和位置，适当旋转图像，并将图层命名为"胶片 1"。

步骤 2　创建剪切蒙版

选择"胶片 1"图层，选择"图层→创建剪切蒙版"菜单命令，创建剪切蒙版，如图 2-93 所示。

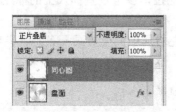

图 2-92　设置图层混合模式

图 2-93　剪切蒙版

步骤 3　添加"音符"文件。

添加"第 2 章\素材\音符.jpg"图像文件，调整图像的大小和位置，并将图层命名为"音符"。选择"音符"图层，参考步骤 2，创建剪切蒙版。

步骤 4　设置图层混合模式。

选择"音符"图层，设置图层混合模式为"柔光"。

步骤 5　创建并编辑图层蒙版。

选择"图层→创建图层蒙版→全部显示"菜单命令，或单击"图层"面板下方的"添加图层蒙版"按钮 🔲，为该图层添加白色的图层蒙版。

知识链接

编辑图层蒙版就是依据要显示及隐藏的图像，然后使用适当的工具来决定图层蒙版中哪部分为白色，哪部分为黑色。

本例介绍用"画笔"来编辑图层蒙版。在工具面板中，右键单击"画笔"工具，在弹出的工具图标列表单中选择"画笔" ✏️，在画笔选项栏中设置画笔大小、不透明度和流量等，将前景色设置为黑色，使用画笔在蒙版上涂抹，使音符图像中的部分区域呈现半透明效果，如图 2-94 所示。

图 2-94　图层蒙版

步骤 6　添加"魅影视线"文件，并创建剪切蒙版。

添加"第 2 章\素材\魅影视线.jpg"文件，调整图像的大小和位置，并将图层命名为"魅影视线"，然后创建剪切蒙版。

知识链接

只有在两个连续的图层之间才能创建剪切蒙版，即剪切蒙版事实上是一组图层的总称，剪切蒙版由基底图层和内容图层组成。在一个剪切蒙版中，基底图层只能有一个且位于剪切蒙版的底部，而内容图层则可以有多个，且每个内容图层的前面都会有一个 ↓ 图标。

创建剪切蒙版方法如下。

方法一：选择"图层→创建剪切蒙版"菜单命令。

方法二：在选择了内容图层的情况下，按【Alt+Ctrl+G】组合键执行创建剪切蒙版操作。

方法三：按住【Alt】键，将鼠标指针放在基底图层和内容图层之间，当鼠标指针变为 ↓⬤ 形状时单击鼠标左键即可。

步骤 7　变形"魅影视线"图像。

选择"魅影视线"图层，选择"编辑→变换→变形"菜单命令，将鼠标指针放置在控制框左下角的控制句柄上，拖动鼠标使素材图像放到"胶片 1"的适当地方。参照上面步骤，继续拖动控制框右上角和左上角等控制句柄，直至得到所需的效果，按【Enter】键确认变换操作，效果如图 2-95 所示。

知识链接

按【Ctrl+T】快捷键，执行自由变换，然后在变换控制框上单击鼠标右键，在弹出的快捷菜单中选择"变形"命令，调出变形控制框。

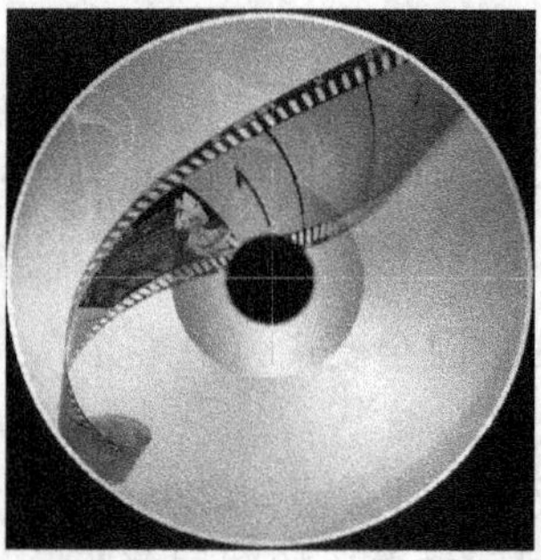

图 2-95　"魅影视线"变形后效果图

步骤 8　添加并编辑其他图像，参考步骤 6 和步骤 7。

添加"第 2 章\素材\多媒体技术项目教程封面.jpg"文件，调整图像的大小和位置，将图层命名为"多媒体技术项目教程"，并为其创建剪切蒙版，然后参照样例变形图像。

按照上面的方法和步骤，添加"第 2 章\素材\"视频教学课件.jpg"文件，调整图像的大小和位置，将图层命名为"视频教学课件"，并为其创建剪切蒙版，然后参照样例变形图像。

步骤 9　图层编组。

选择"同心圆"图层，按住【Ctrl】键，再选择"胶片 1"、"音符"、"魅影视线"、"多媒体技术项目教程"和"视频教学课件"，共六个图层，选择"图层→图层编组"菜单命令，即将被选择的图层编入新的图层组中，将新图层组重命名为"胶片 1_及其图像"，如图 2-96 所示。

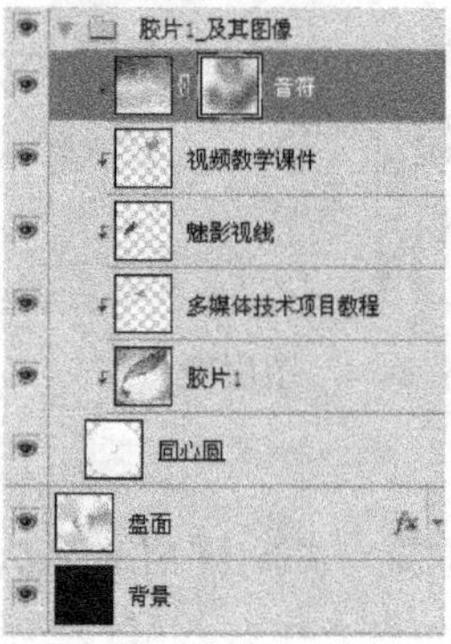

图 2-96　图层组

知识链接

通过使用图层组能够将若干个相似图层组合在一起，以方便管理图层，从而提高图层面板的使用效率。并且能够对图层组进行展开收拢，不透明度和混合模式等的操作。可以通过选择多个图层创建新的图层组，并使这些被选择的图层包含在图层组中。

在多个图层被选中的情况下，也可以直接按【Ctrl+G】组合键完成创建图层组的操作。

任务 4．胶片 2 及其图像制作

步骤 1　添加"胶片 2"图像文件。

添加"第 2 章\素材\胶片 2.jpg"文件，调整图像的大小和位置，适当旋转图像，并将图层命名为"胶片 2"。

步骤 2　设置图层不透明度。

选择"胶片 2"图层，然后在"图层"面板右上角，设置该图层的不透明度为"25%"，如图 2-97 所示。

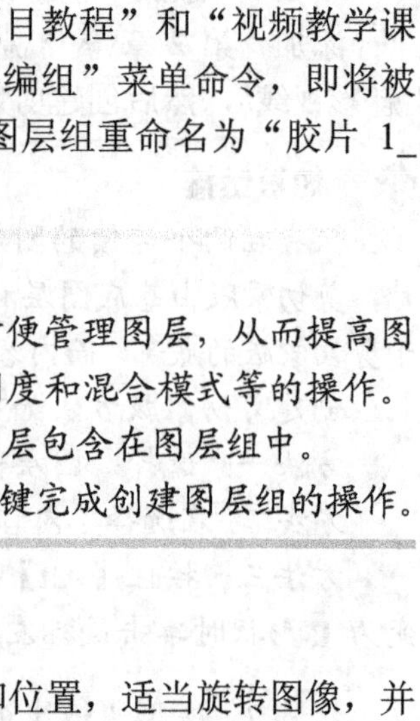

步骤 3　添加"音乐 MTV"文件，变形并设置不透明度。

添加"第 2 章\素材\音乐 MTV.jpg"文件，调整图像的大小和位置，并将图层命名为"音乐 MTV"。参照样例变形该图像。然后在"图层"面板中设置该图层的不透明度为"77%"。

图 2-97　图层不透明度设置

步骤 4 设置图像混合模式。

选择"音乐 MTV"图层，展开"图层"面板左上方的图层混合模式下拉菜单，设置为"柔光"。

步骤 5 添加"毕业留念光盘封面"文件，变形并设置不透明度。

添加"第 2 章\素材\毕业留念光盘封面.jpg"文件，调整图像的大小和位置，并将图层命名为"毕业留念光盘封面"。参照样例变形该图像。然后在"图层"面板中设置该图层的不透明度为"55%"。

步骤 6 建立图层组。

单击"图层"面板下方的"创建新图层组"按钮 ，新建一个图层组，重命名图层组为"胶片 2_及其图像"。将其下面三个图层"胶片 1"、"音乐 MTV"、"毕业留念光盘封面"拖拉到图层组里。

知识链接

新的图层组中没有图层，在此情况下可以通过鼠标拖动的方式将图层移入图层组中。将图层拖动至图层组上，当图层组的周围出现黑色线框时，释放鼠标左键即可将图层移入图层组中。也可以通过鼠标拖动，将图层组里图层移出图层组。

任务 5. 胶片 3 制作

步骤 1 添加"胶片 3"文件。

添加"第 2 章\素材\胶片 3.png"图像文件，调整图像的大小和位置，并将图层命名为"胶片 3"。

步骤 2 设置该图层的不透明度。

选择"胶片 3"图层，然后在"图层"面板中设置该图层的不透明度为"36%"。

步骤 3 添加图层蒙版。

单击"图层"面板下方的"添加图层蒙版"按钮，为该图层添加图层蒙版，并参照样例编辑图层蒙版。

任务 6. 路径文字设计制作

步骤 1 创建新图层组。

单击"图层"面板下方的"创建新图层组"按钮 ，新建一个图层组，重命名图层组为"文字"。图层组收缩后，图层面板如图 2-98 所示。

步骤 2 制作圆形路径。

在工具面板中，右键单击"形状工具"，在弹出的工具图标列表单中选择"椭圆工具" ，在选项面板中单击"路径"按钮 ，按住【Alt+Shift】组合键，从盘面中心（参考线交点）开始拖动鼠标左键，画一个比盘面直径小的正圆路径。

步骤 3 输入路径文字。

单击横排文字工具 ，在属性栏上单击"切换字符和段落面板"按钮，打开"字符"面板，设置各项参数值，其中字体：华文隶书；字号：12 点；颜色：R24、G1、B141，如图 2-99 所示。

设置完成后，在路径左上方单击鼠标定位，然后输入文字。文字即沿该圆形路径排列。

图 2-98　图层面板　　　　　　　　　图 2-99　"字符"面板设置

步骤 4　添加图层样式。

选择"文字"图层，单击"图层"面板下方的"添加图层样式" *fx.* 按钮，在弹出的下拉列表中选择"外发光"选项，参数设为默认值；在弹出的下拉列表中，再选择"斜面和浮雕"选项，打开"斜面和浮雕"对话框，按如图 2-100 所示设置参数。

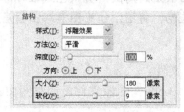

图 2-100　"斜面和浮雕"对话框设置

步骤 5　添加目录文字。

单击横排文字工具 T，在属性栏设置各项参数值，其中字体：黑体；字号：9 点；颜色：R24、G1、B141。

设置完成后，在盘面右下方单击鼠标定位，打开"多媒体项目案例教程目录.doc"文件，复制文字到盘面的文字图层。

步骤 6　添加图层样式。

选择"文字"图层，单击"图层"面板下方的"添加图层样式" *fx.* 按钮，在弹出的下拉列表中选择"外发光"选项，打开"外发光"对话框，按如图 2-101 所示设置；在弹出的下拉列表中再选择"投影"选项，打开"投影"对话框，按如图 2-102 所示设置。

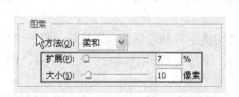

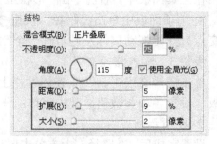

图 2-101　"外发光"对话框设置　　　　图 2-102　"投影"对话框设置

至此，完成了本例制作，最终图层面板与光盘效果如图 2-103 所示。

58

图 2-103　图层面板与光盘效果

2.6　音频获取与处理

数字音频是一种利用数字化手段对声音进行录制、存放、编辑、压缩或播放的技术。计算机数据的存储是以 0、1 的形式存取的，用数字音频技术首先将音频文件转化，接着再将这些电平信号转化成二进制数据保存，播放的时候就把这些数据转换为模拟的电平信号再送到喇叭播出。数字声音和一般磁带、广播、电视中的声音就存储播放方式而言有着本质区别。相对而言，它具有存储方便、存储成本低廉、存储和传输的过程中没有声音的失真、编辑和处理非常方便等特点。

2.6.1　音频的文件格式

◆1．WAV 格式

WAV 是微软公司开发的一种声音文件格式，也叫波形声音文件，是最早的数字音频格式，被 Windows 平台及其应用程序广泛支持。目前所有的音频播放软件和编辑软件都支持这一格式，标准的 WAV 格式采用 44.1kHz 的采样频率，16 位量化位数，声音再现容易，但跟 CD 一样，占用存储空间大。

◆2．MP3 格式

MP3 全称是 MPEG-1 Audio Layer 3，是目前最流行的音乐文件格式。它在 1992 年合并至 MPEG 规范中。MP3 采用了知觉音频编码技术，即把声音中人耳听不见或无法感知的信号滤除的压缩原理，从而达到了大幅度减少声音数字化后所需的存储空间。它的压缩比达到了 10：1～12：1。MP3 格式的声音文件占用空间小，声音质量却无明显下降。

3．WMA 格式

WMA（Windows Media Audio）是微软在互联网音频、视频领域的力作。WMA 格式以减少数据流量但保持音质的方法来达到比 MP3 压缩率更高的目的，其压缩率一般可以达到 1：18，适合在网络上进行在线播放。此外，WMA 还可以通过 DRM（Digital Rights Management）方案加入防止复制，加入限制播放时间和播放次数，甚至是播放机器的限制，可有力地防止盗版。

4．MIDI 格式

MIDI 是 Musical Instrument Digital Interface 的缩写，又称作乐器数字接口，是数字音乐/电子合成乐器的统一国际标准。MIDI 音乐是一种合成音乐，用 C 或 BASIC 编程语言将电子乐器演奏时的击键动作变成描述参数记录下来，形成 MIDI 文件。由于 MIDI 文件中存储的是一些指令，所以可以把这些指令发送给声卡，由声卡按照指令将声音合成出来。MIDI 声音文件占用空间小，一般每存一分钟音乐只要 5～10KB 空间。

MIDI 定义了计算机音乐程序、数字合成器及其他电子设备交换音乐信号的方式，规定了不同厂家的电子乐器与计算机连接的电缆和硬件及设备间数据传输的协议，可以模拟多种乐器的声音。

5．CDA 格式

CDA 是 CD 的音乐格式，扩展名 CDA，其取样频率为 44.1kHz，16 位量化位数，跟 WAV 一样，但 CD 存储采用了音轨的形式，又叫"红皮书"格式，记录的是波形流，是一种近似无损的格式。

2.6.2　Adobe Audition 简介与主要功能

Adobe Audition 的前身是 Cool Edit Pro，2003 年 5 月 Adobe 公司成功收购 Syntrillium Software 公司，Syntrillium Software 公司的全部产品也就成为 Adobe 旗下的产品，Cool Edit Pro 经过 Adobe 公司的重新制作，以 Audition 的名字发行，但它仍然与 Cool Edit Pro 有相似之处。Adobe Audition 提供了高级混音、编辑、控制和特效处理能力，是一个专业级的音频工具，允许用户编辑个性化的音频文件、创建循环、引进了 45 个以上的 DSP 特效及高达 128 个音轨，其取样频率超过 192kHz，从而能够以最高品质的声音输出磁带、CD、DVD 或 DVD 音频。它为音乐爱好者提供了一个完整的、应用于运行 Windows 系统的 PC 上的多音轨唱片工作室。

Adobe Audition 3.0 的主要功能如下。

（1）支持 VSTi 虚拟乐器：这意味着 Audition 由音频工作站变为音乐工作站。

（2）增强的频谱编辑器：可按照声像和声相在频谱编辑器里选中编辑区域，编辑区域周边的声音平滑改变，处理后不会产生爆音。

（3）增强的多轨编辑：可编组编辑，做剪切和淡化。

（4）新效果：包括卷积混响、模拟延迟、母带处理系列工具、电子管建模压缩。

（5）iZotope 授权的 Radius 时间伸缩工具，音质更好。

（6）新增吉他系列效果器。

（7）可快速缩放波形头部和尾部，方便做精细的淡化处理。

（8）增强的降噪工具和声相修复工具。

（9）对多核心 CPU 进行优化。

（10）拖曳波形到一起即可将它们混合，交叉部分可做自动交叉淡化。

（11）支持多种声音格式的转换。

2.6.3 用 EAC 进行 CD 抓轨

音乐光盘和歌曲光盘音质好，携带方便。但是，在多媒体产品中，要直接使用这些光盘很不方便，何况目前大量普及的 MP3 播放器也不能直接使用光盘。这就需要把 CD 中的音轨转换成 WAV 格式或 MP3 格式的音频文件，这个过程就是常说的抓 CD 音轨。

Exact Audio Copy 是一个抓 CD 音轨的软件。它具有批量转换光盘音轨的功能，中途无须进行干预，简单而实用，下面介绍抓 CD 音轨的方法。

步骤 1 将 CD 光盘插入光盘驱动器，双击 EAC 软件图标，就启动了 Exact Audio Copy 软件。主界面列出光盘的音轨清单，如图 2-104 所示。

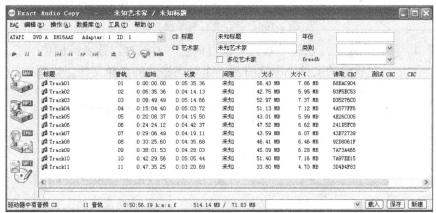

图 2-104　Exact Audio Copy 主界面

知识链接

界面顶部的菜单主要用于文件操作、设定软件的各种初始状态、帮助等。"CD-ROM 设定"下拉列表则用于在多个 CD-ROM 驱动器中指定当前使用的驱动器。状态栏可用于播放控制，如播放、暂停、前进、后退、停止、音量调节和选择播放进程。

步骤 2 选择"编辑→全部选定"菜单命令，选中全部音轨。

步骤 3 在选中全部音轨上单击鼠标右键，弹出快捷菜单，选择"抓取所选音轨→已压缩"命令，弹出保存对话框，如图 2-105 所示，指定输出路径，文件保存类型为"MP3"格式，单击"保存"按钮后，弹出"正在抓取音频数据"的转换过程状态信息框，转换过程也开始了，如图 2-106 所示。这个过程需要一定的时间，其快慢取决于计算机 CPU 和 CD-ROM 驱动器的速度。

图 2-105　抓取所选音轨快捷菜单命令

图 2-106　保存文件与转换文件

步骤 4　转换结束后，出现"状态及错误信息"对话框，读者可浏览一下，随后单击"OK"按钮，在指定的文件夹中就得到一组对应格式的音频文件，如图 2-107 所示。

图 2-107　抓轨完成与状态及错误信息

知识链接

如果希望抓单个音轨，直接右键单击该音轨再选择"抓取所选音轨→已压缩"命令即可。

2.6.4　配乐诗朗诵的制作

实现过程共分以下 8 个任务来完成。

任务 1. 录音前的准备
任务 2. 使用 Adobe Audition 录音
任务 3. 音频剪辑
任务 4. 音量调整
任务 5. 降噪处理
任务 6. 效果处理
任务 7. 配乐与人声匹配混音
任务 8. 淡入淡出处理与输出配乐诗朗诵

任务 1. 录音前的准备

步骤 1   准备一块声卡（一般计算机都已配置）和一个普通的计算机话筒，计算机中安装了 Adobe Audition 软件。

步骤 2   要选一个比较安静，回声比较小的录音环境。

步骤 3   将话筒与计算机声卡的 Microphone 输入接口相连接。

知识链接

（1）如果用户对声音音质要求高，需要准备一块价格比较昂贵的专业声卡（可以是外置的），一个比较专业的电容话筒和话筒防喷罩，一个调音台，一对监听音箱或者一个监听耳机，并保证这些设备正确连接。

（2）为了保持声音质量，要使话筒电缆尽可能短。因为话筒的电缆长度超过 15m 的话，通常就会产生电磁干扰，或者使声音减弱。

（3）在录音前，要尽量考虑到所有可能发生噪声的因素，比如最好关闭能够产生噪声的空调，尽量不使用带有风扇的笔记本电脑。如果使用台式计算机，为防止风扇发出的声音，可以将主机转移到隔壁的房间或者壁橱里。

步骤 4   双击任务栏中的小喇叭图标，如图 2-108 所示，随后就会弹出"主音量"对话框，如图 2-109 所示。

图 2-108   任务栏中的小喇叭图标

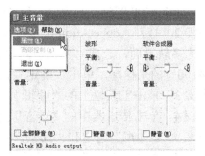

图 2-109   "主音量"对话框

步骤 5   选择"选项→属性"菜单命令，弹出"属性"对话框。在"调节音量"项目中单击"录音"单选按钮，在下面的"显示下列音量控制"列表中选择必要的录音来源，也可以选择全部，如图 2-110 所示。

知识链接

音频输入接口的名称可能会由于声卡的差异而不同，但是一般都包含 Mono Mix（单声道混音）、Stereo Mix（立体音混音）、Line In（线路输入）和 Microphone（麦克风）等选项。

步骤 6　单击"确定"按钮，弹出"录音控制"对话框。此时，根据需要选择"麦克风音量"项目下面的"选择"复选框，如图 2-111 所示。

知识链接

使用麦克风录音，就选中"麦克风音量"项目下面的"选择"复选框；使用音频线录制外部设备的声音，就选中"线路音量"项目下面的"选择"复选框；要录制来自计算机声卡中的声音，就选中"立体声混音"项目下面的"选择"复选框。

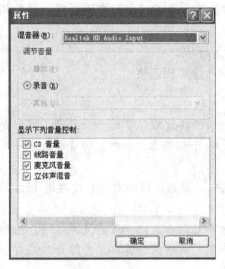

图 2-110　"属性"对话框

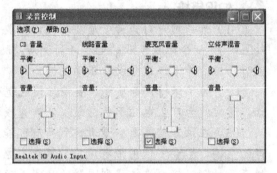

图 2-111　"录音控制"对话框

任务 2. 使用 Adobe Audition 录音

步骤 1　选择"开始→程序→Adobe Audition 3.0"开始菜单命令，或双击桌面上的 Adobe Audition 3.0 图标，启动 Adobe Audition 3.0 软件。

步骤 2　打开 Adobe Audition 3.0 软件，工具栏上"多轨"按钮处于选中状态，主界面显示为多轨界面，选择"文件→新建会话"菜单命令，弹出"新建会话"对话框，选择"44100"的采样率，单击"确定"按钮，如图 2-112 所示。

步骤 3　单击工具栏上的"编辑"按钮，就显示出单轨编辑界面，如图 2-113 所示。

步骤 4　单击传送器中的"录音"按钮，弹出"新建波形"对话框，设置为"44100"的采样率、"立体声"通道和"16 位"的分辨率，如图 2-113 所示。

步骤 5　单击"确定"按钮，试录制声音。观察录制的波形振幅和电平表的显示，如果电平过高，就将"录音控制"对话框中的"麦克风音量"项目的滑块向下滑动；如果电平过低，就将"录音控制"对话框中的"麦克风音量"项目的滑块向上滑动，反复观察和调整之后，使电平处于较为恰当的状态，如图 2-114 所示。

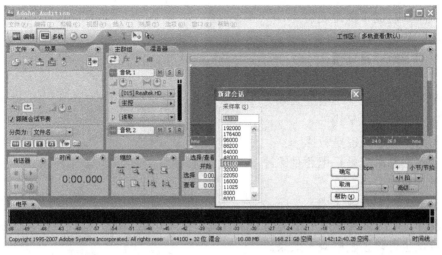

图 2-112　Adobe Audition 3.0 界面与"新建会话"对话框

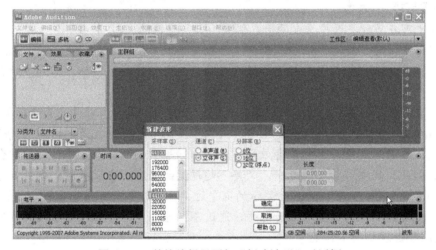

图 2-113　单轨编辑界面与"新建波形"对话框

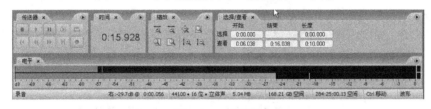

图 2-114　电平表

步骤 6　录音电平调整好了，再次新建一个文件，等播音员准备好后，就单击传送器中的"录音"按钮，开始正式录音。录制一首"热爱生命"的诗，内容如下。

　　《热爱生命》

　　　汪国真

①我不去想是否能够成功

　既然选择了远方

　便只顾风雨兼程

②我不去想能否赢得爱情
　　既然钟情于玫瑰
　　就勇敢地吐露真诚

③我不去想身后会不会袭来寒风冷雨
　　既然目标是地平线
　　留给世界的只能是背影
④我不去想未来是平坦还是泥泞
　　只要热爱生命
　　一切，都在意料之中

步骤7　录音结束后按空格键结束录音或单击传送器中的"播放"按钮，试听刚才录的内容，也可以按空格键听效果。

知识链接

（1）也可在多轨界面中录制声音，但要单击某音轨的"R"按钮，使其处于准备录音的状态，如果没有单击此按钮，录音工作将无法进行。单击此按钮后，弹出"保存会话"对话框，设置工程文件的保存位置和另存名称，单击"保存"按钮，回到多轨界面，单击传送器中的"录音"按钮，就可以开始录制声音了。

（2）在录音时，要尽量将声音以最高电平经话筒录制到计算机中，声音的电平越高，清晰度就越高。不过，声卡对声音电平有最高限度的要求，也就是说，如果声音电平过高，将出现爆音的现象，影响录音效果。但是，如果录制的声音电平过低，就会影响其清晰度。因此，既要尽量大的电平，又要不超过最高限度，在试录时，先对麦克风大声录制较高音量部分，如果 Audition 显示的电平过小，就需要提高录音电平；如果 Audition 显示的电平过大，就需要降低录音电平，通过不断地调节，保证较大振幅的波形不"冲顶"，逐渐接近理想的工作电平。

任务 3. 音频剪辑

剪辑声音，删除不需要的素材，调整部分录制诗的顺序。左键框选不需要的部分，按【Del】键删除，选择需要移动的内容，按【Ctrl+X】组合键，在需要插入的位置单击鼠标，按【Ctrl+V】组合键，如图 2-115 所示。

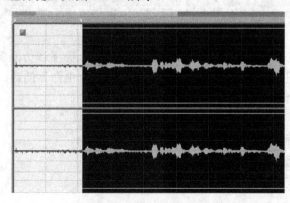

图 2-115　框选不需要的音频

将录音文件按照下面描述进行剪辑：

《热爱生命》

汪国真

①我不去想是否能够成功

既然选择了远方

便只顾风雨兼程

③我不去想身后会不会袭来寒风冷雨

既然目标是地平线

留给世界的只能是背影

②我不去想能否赢得爱情

既然钟情于玫瑰

就勇敢地吐露真诚

④我不去想未来是平坦还是泥泞

只要热爱生命

一切，都在意料之中

任务 4.音量调整

步骤 1　调整全局音量。全选波形，选择"效果→振幅和压限→标准化（进程）"菜单命令，弹出"标准化"对话框，如图 2-116 所示。

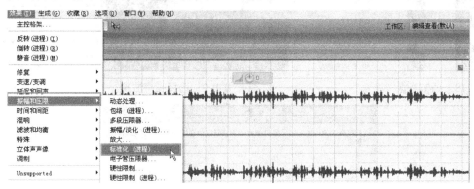

图 2-116　标准化前波形

步骤 2　在"标准化"对话框中，保持默认值，单击"确定"按钮，此时，声音波形振幅变大，声音的音量被增大到合适的数值，如图 2-117 所示为标准化前后的波形图。

步骤 3　调整局部音量。如果录制局部声音音量过高或过低，在单轨模式下，左键框选需要调节音量的部分，拖动上方的调节旋钮调到合适的音量，如图 2-118 所示。

任务 5.降噪处理

步骤 1　录音波形标准化后，单击 水平放大声音波形按钮，可以看到音频中存在噪声。

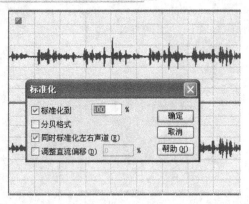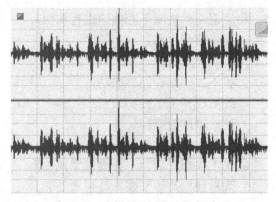

图 2-117　标准化前后的波形图

步骤 2　选择一小段噪声波形，然后选择"效果→修复→采集降噪预置噪声"菜单命令，如图 2-119 所示。

步骤 3　在弹出的"采集降噪预置噪声"对话框中，单击"确定"按钮，就开始获取噪声样本，如图 2-120 所示。

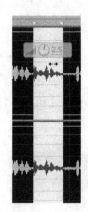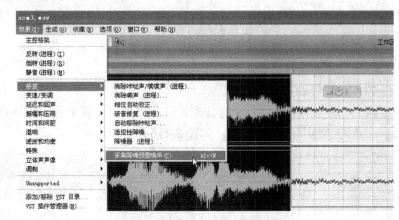

图 2-118　调节音量　　　　　　　　　　图 2-119　选择噪声波形

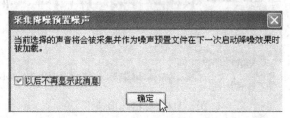

图 2-120　"采集降噪预置噪声"对话框

步骤 4　双击波形全选整个文件，选择"效果→修复→降噪器（进程）"菜单命令，弹出如图 2-121 所示的"降噪器"对话框，参数选择默认值，单击"确定"按钮，完成降噪，降噪前后的波形图如图 2-122 所示。

步骤 5　降噪器只会对采样的环境噪声消除，如果降噪后有其他噪声，还可以手动调节删减，除了最主要的降噪器工具，还可以用"消除嘶声（进程）"、"自动移除咔哒声"和"破音修复（进程）"菜单命令进行其他噪声的消除处理。

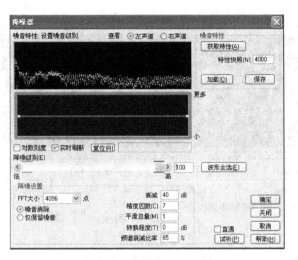

图 2-121　"降噪器"对话框

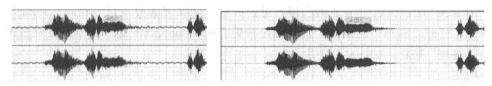

图 2-122　降噪前后的波形图

知识链接

为了保护人们的听力和身体健康，噪声的允许值为 75～90 分贝。

任务 6. 效果处理

步骤 1　变速：首先试听降噪完成音频，选中需要做变速效果的内容，选择"效果→时间和间距→变速"菜单命令，打开"变速"对话框，选择变速模式中的"变速不变调"单选项，试听满意后，单击"确定"按钮，如图 2-123 所示。

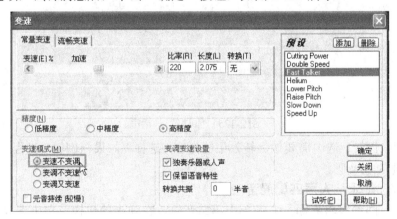

图 2-123　"变速"对话框

步骤 2　变调：选中需要做变调效果的内容，选择"效果→变速/变调→变调器"菜单命令，打开"变调器"对话框，选择预设中的"越来越低"选项，试听效果后，单击"确定"按钮，如图 2-124 所示。

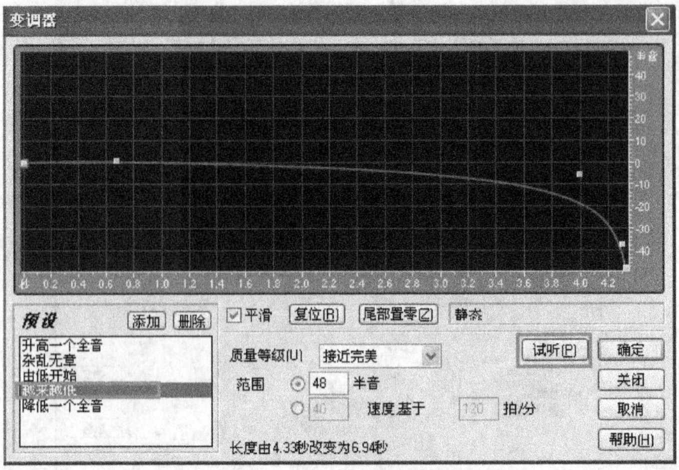

图 2-124 "变调器"对话框

步骤 3　回声：选中需要做回声效果的内容，选择"效果→延迟和回声→回声"菜单命令，打开"回声"对话框，选择预设效果中的"Stereo Vocals"效果，试听效果后，单击"确定"按钮，如图 2-125 所示。

知识链接

声音的三个主要的主观属性为音量、音调、音色。音调主要由声音的频率决定。

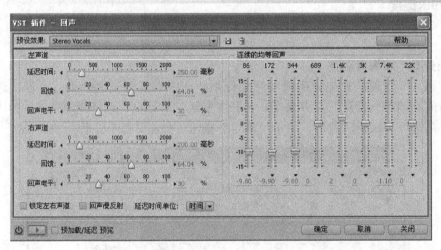

图 2-125 "回声"对话框

步骤 4　倒转：选中需要做倒转效果的内容，选择"效果→倒转（进程）"菜单命令，听一听有趣的效果吧。

任务 7. 配乐与人声匹配混音

步骤 1　回到多轨界面，右键单击第二音轨，在弹出的快捷菜单中选择"插入→音频"命令。插入准备好的配乐音频文件"第 2 章\热爱生命\素材\希望之歌（配乐）.mp3"。

步骤 2　试听效果，如果觉得人声和配乐音量不匹配，双击第二音轨回到配乐的单轨编辑模式下，左键框选需要的整个音频，拖动上方的调节旋钮调到"-9.9"或合适的音量，以匹配人声，配乐音量调整前后的波形如图 2-126 所示。

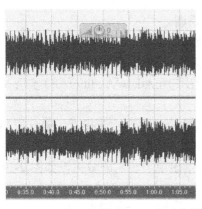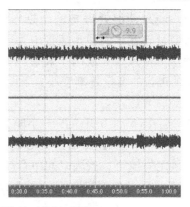

图 2-126　配乐音量调整前后的波形图

　　步骤 3　回到多轨界面，右键单击第三音轨（其他音轨也行，只要是空白音轨就行），选择"合并到新音轨→所选范围的音频剪辑（立体声）"快捷菜单命令，如图 2-127 所示，合并后会看到增加了一条音轨 10，音轨 10 里有了配乐和人声合成的音频波形，如图 2-128 所示。

知识链接

　　混音是将对白、音乐、音效等多种音源予以混合的处理过程，又称为再录音。配乐文件可以是 MP3、WAV 或 MTV 等其他音乐文件的格式。

图 2-127　快捷菜单命令

图 2-128　合成的音频波形

任务 8. 淡入淡出处理与输出配乐诗朗诵

在电台节目、配乐朗诵等情景中为了使其开头和结尾过渡自然，往往会在开头和结尾处分别使用"淡入"、"淡出"效果。"淡入"效果会使声音的音量由小逐渐变大，"淡出"效果会使声音的音量逐渐变小。下面介绍使用 Adobe Audition 3.0 实现声音的淡入淡出和音量控制的方法。

步骤 1 选择音轨 10 开头的一小段合适的声音波形，选择"效果→振幅和压限→振幅/淡化"菜单命令，弹出振幅/淡化对话框，选择预设列表中的"淡入"效果，试听效果后，单击"确定"按钮。被选中的声音波形就出现了淡入的效果，如图 2-129 所示。

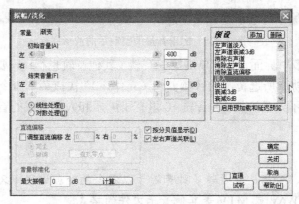

图 2-129 "振幅/淡化"对话框

步骤 2 选择结尾部分的一小段的声音波形，选择"效果→振幅和压限→振幅/淡化"菜单命令，弹出振幅/淡化对话框，选择预设列表中的"淡出"效果，试听效果后，单击"确定"按钮。被选中的声音波形就出现了淡出的效果。

知识链接

淡入淡出简称"淡"，是电影中表示时间、空间转换的一种技巧。

步骤 3 淡入淡出编辑完成后，调节音量到合适的大小，选择"文件→导出→混缩音频"菜单命令，保存后就得到了最后处理好的配乐诗朗诵文件。

至此，完成本例制作，效果如图 2-130 所示。

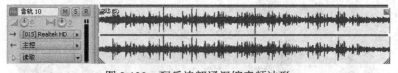

图 2-130 配乐诗朗诵混缩音频波形

2.7 视频获取与处理

2.7.1 视频的文件格式

1. AVI

比较早的 AVI 是 Microsoft 开发的。AVI 的含义是 Audio Video Interactive，就是把视频和音频编码混合在一起存储。AVI 也是最长寿的格式，已存在 10 余年了，虽然发布过改版（V2.0 于 1996 年发布），但已显老态。AVI 格式上限制比较多，只能有一个视频轨道和一个音频轨道（现在有非标准插件可加入最多两个音频轨道），还可以有一些附加轨道，如文字等。AVI 格式不提供任何控制功能。

2. MPEG

MPEG（Moving Picture Experts Group），是一个国际标准组织（ISO）认可的媒体封装形式，受到大部分机器的支持。其存储方式多样，可以适应不同的应用环境。MPEG-4 文件的文件容器格式在 Layer 1（mux）、14（mpg）、15（avc）等中规定。MPEG 的控制功能丰富，可以有多个视频（即角度）、音轨、字幕（位图字幕）等等。MPEG 的一个简化版本 3GP 还广泛地用于准 3G 手机上。副文件名：dat（用于 DVD）、vob、mpg/mpeg、3gp/3g2（用于手机）等。

3. MPEG1

MPEG1 是一种 MPEG（运动图像专家组）多媒体格式，用于压缩和储存音频和视频。用于计算机和游戏，MPEG1 的分辨率为 352×240 像素，帧速率为每秒 25 帧（PAL）。MPEG1 可以提供和录像带一样的视频质量。

4. MPEG2

MPEG2 是一种 MPEG（运动图像专家组）多媒体格式，用于压缩和储存音频及视频。供广播质量的应用程序使用，MPEG2 定义了支持添加封闭式字幕和各种语言通道功能的协议。

5. RM/RMVB

Real Video 或者称 Real Media（RM）文件是由 RealNetworks 开发的一种文件容器。它通常只能容纳 Real Video 和 Real Audio 编码的媒体。该文件带有一定的交互功能，允许编写脚本以控制播放。RM，尤其是可变比特率的 RMVB 格式，体积很小，非常受到网络下载者的欢迎。副文件名：rm/rmvb。

6. MOV

QuickTime Movie 是由苹果公司开发的容器，由于苹果电脑在专业图形领域的统治地位，QuickTime 格式基本上成为电影制作行业的通用格式。1998 年 2 月 11 日，国际标准组织认可 QuickTime 文件格式作为 MPEG-4 标准的基础。QT 可储存的内容相当丰富，除了视频、音频以外还可支援图片、文字（文本字幕）等。副档名：mov。

2.7.2 电视机制式与动感相册尺寸

目前，电视机主要支持 PAL（Phase Alternation by Line）和 NTSC（National Television Standards Committee）制式标准。

PAL 制式，应用于 50Hz 供电的地区，如中国、英国、欧洲、非洲和部分中东等地区，场频为 50Hz，25 帧/秒，每帧 625 条扫描线，用于显示电视信号的扫描线有 576 条。

NTSC 制式，主要在北美、日本、中国台湾等使用 60Hz 交流电的地区被使用，场频为

60Hz，30 帧/秒（彩色视频图像为 29.97 帧/秒），每帧为 525 条扫描线，隔行扫描，其中除去同步用途的若干扫描线外，用于显示电视信号的扫描线有 480 条。

电视机尺寸是按照横竖 4∶3 的比例设计的，但画面的像素并不一定按 4∶3 的比例来进行划分，如 704×576、352×288 等。因此，对于不同制式的电视画面的基本像素的宽高比也就不同。PAL 制式 VCD 电视画面尺寸标准为 352×288，则画面像素的宽高比为 1.091∶1。NTSC 制式 VCD 电视画面尺寸标准为 352×240，则画面像素的宽高比为 0.91∶1。PAL 制式 DVD 电视画面尺寸标准为 704×576 或 720×576，则画面像素的宽高比为 1.091∶1 或 1.067∶1。NTSC 制式 DVD 电视画面尺寸标准为 704×480 或 720×480，则画面像素的宽高比为 0.91∶1 或 0.89∶1。

在早期的个人计算机使用电视机作显示器，当时的计算机由于速度、容量等原因，画面的显示比较粗糙，所以采用了电视扫描线数 480 线的一半，即水平 240 线，垂直按照 4/3 的比例即 320 线，这就是当时 CGA 的分辨率 320×240 像素。随着计算机技术的发展，显示器与电视机产生了极大的分化，像素也远比电视机高，但像素仍然是按照 4/3 来分割的，如 640×480、800×600、1024×768、1152×864 等。如果也以像素为单位把计算机画面分成若干小块，那么这些小块是正方形的，它的宽高比是 1∶1。

由于上述的原因，如果在计算机中采用正常比例的照片或图片作素材制成 VCD/DVD 输出到电视，画面中的照片或图片会产生上下挤压变形。

为了避免照片输出到电视上产生变形，需要将照片素材进行大小调整预处理，使它们最终以正常的状态输出。适用于制作 PAL 制式 VCD 动感相册的照片尺寸为"352×288 像素"，制作 PAL 制式 DVD 动感相册的照片尺寸为"704×576 像素"。

2.7.3　Adobe Premiere Pro CS3 简介与主要功能

Adobe Premiere Pro CS3 是目前最流行的非线性编辑软件，是数码视频编辑的强大工具，它以其新的合理化界面和通用高端工具，兼顾了广大视频用户的不同需求，在一个并不昂贵的视频编辑工具箱中，提供了前所未有的生产能力、控制能力和灵活性。Adobe Premiere Pro CS3 是一个创新的非线性视频编辑应用程序，也是一个功能强大的实时视频和音频编辑工具，是视频爱好者们使用最多的视频编辑软件之一。

Adobe Premiere Pro CS3 主要功能如下。

（1）从摄像机或者录像机上捕获视频资料，从麦克风或者录音设备上捕获音频资料。

（2）将视频、音频、图形图像等素材剪辑成完整的影视作品。

（3）在前、后两个镜头画面间添加转场特效，使镜头平滑过渡。

（4）利用视频特效，制作视频的特殊效果。

（5）对音频素材进行剪辑，添加各种音频特效，产生各种微妙的声音效果。

（6）输出多种格式的文件，既可以输出.avi、.mov 等格式的电影文件，也可以直接输出到 DVD 光盘或者录像带上。

（7）与 Adobe Video Collection 中的其他产品无缝集成，共同完成影片的编辑制作。这些产品包括 Adobe Audition、Adobe Encore DVD、Adobe Photoshop 和 After Effects 软件。

▶ 1．视频的截取

在 Adobe Premiere Pro CS3 中先导入从摄像机拍摄的视频"跳舞 1.avi"，把视频拖拽到视频 1 轨上，用剃刀工具 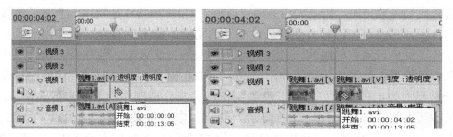 在需要截取的视频位置上单击鼠标，一段视频就截成两段了，如图 2-131 所示。

图 2-131　视频的截取

2．视频合并

在 Adobe Premiere Pro CS3 中先导入两段视频，把它们依次拖拽到视频 1 轨上，再导出成一段视频，如图 2-132 所示。

图 2-132　视频合并

3．视频格式的转换

在 Adobe Premiere Pro CS3 中先导入 AVI 类型视频，再导出成 MOV 格式的视频，就实现了视频格式的转换，如图 2-133 所示。

图 2-133　视频格式的转换

2.7.4　用 ParticleIllusion 制作视频粒子流

ParticleIllusion，官方简称为 PIllusion，中文直译为幻影粒子，是一个主要以 Windows 为平台独立运作的计算机视频特效软件。PIllusion 是以粒子系统的技术创作诸如火、爆炸、烟雾及烟花等效果。PIllusion 的前身为由 Impulse Inc.代理的 Illusion 2（1999～2001），由于主程序员与该公司意见不合而离开并创立新公司 Wondertouch，将 Illusion 2 功能升级及更新商标为 ParticleIllusion 3.0。

PIllusion 3.0 是一款高效产生分子效果的视频软件，它不像一般的 3D 软件在产生火焰、云雾或烟等效果时，需要大量的运算时间。PIllusion 3.0 是利用一个分子影像来仿真大量的分子，它具有快速、方便地创设分子的功能，能产生有趣、多样化的效果，并可大大节省了计算及着色的时间。PIllusion 所创造的视觉效果，往往令人叹为观止，现在有愈来愈多的多媒体制作公司，使用 PIllusion 3.0 制作特效，包括武侠剧的打斗效果，PIllusion 已成为电视台、广告商、动画制作、游戏公司制作特效的必备软件。PIllusion 中所见即所得的窗口，并不因 2D 的工作环境而限制其效果，甚至比 3D 特效或真实的画面还逼真，所有分子喷射可以自由地调整参数，来创造出各种形态及完美的动画。PIllusion 支持多图层及其相关的功能，可整合其效果至 3D 环境或影片中，它还可以建立 Alpha Channel 跟其他的软件进行影像合成。

在学习 PIllusion 前，非常有必要了解一下 PIllusion 中的发射器（Emitter）与粒子（Particles）的关系。粒子是由影像文件构成的，通过一般粒子制作软件所常见的参数调整（如速度、重量、数量、喷射角度、颜色变化等），来完成动态视频的制作。发射器则是发射粒子的对象，而一个发射器可以由许多组粒子所构成，比如一个爆炸效果可能包含有黑色或灰色的烟尘、红色及黄色的火焰等。

下面将介绍用 PIllusion 软件制作视频节目片尾的方法。

步骤 1　在 Adobe Photoshop 中制作一张 720×576 像素大小黑底白字的背景图片，保存成 TGA 格式文件，如图 2-134 所示。

步骤 2　文件设置。

选择"开始→程序→幻影粒子 3"开始菜单命令，或双击桌面上的"幻影粒子 3"图标，启动"幻影粒子 3"软件，选择"文件→另存为"菜单命令，把文件存为"片尾文字.ip3"，并设置项目尺寸为"720×576"，帧率为"25"，如图 2-135 所示。

图 2-134　背景图片

图 2-135　项目设置

步骤 3　导入背景图片。

在图层窗口中，双击图层 0 左边的灰色图块，弹出打开文件窗口，选择在 Photoshop 中制作的背景图片"片尾文字.tga"，单击"确定"按钮，弹出调整项目大小的对话框，单击"是"按钮，如图 2-136 所示，弹出背景图像对话框，确定开始于项目帧为"1"，如图 2-137 所示。

图 2-136　调整项目大小对话框　　　图 2-137　"背景图像"对话框中开始于项目帧的设置

步骤 4　单击"确定"按钮回到主界面，图层窗口中灰色图块处就显示出背景图片，舞台窗口也出现了背景图片，如图 2-138 所示。

图 2-138　导入背景图片

知识链接

舞台窗口的背景颜色默认是黑色的，可在该窗口空白区域单击鼠标右键，在弹出的快捷菜单中选择"背景颜色"命令来更改背景颜色。比如为了方便后期抠像，可将背景颜色更改为纯蓝色或者纯绿色。当然更改为其他颜色有时会屏蔽掉一些粒子的颜色，从而造成视觉干扰，所以一般情况下选择默认的黑色背景。

步骤 5　选择/添加发射器。

在粒子库窗口中选择"经典 08→Warp Pool 07"粒子，在舞台窗口文字上单击鼠标，就给画面添加了一个发生器，如图 2-139 所示。

步骤 6　更改发射器的属性。

在工具栏中单击  按钮，拖曳粒子上的控制点，改变 x 半径为"212"像素，y 半径为"96"像素，也可在设置窗口中调整发射器的 x 半径、y 半径属性，如图 2-140 所示。

图 2-139　Warp Pool 07 粒子

步骤 7　在粒子库窗口中选择"经典 01→Stage Lights"发射器，在舞台窗口文字的左端上单击鼠标，就给画面又添加了一个发射器，如图 2-141 所示。

步骤 8　添加设置关键帧。

在时间窗口中，在 30 帧处单击鼠标增加一个关键帧，在工具栏中单击 按钮，拖曳粒子到如图 2-141 所示位置，单击鼠标右键，在弹出快捷菜单中选择"曲线"命令，调整路径弧度。同样方法在 60 帧、90 帧、120 帧处各增加一个关键帧，路径选择为"曲线"，并调整弧度，如图 2-142 所示。

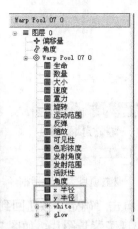

图 2-140 Warp Pool 07 粒子属性设置

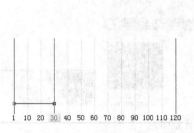

图 2-141 增加关键帧并选择"曲线"命令

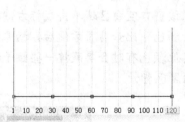

图 2-142 四个关帧与曲线路径

知识链接

路径是由一个或多个直线段或曲线段所组成的。把路径段的端点称之为锚点（大白色圆点）。在曲线段上，每个锚点显示一条或两条方向线，方向线以方向点（方向线的端点）结束。方向线和方向点的位置决定曲线段的曲率（弯曲程度）和形状。移动这些元素将改变路径中曲线的形状。利用发射器的移动配合关键帧来产生动画。

步骤 9 在设置窗口中调整发射器的属性，生命值为"660%"，数量为"150%"，大小为"50%"，发射范围为"360%"。

步骤 10 在播放控制栏中单击 ▶ 按钮，预览制作效果，从左到右文本框中的数字分别代表"当前帧"、"开始帧"、"结束帧"，如图 2-143 所示。

步骤 11 制作效果满意后，选择"动作→保存输出"菜单命令，弹出"另存为"对话框，保存为 TGA 序列图片格式，在弹出的输出选项对话框中，勾选"储存 Alpha 通道"和"创建平滑 Alpha 通道"复选框，单击"确定"按钮，如图 2-144 所示。

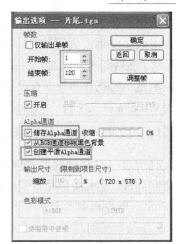

图 2-144 "输出选项"对话框

图 2-143 播放控制栏

步骤 12　在输出文件夹中就生成了 120 张以"片尾 0001.tga"起头的 TGA 序列图片，这些序列图片可在 Premiere 中与其他影像做合成动态视频特效，如图 2-145 所示。

知识链接

PIllusion 也支持输出保存成 AVI 视频格式。

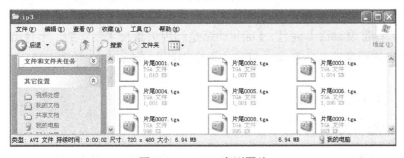

图 2-145　TGA 序列图片

步骤 13　保存源文件"片尾.ip3"，退出 PIllusion 软件，制作完毕，效果如图 2-146 所示。

图 2-146　关键帧处的输出系列图片效果

2.8　动画获取与处理

2.8.1　动画的文件格式

1. GIF 格式

GIF（Graphics Interchange Format）即"图形交换格式"，这种格式是在 20 世纪 80 年

代由美国一家著名的在线信息服务机构 CompuServe 开发而成的。GIF 格式的特点是压缩比高，得以在网络上大行其道。GIF 图像格式还增加了渐显方式，用户可以先看到图像的大致轮廓，然后随着传输过程的继续而逐步看清图像中的细节部分，从而适应了用户的"从朦胧到清楚"的观赏心理。目前 Internet 上大量采用的彩色动画文件多为这种格式的文件，也称为 GIF89a 格式文件。很多图像浏览器如 ACDSee 等都可以直接观看该类动画文件。

2．FLIC（FLI/FLC）格式

大凡玩过三维动画的朋友应该都会熟悉这种格式，FLIC 格式由大名鼎鼎的 Autodesk 公司研制而成，近水楼台先得月，在 Autodesk 公司出品的 AutodeskAnimator、AnimatorPro 和 3DStudio 等动画制作软件中均采用了这种彩色动画文件格式。FLIC 是 FLC 和 FLI 的统称，FLI 是最初的基于 320×200 像素分辨率的动画文件格式，而 FLC 进一步扩展，它采用了更高效的数据压缩技术，所以具有比 FLI 更高的压缩比，其分辨率也有了不少提高。

3．SWF 格式（Flash 动画）

Flash 是 Micromedia 公司的产品，严格说它是一种动画（电影）编辑软件。实际上它是制作出一种后缀名为.swf 的动画，这种格式的动画能用比较小的体积来表现丰富的多媒体形式，并且还可以与 HTML 文件达到一种"水乳交融"的境界。Flash 动画其实是一种"准"流（Stream）形式的文件，也就是说，在观看的时候，可以不必等到动画文件全部下载到本地再观看，而是随时可以观看，哪怕后面的内容还没有完全下载到硬盘，也可以开始欣赏动画。而且，Flash 动画是利用矢量技术制作的，不管将画面放大多少倍，画面仍然清晰流畅，质量一点儿也不会因此而降低。

2.8.2 动画的基本概念

1．位图和矢量图

Flash 中的图形根据其显示原理的不同，可分为位图和矢量图两种。

位图：是由称作像素的单个点组成的，其显示方式是用像素来表示图像的形状和色彩，有多大的图像就要用多大的像素来填充，因而位图文件比较大。由于像素点是不可以再分解的，在修改一个位图时，改变的是像素，因而会造成图像的显示质量下降。

矢量图：是以一组指令的形式存在的，这些指令用来描述一幅图像中所包含颜色和位置属性的直线或曲线公式，因而矢量图文件十分小。对于矢量图来说，其形状是由曲线通过的点来描述的，在对矢量图修改时，实际上是通过对直线或曲线公式重新计算而完成的，因而不会改变图形的质量。在 Flash 中，使用绘图工具栏中的工具所绘制的对象均为矢量图。

2．动画的形成原理、时间轴、帧的概念

动画就是通过快速播放一系列的静态画面，让人在视觉上产生动态的效果。而组成动画的每一个静态画面便是在视频领域中常说的一帧（Frame）。

帧：组成动画的最基本单位，它可以理解为一段电影胶片中的一格，是图像在某一时间点上的定格。在 Flash 中，帧又分为普通帧和关键帧两种。

关键帧：关键帧是指在动画播放过程中，呈现关键性动作或关键性内容变化的帧，所以在制作 Flash 动画时，对动画的对象进行属性编辑必须在关键帧中实现。

普通帧：除了关键帧外，所有出现在时间轴中的帧都是普通帧。

3. 图层

图层就像一张透明的纸，一幅画就是由许多这样的薄纸叠合在一起而形成的。动画里的多个图层就像一叠透明的纸。各个图层之间是相互独立的，都有自己的时间轴，并包含独立的多个帧。当修改某一图层时，不会影响到其他图层上的对象。制作者可以把复杂的动画进行划分，将动画元素分别放在不同的图层上，然后依次对每个层上的对象进行编辑。

图层的特点：除了创建对象的地方外，其他部分是透明的，这样下层的内容可以通过透明区域显示出来。

4. 元件与实例

元件是指在 Flash 中创建且保存在库中的影片编辑、按钮或图形。如果在动画中需要反复使用同一个图形对象，那么在制作动画的过程中，用户只需要将这个图形对象设置为元件，就可以对它进行多次应用了。在 Flash 中，元件主要有图形元件、影片剪辑元件和按钮元件三种类型。

元件可以自始至终在影片中重复使用，而无论调用了元件多少次，文件的体积都不会改变。元件被放置在舞台上，就变成一个实例文件了。

2.8.3 Flash 基本动画制作

1. 逐帧动画

Flash 是通过对帧的连续播放来实现动画效果的。在 Flash 中，可以用三种方法来制作动画：一种是逐帧动画，一种是补间动画，一种是脚本动画。前两种称为基本动画制作。

逐帧动画，就是将一些序列图片在同一图层中按一定顺序依次排列在每个帧上形成的序列动画。在播放动画时会一帧一帧地显示每一帧的内容，这种动画的每一帧都是关键帧。它的原理是在"连续的关键帧"中分解动画动作，也就是每一帧的内容不同，连续播放，利用人的"视觉残留"现象而形成的动画。

在制作 Flash 逐帧动画时，需在 Flash 时间轴上每一帧上绘制帧内容。由于制作逐帧动画是一帧一帧地绘制动画动作，所以它具有非常大的灵活性，所以在制作角色的细腻动作时就可以使用逐帧动画。

【例 2-1】 手写汉字的动画效果。

手写汉字的动画效果如图 2-147 所示。在制作过程中，需利用铅笔工具或刷子工具一帧一帧地绘制，每一帧的效果如图 2-148 所示。

在时间轴面板中，顺序播放每一帧的图片，就形成了一个模拟人手写汉字的动画。

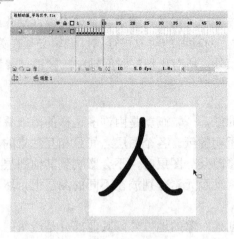

图 2-147 手写汉字的最终效果

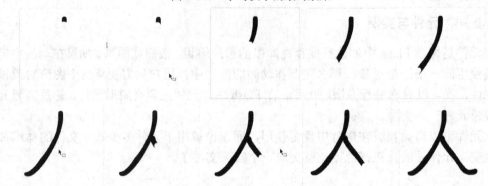

图 2-148 每一帧的效果图

▶ 2. 补间动画

补间动画，是指在关键帧之间自动生成中间过渡帧来实现关键帧之间变化的动画效果，从而生成流畅的动画。创建 Flash 补间动画时，只需设置两个关键帧：起始帧和终止帧，然后由 Flash 软件自动生成中间过渡帧。

补间动画又分为补间动作动画和补间形状动画两种。

（1）创建补间动作动画。

补间动作动画，是根据同一对象在两个关键帧中位置、大小、旋转、倾斜等属性的变化来制作的动画模式。

补间动作动画的作用对象是元件、实例，不能作用于矢量图形对象、位图等。但 Flash 可以在执行"创建补间动画"命令时，自动将矢量图形转换成元件。

【例 2-2】 制作一个图片从左到右移动的动画。

步骤 1 新建文档，选择"文件→导入→导入到舞台"菜单命令，将图片导入到舞台。

步骤 2 设置起始帧，将图片转换成图形文件。利用选择工具选中图片，选择"修改→转换为元件"菜单命令，如图 2-149 所示，在"转换为元件"对话框中设置，并将图形元件移动到舞台的左侧。

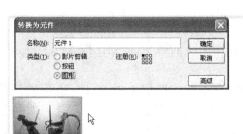

图 2-149　转换元件

步骤 3　设置终止帧。在图层 1 的第 30 帧处，按【F6】键，插入关键帧，选中图形元件，将其平移到舞台的右侧。

步骤 4　创建补间动作动画。单击图层 1 的第 1～30 帧之间的任何一帧，在舞台下面的"属性"面板中设置补间类型为"动画"。此时，第 1～30 帧之间会出现一个浅蓝色背景的长箭头，表示补间动作动画创建成功，如图 2-150 所示。选择"控制→测试影片"菜单命令，测试影片。

（2）创建补间形状动画。

补间形状动画，就是由一种对象逐渐变为另外一种对象。利用补间形状动画，可以实现对象变形、移动、缩放及色彩变化等动画效果。

补间形状动画的作用对象只能是矢量图形。实例、文本、位图对象不能进行变形，除非把它们分离成矢量图形。在使用元件、图片等元素的时候，一定要首先选择"修改→分离"菜单命令，将元件分离，这样才可以实现形状补间动画。

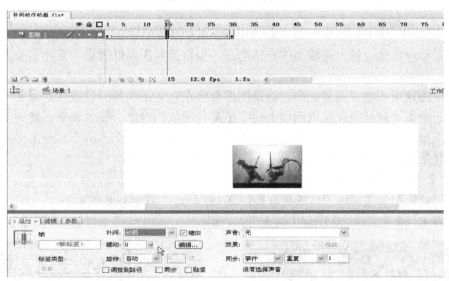

图 2-150　创建补间动作动画

【例 2-3】　文字的形状变化（从"一"变化成"山"）。

步骤 1　新建文档，输入文本"一"。利用"工具"面板的文本工具，并在"属性"面板中设置字体字号。

步骤 2　设置起始帧，将文本分离成矢量图形，此时，矢量图形以白色麻点来表示，如图 2-151 所示。利用选择工具选中图片，

图 2-151　文本分离成
矢量图形的效果

选择"修改→分离"菜单命令，因为文本不能实现补间形状动画。

步骤 3   设置终止帧。在图层 1 的第 30 帧处，按【F6】键，插入关键帧，输入文本"山"，并使文本分离。

步骤 4   创建补间形状动画。单击图层 1 的第 1～30 帧之间的任何一帧，在舞台下面的"属性"面板中设置补间类型为"形状"。此时，第 1～30 帧之间会出现一个浅绿色背景的长箭头，表示补间形状动画创建成功，如图 2-152 所示。可选择"控制→测试影片"菜单命令，测试影片。

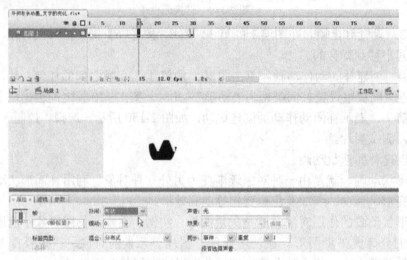

图 2-152   创建补间形状动画

3. 遮罩图层

遮罩动画也是一种用得较多的特殊动画，如常见的探照灯效果、百叶窗效果等动画效果。

所谓的遮罩，就像面具一样，遮罩图层会将在它之下的图层遮盖住。若要让底下的图层显示出来，就必须在遮罩图层上建立了某种形状的对象。简单说来，就相当于在遮罩图层上挖了相应形状的洞，下面图层的内容就可以通过这个"洞"显示出来。所需注意的是遮罩图层只会遮住紧靠它的下一个层（被遮罩层）。

【例 2-4】   利用遮罩图层实现探照灯效果。

利用遮罩图层实现探照灯效果，如图 2-153 所示，其制作步骤如下。

步骤 1   新建文件，在图层 1 导入图片"zhezhao_dark.jpg"到舞台，如图 2-154 所示。

图 2-153   探照灯效果

图 2-154   导入黑暗背景的图片 zhezhao_dark.jpg

步骤 2   插入图层 2，在图层 2 导入图片"zhezhao_light.jpg"到舞台，如图 2-155 所示。

步骤 3   插入图层 3，在图层 3 绘制一个圆，并放置到合适的位置，如图 2-156 所示。

图 2-155　导入图片 zhezhao_light.jpg

图 2-156　绘制圆效果图

步骤 4　选择图层 3，单击鼠标右键，在弹出的快捷菜单中选择"遮罩层"命令，将此层设置为遮罩层，效果如图 2-153 所示，时间轴面板如图 2-157 所示。

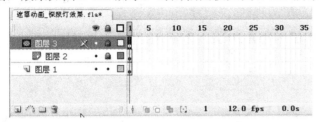

图 2-157　设置遮罩层的时间轴面板

4. 运动引导图层

引导动画是一种特殊的运动动画，它是运动对象按照设置好的运动路线来进行运动的动画模式。因此制作运动引导动画时，要在运动的对象上面建立一个引导图层，并在引导层中绘制出运动路径，然后再到被引导层中建立运动动画，并把运动对象吸附于运动路径的始末。这样运动对象就可以按照绘制好的路线进行移动，而引导层中的所有内容只做引导，不显示在动画效果中。

【例 2-5】　图片按照绘制曲线移动的过程。

步骤 1　新建文件，在图层 1 导入图片"haha.jpg"到舞台。

步骤 2　添加引导层。选中图层 1，单击鼠标右键，在弹出的快捷菜单中选择"添加引导层"命令，如图 2-158 所示。

步骤 3　绘制运动曲线。单击引导层的第 1 帧，利用"工具"面板的铅笔工具在舞台上绘制一条曲线，如图 2-159 所示。

步骤 4　分别在两个图层的第 30 帧处插入关键帧。

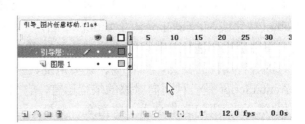

图 2-158　添加引导层

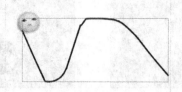

图 2-159 绘制曲线

步骤 5 单击图层 1 的第 1 帧，将图片的中心点与引导线的起点重合，如图 2-160 所示。

步骤 6 单击图层 1 的第 30 帧，将图片的中心点与引导线的终点重合，如图 2-161 所示。

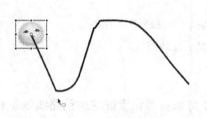

图 2-160 移动图片到引导线的起点   图 2-161 移动图片到引导线的终点

步骤 7 在图层 1 的第 1～30 帧之间创建补间动作动画，这样就实现了图片按绘制的曲线移动的动画效果。

2.8.4 Flash 脚本动画制作

Flash 里的脚本动画就是利用 Flash 本身提供的 ActionScript 语句来制作的。它提供了一个在 Flash 中进行操作的更有效的方法，从创建简单的动画到设计复杂的、数据丰富的交互应用程序界面，使 Flash 可以实现一些特殊的功能，如控制动画的停止和播放、指定鼠标动作、实现网页链接、制作精彩游戏，以及创建交互网页等。

▶ 1. ActionScript 的特点

（1）ActionScript 能够控制 Flash 动画的播放行为和对象的属性。它是事件驱动，根据用户的事件来执行某种动作，根据载体的不同，Flash ActionScript 可以分为两类：一类是放在 Frame 帧中的 ActionScript，主要是做一些计算及控制动画的播放行为；另一类是放在 Botton 按钮或 Movie Clip 中的 ActionScript，其主要功能是响应用户的事件，当然在响应用户事件后也会进行一些计算或控制动画的播放。ActionScript 更能控制动画中的每一个对象的各种属性的变化，如长宽、旋转角度、颜色、大小等。

（2）ActionScript 是一种面向对象的编程语言，它的风格和 JavaScript 类似。程序由多行语句构成，每行语句又都是由一些指令、变量、运算符及结尾的分号所组成的。

（3）ActionScript 可以使用自定义函数。如果有一个功能要经常使用，则可以把它写成自定义函数，在用到的时候调用它。

⟩2. ActionScript 的常用影片控制语句

首先掌握基本的编程语句。只有掌握了 Flash 中的基本编程语句的功能和用法，才能准确运用各种编程技术。对影片的简单控制语句有：

```
Play()
Stop()
Gotoandstop()
Gotoandplay()
nextFrame()
preFrame()
nextScene()
preScene()
```

⟩3. ActionScript 的事件响应

在 Flash 动画中，动画的交互性是通过对用户事件的响应来完成的。在 ActionScript 中，用户的事件有鼠标事件、键盘事件等。Flash 提供了 on()和 onClipEvent()处理函数来处理事件，可以直接将事件处理函数附加到按钮或影片剪辑实例。onClipEvent()处理函数处理影片剪辑事件，而 on()处理函数处理按钮事件。

（1）on()函数的用法和事件。

```
On(mouseEvent){
    //此处添加处理的语句
}
```

其中 mouseEvent 称为"事件"的触发器，包括下面八种主要事件。

press：表示鼠标移动到一个可单击区域并按下鼠标左键时。

release：表示按下鼠标左键并释放时。

releaseOutside：表示按下鼠标左键后，将鼠标指针移到单击区域之外，此时释放鼠标按键。

rollOver：表示鼠标指针滑过按钮时。

rollOut：表示鼠标指针滑出按钮区域时。

dragOver：表示在鼠标指针滑过按钮时按下鼠标按键，然后滑出此按钮，再滑回此按钮。

dragOut：表示在鼠标指针滑过按钮时按下鼠标按键，然后滑出此按钮区域。

keyPress("key")：按下键盘上指定的键。

（2）onClipEvent()函数的用法和事件。

```
onClipEvent(movieEvent){
    //此处添加处理的语句
}
```

其中 movieEvent 同样是"事件"的触发器，包括下面的九种主要事件。

load：影片剪辑一旦被实例化并出现在时间轴中时，即启动此动作。

unload：在从时间轴中删除影片剪辑之后，此动作在第 1 帧中启动。

enterFrame：影片剪辑帧频不断触发的动作，在时间轴上每播一个关键帧就触发这个事件。

mouseMove：当鼠标移动时触发该事件。

mouseDown：当鼠标左键按下时触发该事件。

mouseUp：当鼠标左键抬起时触发该事件。

keyDown：当键盘按键被按下时触发该事件。

keyUp：当键盘按键被按下再松开时触发该事件。

▶4. 程序结构控制

与其他编程语言一样，ActionScript 语言也有三种程序结构：顺序、选择和循环结构。

（1）顺序结构。

这种程序结构是最简单的程序结构，就是程序在运行的过程中按照顺序，一句一句地执行程序代码。

（2）选择程序结构。

这种程序结构要先判断条件，如果条件成立就做一件事情，不成立则做另外一件事情。if 可以说是程序语言中最基本的条件判断语句，其条件语句格式如下。

```
If(表达式 1) {
语句 1
}
else if(表达式 2) {
语句 2
}
Else(表达式 3) {
语句 3
}
end if
```

（3）循环程序结构。

循环程序结构是指程序循环执行，不断地执行程序代码，直到满足跳出循环的条件为止。常用的 for 循环语句格式如下。

```
for（init; condition; next）{
循环执行的语句
}
```

其中 init 是开始循环序列前要计算的表达式，通常为赋值表达式。condition 是计算结果为 true 或 false 的表达式，当条件的计算结果为 false 时跳出循环。Next 是在每次循环迭代后要计算的表达式，通常为++（递增）或--（递减）运算符的赋值表达式。

▶5. Flash 编程的基本步骤

（1）确定需要完成的任务；

（2）确定执行的对象；

（3）将确定的任务拆分为可执行的命令；

（4）将命令赋予对象；

（5）测试编程。

2.9　本章小结

本章在素材制作工具够用、常用、实用的指导思想下，对多媒体素材制作技术进行了较为全面的论述。着重阐述了文字素材、图像素材、音频素材、视频素材、动画素材的常用格式和快速、高使用频率的制作方法。俗话说，巧妇难为无米之炊，多媒体素材获取制作得好，能为最后合成的高质量、美观的多媒体产品起着重要作用。在文字获取与制作工具中，主要介绍了 Solid Converter PDF、Hyper Snap 7、SWiSH Max、Ulead COOL 3D 3.5 软件；在图像获取与制作工具中，介绍了 HyperSnap 7、Crystal Button 软件，其中重点介绍了 Adobe Photoshop CS4 制作多媒体项目常见高使用频率图像元素的方法；在音频获取与制作工具中，用实例介绍了 Exact Audio Copy 抓 CD 音轨的方法，其中重点介绍了 Adobe Audition 3.0 制作配乐诗朗诵的方法；在众多的视频编辑与特效制作软件中，介绍了 Adobe Premiere Pro CS3 和 ParticleIllusion 3.0 常用的制作方法，在动画的制作工具中，重点介绍了 Adobe Flash CS3 软件制作四种基本动画的方法和 Flash 脚本编程的基本步骤。这些软件入门都比较容易，但要想制作出高水平，满意的效果，还需平时多积累并深入学习。通过本章的学习实践，应该对多媒体素材的获取与制作有了一个全面的了解和认识。

通过本章介绍的方法获取的素材，仅限于学习用，不得用于商业用途，否则侵权后果自负。

2.10　实训练习

1．光盘盘面设计欣赏

实训任务：欣赏并点评优秀光盘盘面设计效果。

实训目的：

（1）了解光盘装帧设计的特点；

（2）深刻理解光盘装帧的内涵；

（3）熟悉光盘装帧需要考虑的因素；

（4）熟悉光盘装帧的艺术规律；

（5）能从他人的优秀设计中找到创意灵感，认识各种创意表现手法。

实训内容：

（1）在网上收集一些优秀光盘盘面设计作品，认真观看各个设计作品，重点注意其视觉效果；

（2）选择部分你认为最好的作品逐一进行分析，分析内容包括造型、色彩、文字、图案等各个方面。

2．音乐 CD 盘面设计

实训任务：为一张名为"经典民歌"的音乐 CD 设计制作盘面。

实训目的：

（1）熟悉光盘盘面设计的基本流程；

（2）初步掌握音乐 CD 产品调研的方法和技巧；

（3）学会收集整理音乐 CD 盘面设计资料的方法；

（4）初步掌握音乐 CD 盘面设计创意构图的策略和表现手法；

（5）掌握综合运用 Photoshop 进行音乐 CD 盘面制作的技能。

实训内容：

（1）任务分析，即了解产品的设计要求；

（2）设计调查，通过各种渠道收集、整理音乐 CD 装帧设计资料，认真分析该类产品装帧设计的特点，比较各种成功案例；

（3）构思设计方案，最好提出三种以上不同设计方案，然后多方征求意见，并进行修改，以确定一种最能体现 CD 内容风格、特色、档次和情趣的设计方案；

（4）使用 Photoshop 制作出 CD 盘面。

3．翻唱歌曲制作

人们常说的"翻唱"，实际上是指歌手将作者已经发表并由他人演唱的歌曲，根据自己的风格重新演绎的一种行为。

实训任务：制作个人翻唱歌曲。

实训目的：

（1）熟悉录音前的准备工作；析取中置通道，参量均衡器；

（2）学会录制声音；

（3）熟悉处理与优化声音的方法；

（4）熟悉混缩歌曲的方法。

实训内容：

（1）在 wo99 网、分贝网等网站上收集下载自己喜欢的音乐伴奏，也可自己制作伴奏带，去除歌曲原唱；

（2）音乐伴奏文件的导入；

（3）录制读者从麦克风唱的歌曲；

（4）对歌曲录音文件编辑处理，包括将多余的声音裁去，将音量标准化，进行降噪处理等；

（5）混音处理，淡入淡出处理；

（6）混缩音频，完成录制。

毕业留念册（Authorware）

3.1 项目分析

3.1.1 项目介绍

校园的生活很短暂，昨日还忐忑地走进校园，转眼就各奔东西。小张想做一份作品来纪念难忘的大学生活，并刻录成光盘邮寄给当年的每位同窗学友，希望能引起大家对大学生活的回忆，永保那段珍贵的记忆。毕业多年，深切地感受到青春是每一位同学最美好的岁月，青春也是最容易流失的，所以小张设计的整个作品有些伤感。课后，你也可以运用你的想象做一份活泼亮丽的毕业留念册。

整个项目包括以下模块：

（1）恩师档案；

（2）同窗学友；

（3）朝夕相伴的室友；

（4）校园各处难忘的角落；

（5）毕业瞬间的老照片和那些难忘的可爱笑容。

3.1.2 创意设计与解决方案

项目整体色彩是灰褐黑背景下配合渐变的高亮线条，进入主场景后，主界面下方是色彩斑斓的按钮，以体现那段最亮丽的青春岁月。背景音乐采用的是范玮琪版的"那些花儿"，悠悠回忆夹着淡淡忧伤。

项目是用 Authorware 设计完成的，利用 Authorware 的集成功能，把文字、老照片、视频、音乐等有机结合在一起。这种集成的实现，来自 Authorware 易于理解的流程线组织方式和强大的交互设计能力。本项目的流程线结构如图 3-1 所示。

图 3-1　程序流程线结构图

3.1.3　相关知识点

（1）用文件属性窗口进行项目设置。

（2）用显示图标实现图片和文字的显示。

（3）用显示图标的特效设置转场过渡效果。

（4）等待图标和擦除图标。

（5）群组图标。

（6）框架图标与手动翻页结构的实现。

（7）用声音图标添加背景音乐。

（8）交互图标与缩略图的热区链接的实现。

（9）插入 Flash 动画的方法。

3.2　实现步骤

本章将使用 Authorware 制作第一个多媒体作品，通过这个项目来初步了解 Authorware 开发多媒体程序的过程。

由于 Authorware 是基于流程线和图标进行编程的，因此 Authorware 开发多媒体程序的过程可以和传统的开发过程不一样。Authorware 的编程特别简单，只要将图标面板上的图标拖至流程线上，控制好相应程序流向，然后设置好图标属性的各个选项，Authorware 的作品也就完成了。作品所需素材可从教材所提供网站中下载。项目分为 7 个模块来制作，具体制作过程如下。

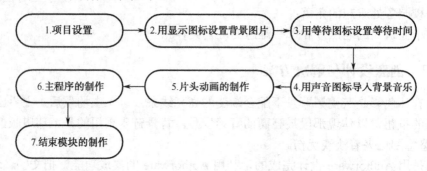

3.2.1　项目设置

新建 Authorware 文件，在"程序设计"窗口空白处单击鼠标右键，在弹出的快捷菜单中选择"属性"命令，如图 3-2 所示。在打开的"属性：文件"窗口中按如下步骤进行设置。

图 3-2　"属性：文件"设置窗口

步骤1　窗口大小设置为：800×600（SVGA）。

步骤2　取消"显示菜单栏"复选框的选中标记，选中"屏幕居中"复选框。

步骤3　选择菜单"文件→保存"命令，保存文件为"毕业留念册.a7p"。

 提 示

在创建 Authorware 文件前最好先建立一个文件夹并命名为"毕业留念"，把相关素材复制到此文件夹中，然后再建立 Authorware 文件，并把所创建的源文件也保存在此文件夹内。

3.2.2　用显示图标设置背景图片

步骤1　将一个显示图标拖动到流程线上，命名为"背景"，用鼠标双击该显示图标，打开演示窗口。

步骤2　选择菜单"文件→导入和导出→导入媒体"命令，导入"Pic"文件夹中"主界面片头片尾"中的图片文件"face1.jpg"。

步骤3　双击所导入的图片打开"属性：图像"对话框，在这里可以更改图片大小、设置图片坐标等，如图 3-3 所示。

图 3-3　"属性：图像"对话框

知识链接

显示图标最基本的用途是显示文本和图像对象。

3.2.3　用等待图标设置背景等待时间

步骤1　用鼠标拖动等待图标到流程线上，命名为"等待 1 秒"。

步骤2　双击该图标，在属性设置窗口中设置等待时间为"1"秒，取消"显示按钮"和"按任意键"复选框的选中标记，如图 3-4 所示。

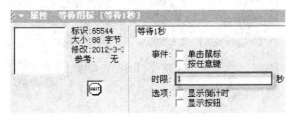

图 3-4　"属性：等待图标"对话框

3.2.4　用声音图标导入背景音乐

步骤 1　将一个声音图标拖动到流程线起始处，命名为"背景音乐"。

步骤 2　双击该图标，在声音图标的属性设置窗口中单击"导入"按钮，选择导入"sound"文件夹中的声音文件"bgmusic.mp3"，如图 3-5 所示。

图 3-5　背景音乐属性设置 1

步骤 3　在该声音图标的属性窗口中单击"计时"选项卡，设置执行方式为"同时"，如图 3-6 所示。

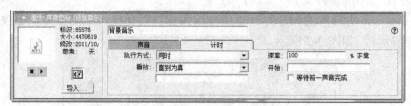

图 3-6　背景音乐属性设置 2

> **知识链接**
>
> Authorware 可以通过声音图标来导入多种格式的声音文件。使用声音图标可以为多媒体程序配上音乐、声音说明等。

3.2.5　片头动画的制作

当背景音乐出现 1 秒后便进入一个片头动画，画面如图 3-7 所示。在这里所有动画效果都是利用显示图标、等待图标和擦除图标并结合特效方式完成过渡效果的设置，流程线如图 3-8 所示。

图 3-7　片头画面

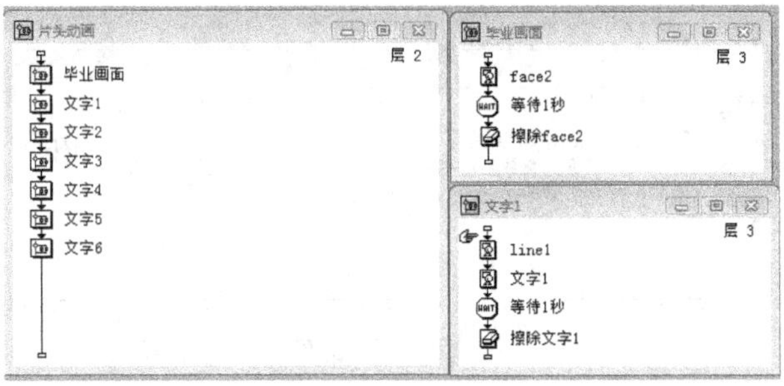

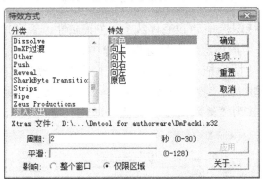

图 3-8　片头流程线图

多媒体演示常要做画面切换，这就需要将屏幕中原有的一个或多个对象擦除，并且对擦除图标设置擦除效果。结合前面介绍的显示图标和等待图标，片头动画制作过程如下。

▶1. 建立毕业照片淡入淡出动画

步骤 1　将一个群组图标拖动到流程线上，命名为"片头动画"。

步骤 2　双击"片头动画"群组图标，打开"片头动画"设计窗口，再拖动一个群组图标到流程线上，命名为"毕业"，双击"毕业"群组图标，打开"毕业"群组设计窗口。

步骤 3　在"毕业" 群组设计窗口中，选择菜单"文件→导入和导出→导入媒体"命令，导入"Pic"文件夹中"主界面片头片尾"中的图片"face2.jpg"。图片的坐标位置在"属性：图像"对话框中设置为（100，100），可参照样例。

步骤 4　选中"face2"图标，在其属性设置窗口中单击"特效"选择按钮，在打开的"特效方式"选择窗口中选择"淡入淡出→变色"，如图 3-9 所示设置周期等参数选项。

步骤 5　拖入一个等待图标到流程线上。在等待图标属性设置窗口中设置等待时间为"1"秒，取消"显示按钮"和"按任意键"复选框的选中标记。

图 3-9　"特效方式"设置对话框

步骤 6　将一个擦除图标拖动到流程线上，命名为"擦除 face2"（擦除图标必须在要擦除的对象显示之后再被执行）。

步骤 7　拖曳"face2"图标到"擦除 face2"图标上以建立擦除关系，选中"擦除 face2"图标可查看属性设置窗口中"face2"图标显示在"被擦除的图标"列表中，如图 3-10 所示。

步骤 8　选中"擦除 face2"图标，在其属性设置窗口中单击"特效"选择按钮，在打开的"特效方式"选择窗口中选择"DmXP 过渡→左右两端向中展示"，各选项参数选默认设置。

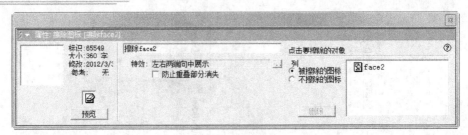

图 3-10　"属性：擦除图标"对话框

知识链接

建立擦除关系的技巧——用鼠标将要擦除的对象所在的图标拖曳到擦除图标的上方再松开，就可以为它们建立擦除关系。

2. 建立线条和文字动画

步骤 1　在"毕业"群组图标下方，将一个群组图标拖动到流程线上，命名为"文字线条 1"。

步骤 2　双击"文字线条 1"群组图标，打开"文字线条 1"设计窗口，小手定位在流程线上，选择菜单"文件→导入和导出→导入媒体"命令，导入"Pic"文件夹中"主界面片头片尾"中的图片"line.jpg"，命名为"线条 1"。图片的坐标位置在"属性：图像"对话框中设置为（445，131），可参照运行效果。再设置图片的过渡效果为"Wipe→Wipe Right"，各选项参数选默认设置。

步骤 3　将一个显示图标拖动到流程线上，命名为"文字 1"，并导入"text"文件夹中"文字.txt"中的"光阴是一条奔流不息的河，不舍昼夜"，调整其位置为步骤 1 中的线条上方，可参照运行效果。再设置"文字 1"的特效方式为"[内部]→小框形式"，各选项参数选默认设置。

步骤 4　将一个等待图标拖动到流程线上，在其属性设置窗口中设置等待时间为"1"秒，取消"显示按钮"、"按任意键"复选框的选中标记。

步骤 5　将一个擦除图标拖动到流程线上，命名为"擦除文字线条 1"。拖曳"文字线条 1"和"文字 1"图标到"擦除文字线条 1"图标上以建立擦除关系。再设置"擦除文字线条 1"的擦除模式为"淡入淡出→变色"，如图 3-11 所示。

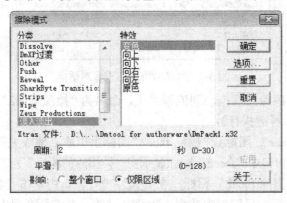

图 3-11　"擦除模式"设置对话框

重复步骤1~步骤5五次，建立六组这样的文字动画，参看运行效果。

3. 显示主交互界面

将一个显示图标拖动到流程线上，命名为"主界面"，并导入"Pic"文件夹中"主界面片头片尾"中的图片"main.jpg"，设置过渡效果为"淡入淡出→变色"。

3.2.6 主程序的制作

主程序一般用框架结构来实现，运行效果如图 3-12 所示画面所示 ，包括"难忘的师"、"同窗学友"、"B11 室友"、"别了校园"、"我们毕业了"和"结束本片"六个模块。在框架下挂的第一个群组，做进入主程序的画面过渡，不设交互按钮，在其后面再挂六个按钮所对应模块的群组图标，如图 3-12 所示。

图 3-12　主程序画面

1. 框架结构

框架图标是专门用来实现页之间随意浏览跳转功能的图标，利用框架图标建立的程序结构通常被称为框架结构。使用 Authorware 的框架图标可以创建类似于传统图书的电子图书的多媒体程序。用户可以选择自由的顺序浏览各种信息，随意地在页之间跳转，实现信息的检索、查询、顺序演示等操作。

制作过程分以下 3 个任务来完成。

任务 1．建立框架结构
任务 2．框架的导航控制
任务 3．自定义交互按钮

任务 1．建立框架结构

步骤 1　拖曳一个框架图标到流程线上，命名为"主程序"。

步骤 2　接着拖曳一个群组图标到流程线"主框架"图标的右下方，命名为"过渡群组"。

步骤 3　同样方法再拖曳六个群组图标，分别命名为"恩师档案"、"同窗学友"、"B11室友"、"别了校园"、"我们毕业了"和"结束本片"，如图 3-13 所示框架流程图。

图 3-13　框架流程图

任务 2. 框架的导航控制

一个框架结构是由框架图标、页（即右下方所挂页）和导航控制三部分组成的。Authorware 为框架中页的浏览提供了相应的控制，用户可以转到下一页或者上一页，或者转到他们所希望的那一页。

当第一次建立一个框架后，Authorware 将自动创建一个默认的浏览导航控制，这些控制方式可以修改。双击"主程序"图标 □，可以看到如图 3-14 所示的默认导航控制。它由八个按钮组成，可以实现翻页、跳转、查找和退出功能。

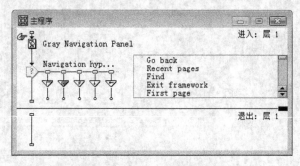

图 3-14　"主程序"的默认导航控制

步骤 1　删除显示图标"Gray Navigation Panel"。

步骤 2　修改交互图标 ？ 的名称为"主程序导航"。

步骤 3　选择分支"Go back"，名称更改为"导航到难忘的恩师"，同样更改后面分支的名称为"导航到同窗学友"、"导航到 B11 室友"、"导航到别了校园"、"导航到我们毕业了"和"导航到结束本片"，如图 3-15 所示。

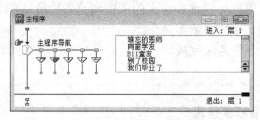

图 3-15　"主程序"的默认导航控制流向

步骤 4　选择第一个分支图标 ▽，打开其属性面板。

步骤 5　修改目的地为"任意位置"，类型为"跳到页"，页选项选择"恩师档案"群组，如图 3-16 所示。此时分支图标形状变为 ▽。这样，将来程序运行时用户便可以通过单击导航按钮直接跳转到"恩师档案"页面，浏览其中的信息。

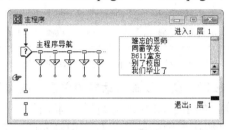

图 3-16 "属性：导航图标"设置对话框

步骤 6 同理可设置其他分支对应其各自到达的群组。

步骤 7 删除多余的两个分支"Next page"和"Last page"，最后结果如图 3-17 所示。

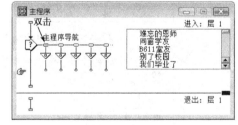

图 3-17 修改后的"主程序"导航控制流向

提示

导航分支另一种处理方法是可以先删除所有分支，再重新添加导航图标，设置导航分支（详见第 4章 4.2.3 节 2 小节的任务 2。

任务 3. 自定义交互按钮

双击交互图标"主程序导航"[图]，就可以在"演示窗口"中看到一个由八个按钮组成的按钮组，如图 3-18 所示，这是由框架图标提供的默认导航控制。这些按钮的形状和位置可根据需要进行修改，参看图 3-12 在本例中修改按钮。

步骤 1 双击导航图标上方的交互分支属性设置按钮，如图 3-19 所示，打开交互分支属性设置对话框。

图 3-18 默认导航控制按钮　　图 3-19 "主程序"的默认导航控制按钮

步骤 2 在打开的"属性：交互图标"对话框中单击"按钮…"按钮，如图 3-20 所示。打开按钮属性设置对话框，如图 3-21 所示。

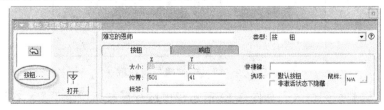

图 3-20 "属性：交互图标"设置对话框

99

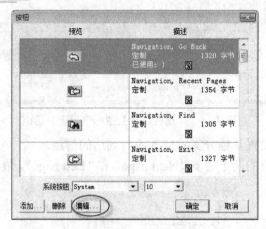

图 3-21 "按钮"属性设置对话框

步骤 3 在打开的"按钮"属性设置对话框中单击"编辑"按钮,如图 3-21 所示,进入"按钮编辑"对话框,如图 3-22 所示。选择"未按"中"常规"后单击"导入"按钮导入"Pic"文件夹中"按钮"中的图片文件"b1-1.gif"。再选择"在上"中"常规"后单击"导入"按钮导入"Pic"文件夹中"按钮"中的图片文件"b1-2.gif",导入后如图 3-23 所示,单击"确定"按钮退出编辑。

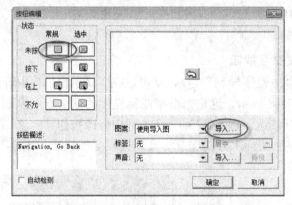

图 3-22 "按钮编辑"对话框 1

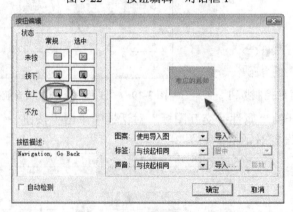

图 3-23 "按钮编辑"对话框 2

步骤 4 调整按钮位置,如图 3-12 所示程序运行后按钮位于下方,在这里如何准确地调整按钮位置使界面美观是很关键的。

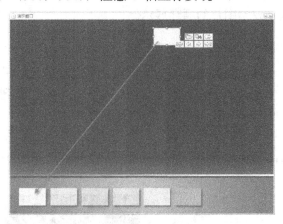（header navigation area: 第3章, and side text 毕业留念册（Authorware））

运行程序当进入程序主界面后按【Ctrl+P】组合键停止程序运行，此时用鼠标拖动自定义按钮"难忘的恩师"到达底图中黄色块位置，使二者重叠，如图3-24所示。

步骤5　单击按钮查看其属性，其准确坐标位置为（26，514），如图3-25所示。

至此第一个分支"难忘的恩师"自定义按钮定义完毕。

重复步骤1～步骤5设置其他分支的自定义按钮。按钮所用图片位于"Pic"文件夹中的"按钮"文件夹中。按钮的准确坐标位置分别是（121，514）、（215，514）、（310，514）、（405，514）和（500，514），注意Y轴坐标要统一。

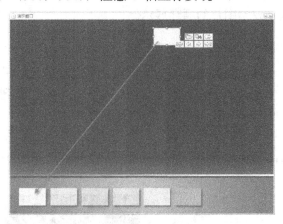

图3-24　按钮位置调整示意图

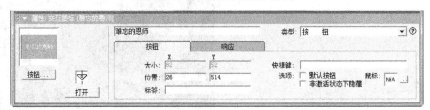

图3-25　"属性：交互图标"设置对话框

▶2．过渡群组模块

从片头进入主程序后是由用户来选择程序分支的，在未选择之前背景过于单调，所以在这里加入一个群组进行过渡，群组中加入七张在校园中拍摄的图片并设置擦除效果，用户随时可进入其他分支查看相关信息。

双击图3-13流程图中第一个群组"过渡群组"编辑其内容，其流程图如图3-26所示。

步骤1　将一个显示图标拖动到流程线上，命名为"s1"，导入"Pic"文件夹中"主界面片头片尾"中的图片"banner1.jpg"，在属性面板中设置"特效方式"为"淡入淡出→变色"，双击图片，出现图像的属性对话框，在"版面布局"选项卡中设置坐标位置为（97，157）。

步骤2　再拖入一个等待图标到流程线上，其名称和等待时间采用默认设置。

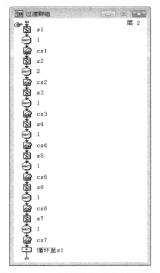

图3-26　"过渡群组"流程图

步骤 3 将一个擦除图标拖动到流程线上，命名为"cs1"用以擦除"s1"显示图标，设置擦除图标"特效方式"为"淡入淡出→变色"。

重复步骤 1～步骤 3 六次，展示八张校园图片。

步骤 4 拖入一个计算图标到流程线上，命名为"循环至 banner1"，在计算图标窗口中输入：

--这是一个循环语句

GoTo(IconID@"banner1")

至此，已实现八张校园图片的循环展示。

3. 恩师档案模块

记得有一位哲人说过：人类是自私的，愿意让你超过的人，世界上只有两种，一种是你的父母，另一种便是你的老师。在大学四年成长的道路上遇到过许许多多的恩师，他们的谆谆教导一直回响在耳畔，同学们将终身地感激着他们。

在这个模块中采用热区域交互方式，实现教师信息的展示。用户通过单击胶片中出现的各位老师的缩略图来查看教师的详细信息。制作流程图如图 3-27 所示，运行效果如图 3-28 所示。

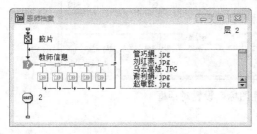

图 3-27 "恩师档案"流程图

图 3-28 难忘的恩师运行效果

制作过程分为以下 3 个任务来完成。

任务 1. 建立总框架流程图
任务 2. 制作教师信息
任务 3. 实现热区域交互操作

任务 1. 建立总框架流程图

双击图 3-13 所示流程图中"恩师档案"群组图标，在其设计窗口中编辑内容。

步骤 1 拖曳一个显示图标到流程线上，命名为"胶片"，导入"Pic"文件夹中"教师"中的文件"tea-bg.psd"，图片的坐标位置为（1，60），同时设置模式为"阿尔法模式"，如图 3-29 所示。设置"胶片"图标的"特效方式"为"DmXP 过渡→左右两端向中展示"。

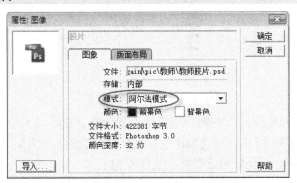

图 3-29 "属性：图像"设置对话框

步骤 2 拖曳一个交互图标到流程线上，命名为"教师信息"。

步骤 3 拖曳一个群组图标到它右侧，同时会弹出一个"交互类型"对话框，如图 3-30 所示，选择"热区域"单选按钮，单击"确定"按钮，退出后命名群组图标为"管巧娟"。

步骤 4 依次再拖曳六个"群组"图标分别命名为"刘红燕"、"乌云高娃"、"谢利娟"、"赵敏懿"、"朱光力"和"朱梅"。

制作完成后流程如图 3-27 所示。

任务 2. 制作教师信息

步骤 1 双击群组图标"管巧娟"，编辑内容。拖曳两个显示图标到流程线，流程图如图 3-31 所示。

图 3-30 "交互类型"设置对话框

图 3-31 教师信息流程图

步骤 2 双击显示图标"管巧娟"，在打开的演示窗口导入"Pic"文件夹中"教师"中的图片"tea-guan .gif"并设置"特效方式"为"淡入淡了→变色"。

步骤 3 双击显示图标"教师简介"，在打开的演示窗口导入"text"文件夹中"文字.txt"文件内管巧娟教师的文字介绍。文字字体、大小分别设置为"宋体"、"10 号"或"12 号"，设置"特效方式"为"DmXP 过渡→向下解开展示"。

重复步骤 1～步骤 3 分别制作其他几位教师的个人信息。

任务 3. 实现热区域交互操作

步骤 1 双击"教师信息"交互图标，查看默认热区域的位置和大小，如图 3-32 所示，可以调整各区域的大小和位置使它们对应到各位老师的缩略图位置。

步骤 2 运行程序，当程序运行到主程序界面时单击"难忘的恩师"按钮后，按【Ctrl+P】组合键停止程序运行。

图 3-32　默认热区域位置

步骤 3　对照底图中胶片上的教师缩略图位置调整各热区域大小和位置使之一一对应到各位教师，如图 3-33 所示。按【Ctrl+P】组合键再次运行程序，单击胶片上教师便可看到这位教师的大图，以及介绍该教师的文字信息。

图 3-33　调整后热区域位置

知识链接

热区域交互类型是在屏幕上制作一个固定的矩形区域作为用户交互的接口。

4. 同窗学友模块

"同窗学友"模块是利用框架嵌套来完成的。在这一分支的群组中需要再嵌套一个框架，下挂各个学生的详细信息。因为可能有更多的同学信息在里面，所以这一层采用手动翻页的方式来访问各学生信息并且能够实现查询功能。效果如图 3-34 所示。

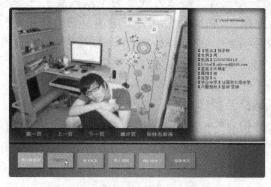

图 3-34　同窗学友模块手动翻页效果

双击图 3-13 所示流程图中的"同窗学友"群组图标，在其设计窗口中编辑内容，可分为以下 3 个任务完成。

任务 1．建立框架流程图
任务 2．修改框架的导航控制和按钮
任务 3．制作同学信息

任务 1．建立框架流程图

步骤 1　拖曳一个显示图标到流程线上，命名为"背景"，导入"Pic"文件夹中"同窗"中的文件"bg.gif"，坐标位置为（0,0）。

步骤 2　拖曳一个框架图标到流程线上，命名为"学友"，在右边挂 11 个群组图标用于存入各同学的通讯录（可根据情况增减），分别用学友姓名来命名各群组。流程图如图 3-35 所示。

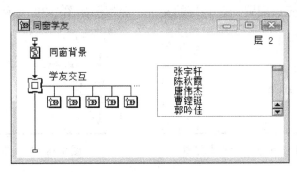

图 3-35　同窗学友流程图

任务 2．修改框架的导航控制和按钮

步骤 1　双击框架图标"学友"，将会看到如图 3-14 所示默认的导航控制，删除显示图标和其他分支，只保留默认导航中的五个分支即"查询"、"上一页"、"下一页"、"第一页"和"最末页"，单击这些按钮便可以进行翻页和查询，如图 3-36 所示。

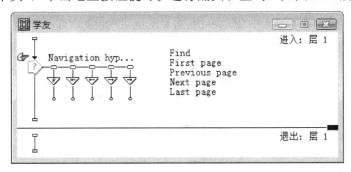

图 3-36　修改后的导航控制

步骤 2　选择"Find"分支交互按钮，参照前面方法自定义其按钮形状为"Pic"文件夹中"按钮"中的图片"search.gif"，同样定义其他四个分支的交互按钮的形状分别为图片"first.gif"、"pre.gif"、"next.gif"和"last.gif"，最终运行效果参见图 3-34。

任务 3. 制作同学信息

步骤 1　双击群组图标"张宇轩"，编辑其中内容。先导入"张宇轩"照片，再拖曳一个显示图标到流程线，分别命名为"张宇轩照片"和"张宇轩个人信息"，流程图如图 3-37 所示。

步骤 2　双击显示图标"张宇轩"，在打开的演示窗口中导入"Pic"文件夹中"同窗"中的图片"张宇轩.jpg"并设置"特效方式"为"淡入淡了→变色"。

步骤 3　双击显示图标"个人信息"，在打开的演示窗口导入"text"文件夹中"文字.txt"文件内张宇轩通讯内容的文字介绍。设置"特效方式"为"DmXP 过渡→向下解开展示"。注意文字的位置要放在右侧，如图 3-34 所示。

重复步骤 1～步骤 3 分别制作其他各位同学的个人简介信息。也可复制"张宇轩"群组图标，再修改成其他同学的信息，这样制作效率比较高。

5. B11 室友模块

在这个模块中，通过播放一段大学时录制的同寝室室友自制的 Flash 录像，来怀念那段难忘的时光。在旁边配置一些感怀的文字，流程图如图 3-38 所示。

图 3-37　张宇轩学友流程图　　　　图 3-38　B11 室友流程图

知识链接

Flash 动画（*.swf）是一种矢量动画格式，可以利用动画软件 Flash 来制作，这个软件最初也是美国 Macromedia 公司的产品。作为同一公司的产品，Authorware 对 Flash 动画提供了很好的支持。

步骤 1　双击"B11 室友"群组图标，打开其设计窗口。

步骤 2　选择菜单"插入→媒体→Flash Movie..."命令，打开如图 3-39 所示窗口。

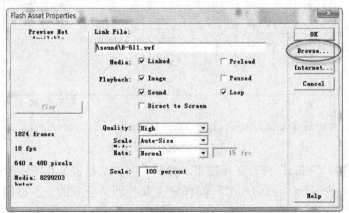

图 3-39　选择 Flash 文件对话框

步骤 3　单击图 3-39 中的 "Browse..." 按钮，选择 "flash" 文件夹中 "B-611.swf" 文件，注意 "Link File" 文本框中文件一定要使用相对路径.\flash\B-611.swf，如果用绝对路径如 D:\毕业留念光盘\flash\B-611.swf，最后发布到光盘时就会出现找不到文件的问题。

步骤 4　运行程序，出现 Flash 文件时，按【Ctrl+P】组合键停止程序运行，再拖动鼠标调整 Flash 画面的大小和位置（可参看运行效果）。

步骤 5　选择流程线上的 "Flash Movie..." 图标，在属性面板"显示"选项卡中设置"特效方式"为"淡入淡出→向右"。

步骤 6　将一个显示图标拖动到流程线上，命名为"室友文字"，双击该显示图标，在打开的演示窗口导入"文字.txt"文件内有关"B11 室友"内容的文字内容，设置"特效方式"为"［内部］→马赛克效果"。

▶6. 别了校园模块

多年前背着行囊迷茫地看着偌大校园，如今早已对这里的一切默熟于心，在即将离别的时候，会在她身上倾注最后一分不舍。依依惜别，这里的一草一木，皆是故事；每个角落，皆留情感。这个模块中，播放一段用 Flash 制作的校园的一草一花、每个角落，再配以体现心情故事的文字，本模块的流程图如图 3-40 所示。

步骤 1　双击"别了校园"群组图标，打开其设计窗口。

步骤 2　选择菜单"插入→媒体→Flash Movie..."命令，打开如图 3-39 所示窗口后，单击 "Browse..." 按钮选择 "sound" 文件夹中 "Campus.swf" 文件，播放后调整 Flash 画面的大小和位置（可参看运行效果），"Campus.swf" 文件需重新制作。

图 3-40　别了校园流程图

步骤 3　将一个显示图标拖动到流程线上，命名为"文字别了"，双击该显示图标，在打开的演示窗口导入 "text" 文件夹中 "文字.txt" 文件内有关"别了校园"内容的文字内容。设置"特效方式"为"淡入淡出→变色"。

步骤 4　再拖入一个等待图标到流程线上，其名称用等待时间来命名，如图 3-44 所示。

步骤 5　将一个擦除图标拖动到流程线上，命名为 "c1"，用以擦除"文字别了"。设置擦除的"特效方式"为"淡入淡出→变色"。

重复步骤 3～步骤 5 制作后 3 段文字。

如果 Flash 影片较长，可以在流程线最后添加一个计算图标，在该计算图标窗口中输入代码：GoTo(IconID@"文字别了")，实现重复显示前面的文字。

▶7. 我们毕业了模块

这个模块主要是展示毕业图片，记录了毕业时那难忘的精彩瞬间。

制作方法参看"过渡群组"中图片自动播放的制作，"特效方式"可参看运行效果或自行设计。流程图如图 3-41 所示。

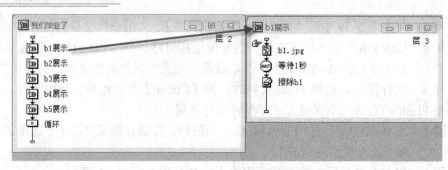

图 3-41　我们毕业了流程图

 提 示

图片可一起导入，可提高图片的导入效率。

3.2.7　结束模块

双击"结束本片"群组图标，在其设计窗口中编辑内容。

步骤 1　添加一个计算图标命名为"退出"，如图 3-42 所示。

步骤 2　双击该计算图标，在计算图标窗口中输入语句：Quit(0)，如图 3-43 所示。

　　　　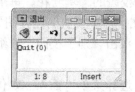

图 3-42　结束本片流程图　　　　　图 3-43　"退出"代码窗口

在这里是使用函数直接退出主程序的，退出的效果如想再丰富，如加字幕效果等，具体方法请参见第 4 章。

3.3　项目总结

在这个项目中，学习了显示图标，擦除图标、等待图标、声音图标、框架图标，交互图标和群组图标的使用方法。

显示图标是用来显示文本和图像对象的。

擦除图标是用来擦除对象的。当选择擦除某个图片对象时，实际上选择的对象是相应的显示图标，擦除图标将擦除该显示图标中的全部内容，所以如果想擦除某一部分内容而保留另一部分内容，就不要将它们放在同一个显示图标中。另外，对擦除对象的选择还提供了另外一种方式，那就是"除选择的图标保留外，其余图标内容均擦除"。这种方式对于有较多内容要擦除的情况比较有效。擦除特效的选择比较简单，但是需要注意的是，使用擦除特效会使画面在切换时有一定的间隔时间，这在某种情况下会影响到程序画面的快速切换和连贯效果。因此，要合理地使用擦除特效，而不应盲目滥用。

在这个项目中，使用了两种方式来构造交互程序，每种交互方式都有自己的特点和应用场合。

　　一种是【按钮】交互，按钮可能是用于图形界面中的用户接口上的最普通、最实用的交互类型，也是 Authorware 在创建交互响应时的默认选择。在本项目的主程序界面中各个内容的访问即是用按钮交互来完成的，而且还能够自定义按钮的形状使界面更美观。

　　另一种【热区域】交互能够将演示窗口中任意的区域设定为交互的触发位置，但是这个目标区域只能为矩形。在本项目中"恩师档案"模块便是利用热区域交互来完成的。

　　从项目的实际制作中可以看到，Authorware 是一个多媒体整合集成工具。利用 Authorware 的集成功能，把文字、图片、Flash 影片、音乐等媒体有机结合在一起生成精彩生动的多媒体作品。

3.4　实训练习　制作产品介绍

　　"iPhone 是一款革命性的，不可思议的产品，比市场上的其他任何移动电话整整领先了五年，"苹果公司首席执行官史蒂夫·乔布斯说，"手指是我们与生俱来的终极定点设备，而 iPhone 利用它们创造了自鼠标以来最具创新意义的用户界面。"

　　苹果 iPhone 自问世以来便一直是媒体和大众聚焦的热点，尤其是围绕新一代产品的各种传闻更是极大地提升了人们对 iPhone 的关注度。2010 年 6 月开始上市的第四代 iPhone，在很多方面都是第一次。

　　为了便于人们了解 iPhone 4 这项产品，制作一个有关 iPhone 4 产品介绍的多媒体作品。可以根据素材提供的运行文件，参看下面的提示进行制作，也可以自行设计。

💡 提示

　　1. 开始画面用黑白效果入场。如图 3-44 所示，入场流程中要在最后插入"导航内容背景.jpg"图片作为进入主程序的底图。

　　2. 进场后的主画面，如图 3-45 所示采用亮丽的青苹果色彩，在此需要介绍 iPhone 手机的主要功能、技术规格、软件更新、辅助功能、购买途径，并提供一些广告视频供欣赏。这些需要利用框架结构来实现，注意导航按钮利用素材提供的图片自定义。注意按钮对照主程序的底图"导航内容背景.jpg"调整好位置，否则运行时会有错位，影响美观。

图 3-44　开始画面

图 3-45　主程序画面

3. 在主程序运行过程中，所有图片及其他内容都显示在苹果图片内部，这就需要预先在 Photoshop 中做一个遮罩图片 "遮罩.psd"，注意在 Authorware 中插入这张图片时需要设置其所在的层的位置。在所有其他分支中如需要遮罩，就将 "遮罩" 图标复制过去即可。

4. 在 "广告视频供欣赏" 一栏中需要嵌套一个框架，用手动翻页的方式欣赏几个视频文件，效果请参看素材中的 "产品宣传 IPHONE4.exe" 的执行效果。退出画面如图 3-46 所示。

图 3-46　退出画面

宣传片（Authorware）

4.1 项目分析

4.1.1 项目介绍

本章项目是为深圳职业技术学院动画学院制作的一个宣传片。深圳职业技术学院动画学院成立于 2005 年 4 月，现设有影视动画、多媒体设计与制作、图形图像制作、游戏设计四个专业，是至今广东地区唯一一所公办的动画学院。

项目演示程序的主要内容包括全面介绍学院的各项情况，让观众了解学院从教学、科研、交流合作、师生各时期作品等方面信息。

4.1.2 创意设计与解决方案

1. 创意设计

页面整体创意来自企业宣传画册的形式，采用类似宣传手册并结合时下利用 CSS 进行网页布局的页面设计方案，主色调与学院 Logo 颜色相吻合，内容简洁生动，色彩丰富，吸引眼球，适合动画学院的风格。

本宣传程序进场时采用一个动物脚印行进的过程，然后结合声效出现 Logo 运行至右上角，如图 4-1 所示。

图 4-1　进场界面

进入主程序界面如图 4-2 所示，此时借鉴当前流行的用 CSS 布局页面的网页风格，主导航栏按钮正常时为踩下去的灰色，如图 4-2 所示。

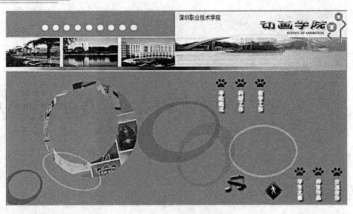

图 4-2　主程序界面

鼠标移动到主导航按钮（自定义）上时脚印突显为立体的白色，并且在单击鼠标后显示出二级导航栏内容，如图 4-3 所示。在二级导航中通过热区域链接方法访问具体内容，整个页面的左半部分为具体内容显示区域。

图 4-3　主程序界面运行二级导航栏

▶ 2. 解决方案

在制作前期将多媒体软件的功能分类并形成几个功能块，同时确定作品的风格，收集所需的文字、动画、声音等素材并整理。素材的收集是制作流程的一个非常重要的环节，素材准备不充分，在制作阶段不得不回头来进行素材的收集，会延长制作周期，本项目素材可从教材所提供的网站中下载。

4.1.3　相关知识点

（1）用外部函数播放背景 MIDI 音乐。
（2）用移动图标设置片头 Logo。
（3）用两个按钮虚拟一个按钮对音乐控制。
（4）用 Cover 函数实现对屏幕背景的遮挡。
（5）导航图标与主导航的实现。
（6）与界面相协调的自定义按钮。
（7）判断图标与自动翻页结构的实现。

（8）定义与应用文本样式。

（9）插入 OLE 对象的方法。

（10）用知识对象实现视频控制。

4.2　实现步骤

4.2.1　界面与页面设计

宣传片的界面设计强调整体性感强，色彩协调统一，交互性便捷。所有的设计制作都是在 Photoshop 中完成的，如图 4-1、图 4-2 所示的进场界面和主程序界面，然后整理切图。图像按钮、热区图片也是按照统一风格从 Photoshop 中分别导出的，这样界面的风格统一。所有页面内容都是以同一个主要界面为背景来完成的。

程序的结构如图 4-4 所示，在 Authorware 中的实现流程如图 4-5 所示，在后两小节中将分别介绍本项目的详细制作过程。

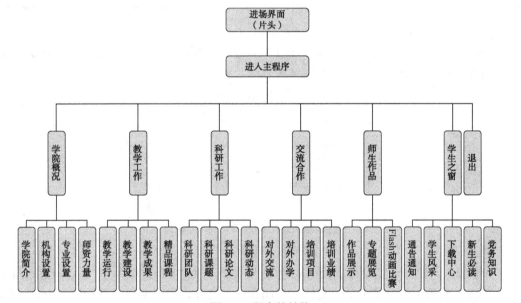

图 4-4　程序的结构

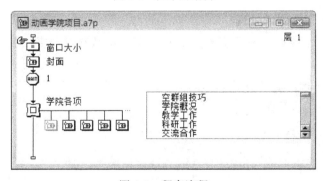

图 4-5　程序流程

4.2.2 子项目 1：用 Photoshop 进行界面设计

素材准备：拍摄三张校园照片和一张校门照片，利用 Photoshop 调整校园照片尺寸大小为 157×83 像素，校门照片尺寸为 473×147 像素，存储的文件为"校园 1.jpg"、"校园 2.jpg"、"校园 3.jpg"及"校门.jpg"（这三张图片的素材可从教材所提供的网站中下载）。

▶ 1. 进场界面设计

本模块总体可由以下 4 个任务来完成。

任务 1. 界面设置
任务 2. 入场图片制作处理
任务 3. 制作小圆
任务 4. 添加文字效果

任务 1. 界面设置

步骤 1　打开 Photoshop，新建一个文档，命名为"版面.psd"，设置宽度为 960 像素，高度为 540 像素，背景为白色，如图 4-6 所示。

图 4-6　"新建"文档

步骤 2　新建一个图层命名为"底色"，取前景色为"#dc007b"，按【Alt+Delete】组合键，填充前景色。选择菜单"文件→存储为…"命令，导出文件"版面底色.jpg"作为入场的背景图片。

任务 2. 入场图片制作处理

制作如图 4-7 所示的入场图片组合，所用图片可从教材所提供的网站中下载，具体操作步骤如下。

图 4-7　入场图片

步骤 1   在前面的"版面.psd"制作基础上新建一个图层，命名为"校园底彩虹"。

步骤 2   选择工具箱中的"矩形选框工具"，并且在"选项"栏中设置样式为"固定大小"，选区宽度为"480px"，高度为"94px"，如图 4-8 所示。

图 4-8   矩形选框工具的选项

步骤 3   按【Alt+Del】组合键，填充颜色为前景色，即"#dc007b"。

步骤 4   选择工具箱中的"渐变工具"，然后在工具"选项"栏中选取"线性渐变"，并双击渐变样式，打开"渐变编辑器"窗口，选取其中名称为"色谱"的预设渐变，如图 4-9 所示，单击"确定"按钮。

图 4-9   "渐变编辑器"窗口

步骤 5   回到图层"校园底彩虹"，按住鼠标左键，从左到右画一条直线，得到如图 4-10 所示的渐变效果。再按【Ctrl+D】组合键，取消选区。

图 4-10   彩虹渐变效果

步骤 6   选定"校园底彩虹"图层，按【Ctrl+J】，复制一个图层，命名为"校园底彩虹 副本"

步骤 7   选定"校园底彩虹 副本"图层，选择"编辑"菜单下的"变换→旋转 180度"命令，如图 4-11 所示，使其旋转 180°，做两个对称图层。

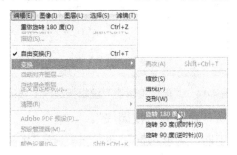

图 4-11   变换角度

步骤8 移动调整"校园底彩虹"和"校园底彩虹副本"图层，使两个图层结合在一起，效果如图 4-12 所示，然后合并图层并重新命名为"校园底彩虹"。

图 4-12 校园底彩虹效果

步骤9 重新选定"校园底彩虹"图层，设置其图层样式为"外发光"和"描边"，设置"描边"大小为"1"像素，并使用"渐变"进行填充，按照如图 4-13 所示设置"描边"样式的各参数。

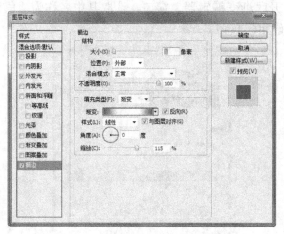

图 4-13 "图层样式"的描边参数设置

其中渐变的颜色中间为白色，两边颜色为"#dc007b"，渐变编辑器设置如图 4-14 所示。

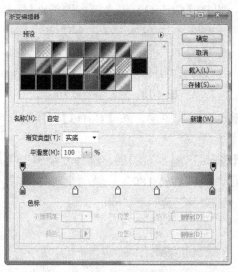

图 4-14 "渐变编辑器"编辑描边渐变效果

步骤10 新建一个图层，命名为"校园底"。

步骤11 选择工具箱中的"矩形选框工具"，并且在"选项"栏中设置样式为"固定大小"，选区宽度为"960px"，高度为"83px"，参考步骤 2。

步骤 12 按【Ctrl+Del】组合键，用背景色白色填充。

步骤 13 移动"校园底"图层使之与"校园底彩虹"图层上边对齐，如图 4-15 所示，露出下面一条 11px 高的彩虹条。合并两图层，合并后图层重命名为"校园底"，并且移动图层至距上边 75px 的位置。

图 4-15 编辑彩虹做校园底图

步骤 14 选择菜单"文件→打开…"命令，分别打开图片文件"校园 1.jpg"、"校园 2.jpg"、"校园 3.jpg"及"校门.jpg"。

步骤 15 拖动四幅图片到"校园底"上，然后调整其位置，最后合并"校园底"和图片所在图层，合并后图层重命名为"校园"，效果如图 4-16 所示。

图 4-16 校园层效果

> **提 示**
>
> 如果暂时不希望合并图层，可以使用图层面板下方的 🔗 链接图层按钮固定各图层相对位置。

任务 3. 制作小圆

在三幅校园图片上面和校门图片下面画 9 个白色的小圆进行装饰，操作步骤如下。

步骤 1 新建一个图层，命名为"小圆"。选择工具箱中的"椭圆选框工具"，并且在"选项"栏中设置样式为"固定大小"，设置选区宽度为"16px"，高度为"16px"。

步骤 2 在图层"小圆"上点击鼠标画一个直径为 16px 的小圆。按【Ctrl+Del】组合键，用背景色白色填充，再按【Ctrl+D】组合键，取消选区。

步骤 3 按【Ctrl+J】组合键，复制"小圆"图层 8 次，共计 9 个小圆，拖动图层分散摆放 9 个小圆。如图 4-17 所示，其中第一个小圆放在水平 100px 标尺位置，最后一个放在水平 360px 标尺位置。

步骤 4 同时选择 9 个小圆所在图层，然后在"选项"栏单击"底对齐"按钮 ⬚ 对齐图层，再单击"水平居中分布"按钮 ⬚ 调整小圆位置，调整后效果如图 4-18 所示。

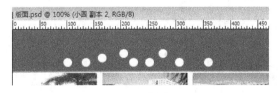

图 4-17 分散的小圆

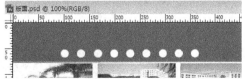

图 4-18 对齐后小圆效果

步骤 5　调整后合并小圆所在的 9 个图层，并命名合并后的图层为"小圆上"。

步骤 6　按【Ctrl+J】组合键，复制"小圆上"图层，并命名为"小圆下"，拖动"小圆下"图层放置在校门图片下面，调整位置得到如图 4-19 所示的效果。

图 4-19　完成后效果

任务 4. 添加文字效果

步骤 1　新建一个图层，命名为"校名底"，选择工具箱中的"矩形选框工具"，并且在"选项"栏中设置样式为"固定大小"，设置选区宽度为"453px"，高度为"75px"。即是和校门图片一样的宽度。

步骤 2　在图层"校名底"上点击鼠标画矩形选区。按【Ctrl+Delete】组合键，用背景色白色填充，再按【Ctrl+D】组合键，确认。在图层面板中设置"校名底"图层的透明度为 80%，拖动其到校园图片的上方，位置如图 4-20 所示。

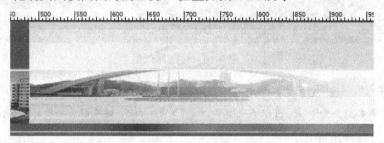

图 4-20　文字背景层定位

步骤 3　选择工具箱中的"横排文字工具"，输入文字"深圳职业技术学院"，在"选项"栏设置字体、字号大小等，如图 4-21 所示。

图 4-21　文字格式

同样方法添加"动画学院"及"SCHOOL OF ANIMATION"文本，其效果可以自定义。拖动文本所在图层到"校名底"上面，参照如图 4-22 所示效果摆放文本位置，再使用图层面板下方的 🔗 链接图层按钮固定各文字所在图层相对位置（校门图片所在层可添加一个图层模板并做从左向右渐变的模糊效果），保存文件"版面.psd"。

图 4-22　文字最终效果

导出图片上半部分，存储为"校园.jpg"，作为入场界面，如图 4-23 所示。

图 4-23　入场图片界面图

2. 主程序界面背景设计

打开"版面.psd"文件，在主程序界面中的校园图片下面制作一些圆环添加效果，生成主程序完整的背景界面。这个模块具体分为以下 3 个任务来完成。

任务 1．制作规则圆环
任务 2．制作变幻圆环
任务 3．制作带有底图的圆环

任务 1．制作规则圆环

通过 Photoshop 中收缩选区的方法制作规则圆环来增加修饰效果，具体操作步骤如下。

步骤 1　新建一个图层，命名为"圆环"。选择工具箱中的"椭圆选框工具"，画一个圆，按【Ctrl+Del】组合键，填充为背景色"白色"。

步骤 2　选择菜单"选择→修改→收缩…"命令，如图 4-24 所示，在弹出的"收缩选区"对话框中设置收缩量为"5"像素，即是圆环的粗细，如图 4-25 所示单击"确定"按钮退出。

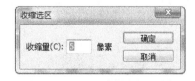

图 4-24　修改选区　　　　　图 4-25　"收缩选区"调整收缩量

步骤 3　按键盘上的【Del】键，删除中间的白色，再按【Ctrl+D】组合键，取消选区，便制作好了一个圆环。再设置图层的透明度为 45%，使圆环半透明。

步骤 4　选定"圆环"图层，按【Ctrl +J】组合键，复制图层，制作多个圆环。

步骤 5　选定圆环图层，按【Ctrl+T】组合键，变形或旋转图层做出变化的圆环，然后按【Ctrl+ Enter】组合键，确认所做变换。

制作两到三个圆环后，把它们摆放到适当位置。

任务 2. 制作变幻圆环

通过 Photoshop 中变换选区的方法，制作不规则形状圆环，具体操作步骤如下。

步骤 1　新建一个图层，命名为"变幻圆环"。选择工具箱中的"椭圆选框工具"，画一个圆，设置前景色为"#8ca63b"，按【Alt+Del】组合键，填充为前景色。

步骤 2　选择菜单"选择→修改→收缩…"命令，在弹出的"收缩选区"对话框中设置收缩量为"15"像素，单击"确定"按钮退出。

步骤 3　选择菜单"选择→变换选区"命令，出现如图 4-26 所示效果，向内调整选区的高和宽。

步骤 4　按键盘上的【Del】键删除中间的颜色，再按【Ctrl+D】组合键，退出，便制作了一个不均匀变幻的圆环，如图 4-27 所示。再通过设置图层的透明度使圆环具有半透明的效果。这样便做出了变幻的圆环。

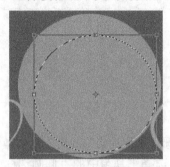

图 4-26　变幻圆环收缩效果　　　　图 4-27　变幻圆环效果

步骤 5　选定"变幻圆环"图层，按【Ctrl+J】组合键，复制图层，制作多个圆环。

步骤 6　选定圆环图层，按【Ctrl+T】组合键，变形或旋转图层，做出有变化的圆环，制作两到三个圆环后，放置它们到适当的位置。

任务 3. 制作带有底图的圆环

步骤 1　在 Photoshop 中打开素材中图片文件"圆环底图.jpg"，这是动画学院的一幅学生作品，也可根据需要和兴趣选取其他图片作为素材。

步骤 2　拖动图片到"版面.psd"中，命名图片所在图层为"图片圆环"。

步骤 3　选择工具箱中的"椭圆选框工具"，画一个圆，如图 4-28 所示。

步骤 4　选择菜单"选择→反向"命令后，按键盘上的【Del】键删除外面的图像，如图 4-29 所示。

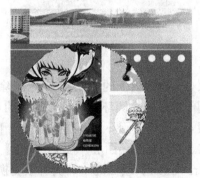

图 4-28　圆形选区　　　　　　图 4-29　切出圆环所用图

步骤 5　选择工具箱中的"椭圆选框工具"，再在"图片圆环"图层画一个圆，调整选区位置，如图 4-30 所示。

步骤 6　按键盘上的【Del】键删除选区内的图像，生成一个带有图片的圆环，如图 4-31 所示。

  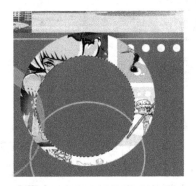

图 4-30　利用选区画出圆环形状　　　　图 4-31　有底图的圆环效果

步骤 7　调整"图片圆环"图层的透明度，还可旋转调整到适当角度，参照图 4-2 所示的主程序界面，移动到适当位置。

步骤 8　在 Photoshop 中打开素材中图片文件"logo.gif"，选择菜单"图像→模式"命令，更改其模式为"RGB 模式"。拖动图片到"版面.psd"中，命名图层为"Logo"，移动到整个画面的右上角。

至此，主程序的背景界面做好了，导出文件并命名为"最终画面.jpg"。（为不影响后面的设计效果，可暂时把 Logo 所在层隐藏）

3. 二级导航（热区界面）设计

利用 Photoshop 设计二级导航界面，效果如图 4-32 所示。

步骤 1　打开 Photoshop 新建一个文档，命名为"学院各项.psd"，设置宽度为 191 像素，高度为 197 像素，背景为白色。

步骤 2　新建一个图层，命名为"底色"，取前景色为"#dc007b"，按【Alt+Del】组合键，填充前景色。

步骤 3　选择工具箱中的"圆角矩形工具"，画一个内容区域，填充颜色为浅灰色（#f4f4f4），圆角半径为 9px，其宽度为 189px，高为 195px。命名图层为"圆角矩形"。

步骤 4　单击图层面板下面的图层样式按钮，为图层添加样式，样式包括投影、斜面和浮雕、描边，如图 4-33 所示，其中描边样式参数设置如图 4-34，最终效果如图 4-35 所示。

图 4-32　热区界面　　　　　　　　　图 4-33　图层样式

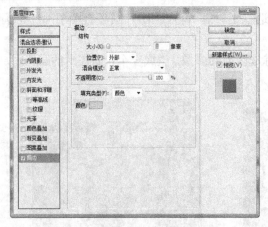
图 4-34 "图层样式"的描边参数

图 4-35 图层最终效果

步骤 5 选择工具箱中的"圆角矩形工具",再画出两个文字内容区域,其圆角半径为 9px,填充颜色为白色。分别命名两图层为"head"和"body",其高度和宽度定义在"圆角矩形"图层范围内即可,效果如图 4-36 所示。

步骤 6 选择工具箱中的"自定义形状工具",在选项中选择脚印形状,在左上角画出一个脚印形状,填充颜色为"#dc007b",按【Ctrl+T】组合键后,在"选项"栏设置其宽度为 11px,高度为 9px,移动到左上角,如图 4-37 所示。

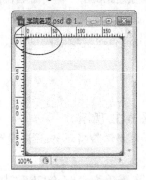
图 4-36 文字层位置

图 4-37 脚印形状位置

步骤 7 选择工具箱中的"横排文字工具",添加文字内容,其中标题文字内容为"EXCHANGE 合作交流",英文字体用 Arial Rounded MT bold,大小为 18 点,颜色用黑色,消除锯齿方式设置为"浑厚"。中文字体用宋体,字体 14 点,颜色用黑色,消除锯齿方式设置为"浑厚"。

标题下面的各项内容(参照图 4-32 中的文字内容)的文字字体用宋体,字体 14 点,颜色用"#9e9797",消除锯齿方式设置为"锐利"。效果如图 4-38 所示。

步骤 8 选择菜单"文件→存储为…"命令,导出图片文件,命名为"合作交流.jpg"。

重复步骤 1~步骤 8,只需更改文字内容分别做出其他二级导航栏,并导出其图片文件,文件分别命名为"教学工作.jpg"、"科研工作.jpg"、"师生作品.jpg"、"学生之窗.jpg"和"学院概况.jpg"。

图 4-38 热区最终效果

122

4. 主程序界面元素——脚印、内容显示区域制作

本模块总体可由以下两个任务来完成。

任务 1. 制作 Authorware 程序中进场界面的脚印图片
任务 2. 制作内容显示区域

任务 1. 制作 Authorware 程序中进场界面的脚印图片

为了能在 Photoshop 中查看程序运行最终生成的主界面的完整效果图，这里在 Photoshop 的整体画面中设计脚印图，然后导出单独的图片文件来进行保存。

步骤 1 打开“版面.psd”文件，隐藏所有圆环所在图层，再把 Logo 所在层也隐藏。

步骤 2 选择工具箱中的“自定义形状工具”，在选项中选择脚印形状，左手按住【Shift】键的同时，右手在画面上拖动鼠标画出一个正方形脚印形状，填充颜色为白色，命名所在图层为“行走的脚印”。

步骤 3 按【Ctrl+T】组合键后，在“选项”栏中设置其宽度为 33px，高度为 29px（可以同时在“信息”面板中查看宽度和高度的变化）。

步骤 4 按【Ctrl+T】组合键后，在“选项”栏中调整旋转角度为 45 度，然后按回车键确认，如图 4-39 所示。

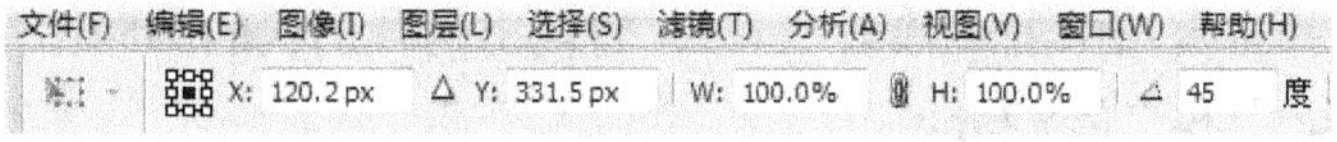

文件(F) 编辑(E) 图像(I) 图层(L) 选择(S) 滤镜(T) 分析(A) 视图(V) 窗口(W) 帮助(H)
X: 120.2 px
Y: 331.5 px
W: 100.0%
H: 100.0%
45
度

图 4-39 “选项栏”中调整旋转角度

步骤 5 添加图层样式，效果为投影和外发光，如图 4-40 所示，样式的参数采用默认值即可。

步骤 6 按【Ctrl+J】组合键，复制图层四次，形成五个脚印图层，适当摆放出将来行走的路径。行走的脚印效果如图 4-41 所示。

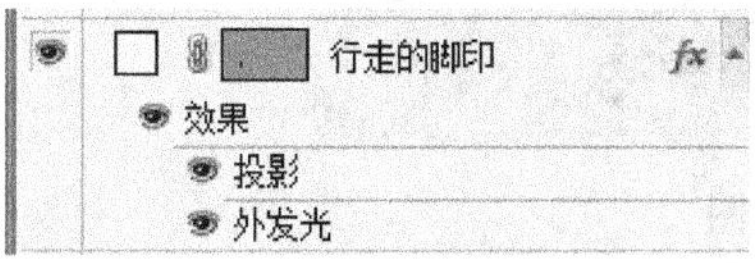

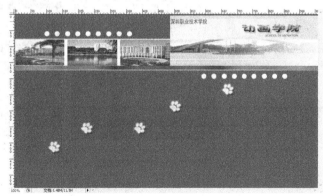

行走的脚印
效果
投影
外发光

图 4-40 图层样式

深圳职业技术学院
动画学院

图 4-41 行走的脚印效果

步骤 7 重新选择图层“行走的脚印”，按【Ctrl+J】组合键，复制图层，并重命名复制后的图层为“踩下去的脚印”。

步骤 8 设置前景色为“#4d4a4a”，选中“踩下去的脚印”图层，选择工具箱中的“路

径选择工具"，单击图层中的脚印形状，按【Alt+Del】组合键，填充为前景色"#4d4a4a"，并且清除图层样式。脚印走过的效果如图 4-42 所示。

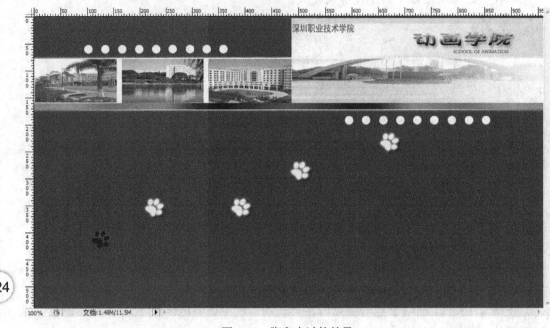

图 4-42　脚印走过的效果

步骤 9　选择工具箱中的"裁剪工具"，剪裁出两种形状的脚印图片，分别保存图片文件为"foot1.jpg"和"foot2.jpg"。

任务 2.　制作内容显示区域

根据设计方案把整个运行界面的左半部作为程序运行时内容显示区域，如图 4-43 所示，它需要与主画面在色彩、构图及尺寸上协调一致。制作步骤如下。

图 4-43　内容显示区域效果图

步骤 1　打开 Photoshop，新建一个文档，命名为"内容区.psd"，设置宽度为 480px，高度为 545px，背景为白色。

步骤 2　新建一个图层，名为"底色"，取前景色为"#dc007b"，按【Alt+Del】组合键，填充。

步骤 3　选择工具箱中的"圆角矩形工具"，画一个内容区域，填充颜色为浅灰色

（#f4f4f4），圆角半径为 9px，其宽度为 475px，高度为 536px。图层命名为"内容区"。

步骤 4　单击图层面板下面的图层样式按钮，为图层"内容区"添加图层样式，效果为投影和内发光。

步骤 5　导出图片文件，命名为"内容显示区.jpg"，它将作为 Authorware 中主程序运行时各项内容显示的背景图。

5. 主程序退出时淡入淡出效果和遮罩层的制作

本模块可由以下两个任务来完成。

任务 1. 制作淡入淡出效果图片
任务 2. 遮罩层图片的制作

任务 1. 制作淡入淡出效果图片

在多媒体作品的制作过程中，滚动字幕是一种经常用到的显示效果。在显示大段的文字、片尾的呈现等处，经常会见到这种效果的踪影。而淡入淡出效果更是经常被采用。

如图 4-44 所示，在演示程序运行结束时，片尾字幕希望以淡入淡出的效果显示，即刚开始从下面进入时及向上运行至退出显示区前文字较暗较淡，而运行到显示区域中心位置时文字完全清晰地显示。在 Authorware 中无法直接制作这种效果，要想实现淡入淡出的效果，就需要依靠 Photoshop 先做出一个半透明的蒙版才行，操作步骤如下。

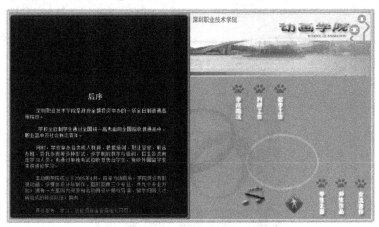

图 4-44　后序文字运行效果

步骤 1　如图 4-44 所示，在后序显示区中，背景采用黑色，打开文件"内容区.psd"，设置前景色为黑色，选取图层"内容区"，按【Alt+Del】组合键，用前景黑色填充。导出图片文件命名为"后序背景.jpg"，它将作为 Authorware 中主程序结束运行时，片尾内容显示区的背景图。

步骤 2　在 Photoshop 中新建一个文件，命名为"淡入淡出.psd"，设置宽度为 450像素，高度为 510 像素，略小于内容显示区域，背景为白色。单击工具栏上的"设置前景色"按钮，设置与 Authorware 作品背景尽可能相同的颜色为前景色，这里是黑色。按

【Alt+Del】组合键，用前景色进行填充。

步骤 3　选择菜单"窗口→通道"命令，显示"通道"调板，单击调板下方的"创建新通道"按钮，新增一个名称为"Alpha 1"的通道，如图 4-45 所示。

步骤 4　单击工具栏中的"渐变工具"，在工具选项栏中选取"线性渐变"，并双击渐变样式，打开"渐变编辑器"窗口，双击渐变条下方左侧的色标，在打开的"拾色器"对话框中选取白色。双击渐变条下方右侧色标，选取白色。将鼠标定位于渐变条中间位置，单击，增加一个色标。双击这个色标，在拾色器中选取黑色，如图 4-46 所示，单击"确定"按钮，回到"Alpha 1"通道。按住鼠标左键，从上到下垂直画一条直线，得到如图 4-47 所示的渐变效果。

步骤 5　选择菜单"文件→存储为…"命令，将其存成 TIF 格式文件（用默认设置），文件命名为"淡入淡出.tif"（在 Authorware 中使用时请参考第 4.2.3 节 5 小节的内容）。

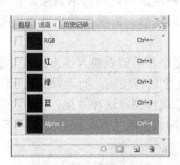

图 4-45　新建通道　　　　　　　　图 4-46　"渐变编辑器"选取中间色

图 4-47　渐变效果图

任务 2．遮罩层图片的制作

在 Authorware 中调试"退出"模块，可以看到淡入淡出的文字滚动效果，但这时发现文字没进入打底图片所在的黑色显示区域，就已经显示出来，影响界面美观，如图 4-48 所示。

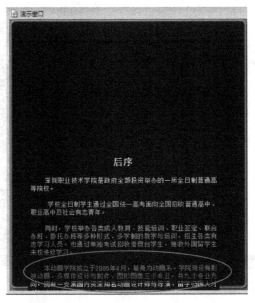

图 4-48　遮罩前的运行效果

　　如何解决这个问题呢？在 Photoshop 中设计一个遮罩层，把生成的图片文件放置在 Authorware 中文字所在层的上面，这样只有当文字运行到遮罩层内部时才显示。这样便可解决问题，制作步骤如下。

　　步骤 1　为了与前面的内容显示区域保持一致，在 Photoshop 中直接打开文件"后序背景.jpg"。选择菜单"文件→存储为…"命令，将其另存为"后序遮罩.psd"。

　　步骤 2　如图 4-49 所示为打开图片时的图层，此时背景处于锁定状态，双击背景层，在弹出的对话框中直接单击"确定"按钮，背景层转换为"图层 0"，解锁后的图层如图 4-50 所示。

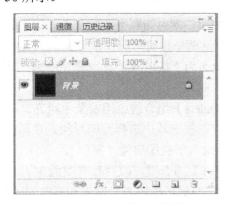

图 4-49　打开图片时的图层

图 4-50　解锁后的图层

　　步骤 3　选择工具箱中的"矩形选框工具"，在"图层 0"画一个矩形选区，调整选区位置后按键盘上的【Del】键删除选区内的颜色，抠除图层中间区域后的效果如图 4-51 所示，保存文件。在 Authorware 中将直接使用"后序遮罩.psd"文件，详见第 4.2.3 节程序退出时的运行效果，如图 4-52 所示，此时效果完美。

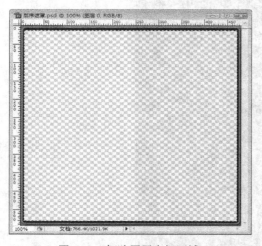

图 4-51　抠除图层中间区域

图 4-52　遮罩后的运行效果

▶6. 按钮设计

本模块可由以下 3 个任务来完成。

任务 1.　主导航按钮设计方法
任务 2.　控制音乐开关按钮的设计
任务 3.　退出按钮的设计

任务 1.　主导航按钮设计方法

如图 4-3 所示的主程序界面中，主导航栏按钮正常时为踩下去的灰色脚印，鼠标移动到主导航按钮上时，脚印凸显为立体的白色。这两个按钮的制作步骤如下。

步骤 1　打开 Photoshop，新建一个文档，命名为"按钮.psd"，设置宽度为 31 像素，高度为 111 像素，背景为白色。

步骤 2　前景色设为"#dc007b"，按【Alt+Delete】组合键，用前景色填充。

步骤 3　选择工具箱中的"自定义形状工具"，在选项中选择脚印形状，在画面上拖动画出一个脚印形状，填充颜色为"#4d4a4a"，命名所在图层为"脚印"。

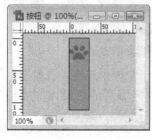

图 4-53　脚印位置

步骤 4　按【Ctrl+T】组合键，改变其宽度为 31px，高度为 239px（可以同时在"信息"调板中查看宽度和高度的变化"），适当调整其位置，如图 4-53 所示。

步骤 5　选择工具箱中的"直排文字工具"，添加文字，文字内容为"交流合作"，字体用方正少儿简体，大小为 15 点，消除锯齿方式设置为"浑厚"，文字颜色为白色。选项设置如图 4-54 所示。

图 4-54　按钮文字选项设置

步骤 6　摆放文字到合适位置，添加文字所在图层样式效果为投影和外发光，如图 4-55 所示，图层样式的参数采用默认值即可。

步骤 7　选择菜单"文件→存储为…"命令，导出按钮未按状态时的图片文件，命名为"交流按钮.jpg"。

步骤 8　选取"脚印"图层，用白色填充，再设置图层样式效果为投影和外发光，样式的参数采用默认值，效果如图 4-56 所示。同理导出按钮"在上"状态时的图片文件命名为"交流按钮 down.jpg"。

图 4-55　文字图层样式效果　　　　　　图 4-56　按钮按下状态效果图

重复上面步骤 1～步骤 8 制作出其他导航按钮。

任务 2.　控制音乐开关按钮的设计

如图 4-3 所示的主程序界面中，音符形状的按钮是用来控制背景音乐的播放的，它也有两个状态。这两个按钮的制作方法与前面主导航按钮设计方法相似。制作步骤如下。

步骤 1　打开 Photoshop，新建一个文档并命名为"虚拟喇叭.psd"，设置宽度为 66 像素，高度为 54 像素，背景为白色，前景色设为"#dc007b"，按【Alt+Del】组合键，用前景色填充。

步骤 2　选择工具箱中的"自定义形状工具"，在选项中选择音符形状，在画面上拖动画出一个音符，填充颜色为"#767676"，命名所在图层为"音符"。

步骤 3　按【Ctrl+T】组合键，改变其宽度为 51px，高度为 44px，可以同时在"信息"面板中查看宽度和高度的变化"），适当调整其位置，效果如图 4-57 所示。

步骤 4　添加图层样式"投影"和"斜面和浮雕"，效果如图 4-58 所示，其中"斜面和浮雕"样式的参数如图 4-59 所示，此时即为开音乐的按钮效果。

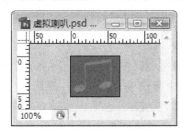
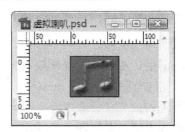

图 4-57　音符效果　　　　　　　图 4-58　开声音按钮效果

步骤 5　选择菜单"文件→存储为…"命令，导出按钮原始状态时的图片文件，命名为"虚拟喇叭 on.jpg"。

步骤 6　选择工具箱中的"直线工具"，再选择粗细为 5px，在画面上拖动，画出一条直线，填充颜色为"#767676"，命名所在图层为"线"。

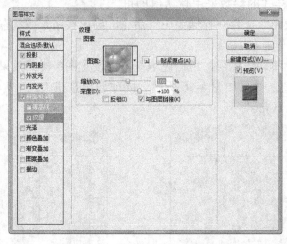

图 4-59　"斜面和浮雕"样式设置

步骤 7　添加图层样式"投影"和"斜面和浮雕"，如图 4-59 所示，也可以直接复制音符所在层的样式。调整线的角度，效果如图 4-60 所示，即为关音乐的按钮效果。

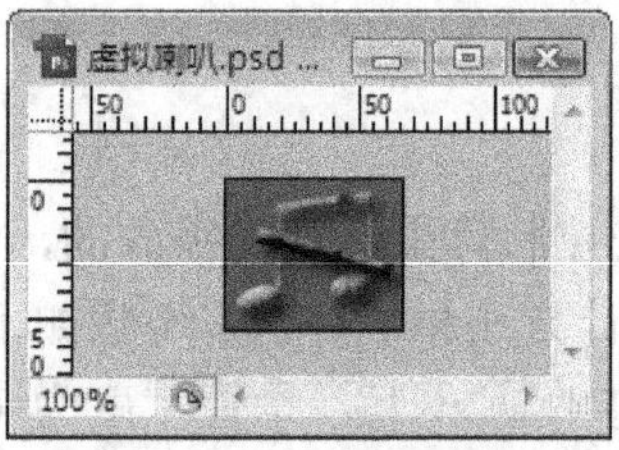

步骤 8　选择菜单"文件→存储为…"命令，导出用于关闭声音的按钮图片，命名为"虚拟喇叭 off.jpg"。

任务 3. 退出按钮的设计

图 4-60　关声音按钮效果

退出按钮设计简略，从网上的免费图片中找到一张作为原始状态的图片（文件名"退出.jpg"），在 Photoshop 中处理其中的人物填充颜色，用本项目的主色（#dc007b）进行填充，导出图片作为鼠标悬停按钮上时的状态图片，图片命名为"退出 up.jpg"。

综上所述，在 Photoshop 中设计出 Authorware 所需的所有素材，再把所有内容集中在 Photoshop 中调整位置，做出程序运行的效果图，参照图 4-3 所示界面。

4.2.3　子项目 2：用 Authorware 制作多媒体作品

1. 进场动画模块

（1）页面程序流程。

进场动面是让观众对动画学院有一个整体的感观，主要包括：用 Authorware 制作的脚印动画，比较夸张显示的 Logo 入场，可控制的背景 MIDI 音乐，最后停留在主界面等待用户交互进入。

完整的程序流程图如图 4-61 和图 4-62 所示。

（2）运行效果。

程序运行过程如图 4-1 所示，进场结束最终效果如图 4-63 所示。

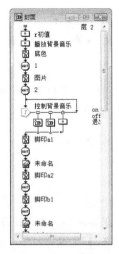

图 4-61　进场流程上半部分

图 4-62　进场流程下半部分

图 4-63　进场结束画面

（3）制作步骤。

具体制作步骤分以下 6 个任务完成。

任务 1. 用函数进行项目设置

任务 2. 用外部函数播放背景 MIDI 音乐

任务 3. 用两个按钮虚拟一个按钮控制音乐

任务 4. 脚印行走效果

任务 5. 用移动图标设置片头 Logo

任务 6. 程序调试方法

任务 1. 用函数进行项目设置

步骤 1　新建一个文件，保存为"动画学院项目.a7p"。

步骤 2　首先在主流程线上拖曳一个"计算"图标，改名为"窗口大小"用以限制演示窗口的大小。

步骤 3　双击该计算图标，打开程序代码窗口，输入代码：

ResizeWindow(960,540)，设定窗口大小，宽为 960 像素，高为 540 像素。

 提　示

ResizeWindow(width, height)这个函数用于重新设定当前窗口，使之和指定的 width，height 参数相符合。ResizeWindow 只能使用在计算图标中，不能在表达式中使用或嵌入。

步骤 4　从图标面板上拖曳一个"群组"图标，改名为"封面"，在其中将建立如图 4-1 和图 4-63 所示的封面运行全过程。

任务 2．用外部函数播放背景 MIDI 音乐

本项目中背景音乐用 MIDI 格式，虽然 Authorware 也支持其他格式，但如果用 MP3 或 WAV 格式的背景音乐，则演示程序在播放其他声音如解说、Flash 动画时就会停止背景音乐；如果在按钮中应用了音效，则单击按钮也会停止背景音乐。Authorware 不支持 MIDI 格式音乐，需要借助外部函数 MidiLoop.u32。它有两个命令（或者称为扩展函数）：MidiLoop 和 StopMidi。

因为 MidiLoop.u32 是外部函数，使用时需要引入到文件中，该函数可以到因特网上下载。本任务具体操作步骤如下。

步骤 1　单击 Authorware 工具栏上的"函数"按钮 🔢，在打开的"函数"面板中，从分类下拉列表框中（一般在列表最后一项），选择"动画学院项目.a7p"，如图 4-64 所示。

步骤 2　单击左下角的"载入"按钮，此时从加载函数对话框中选择已下载到计算机中的外部函数文件"MidiLoop.u32"，如图 4-65 所示，单击"打开"按钮。

图 4-64　"函数"面板　　　　　　　　　　图 4-65　加载函数

步骤 3　在弹出如图 4-66 所示的"自定义函数"对话框中，可以看到将要载入的是函数的两个命令 MidiLoop 和 StopMidi。在本项目中利用这两个命令来进行 MIDI 音乐的播放和停止操作。在名称栏中选定一个命令，就可以在右边描述中看到命令的说明，按住【Shift】键的同时用鼠标单击两个命令同时选中，再单击"载入"按钮，可以看到二者出现在"函数"面板中，如图 4-67 所示，单击"完成"按钮，完成外部函数的加载。当然通过"函数"面板还可以卸载外部函数。

图 4-66 "自定义函数"对话框

图 4-67 "函数"面板

知识链接

外部函数被导入后，就可以像使用内部函数一样使用它。当然要记得打包的时候不要忘记将"MidiLoop.u32"一起发布。

LoopMidi 和 StopMidi 的使用方法，如在"播放背景音乐"计算图标中输入代码：LoopMidi("女校男生.mid")就是播放音乐，而 StopMidi ("女校男生.mid")，便是停止播放。要注意的是，所使用的背景音乐文件一定要与项目文件"动画学院项目.a7p"放在同一目录下，将来打包和刻录光盘时也要放在同一位置，才能保证其正常播放。

步骤 4 如图 4-61 所示的流程图，拖曳两个"计算"图标分别命名为"r 初值"和"播放背景音乐"。双击"r 初值"图标打开程序代码窗口，输入代码：r:=0，目的是设置变量 r 的初始值，为后面控制背景音乐做准备。双击"播放背景音乐"图标打开程序代码窗口，输入代码：LoopMidi("女校男生.mid")。

步骤 5 如图 4-61 所示的流程图，在"底色"和"图片"显示图标中分别导入图片文件"版面底色.jpg"和"校园.jpg"，设置"图片"显示图标的过渡效果。

任务 3. 用两个按钮虚拟一个按钮控制音乐

这种在流程线上播放的 MIDI 音乐是没有控制的，即打开界面，背景音乐开始播放，并且是循环播放的。如果希望界面上的音乐可以被操纵，即想听的时候，才打开，这就需要用下面的虚拟按钮来控制。在这之前插入两个"显示"图标分别命名为"底色"和"图片"，在图标中分别插入用来放置玫瑰色底色图片及素材中"学院宣传 TOP.jpg"图片文件，调整好位置，其间还可适当插入"等待"图标用以增强效果。

下面参照如图 4-68 所示的流程来制定可以控制音乐播放的并且是用两个按钮虚拟一个按钮对音乐控制的过程。

首先利用 Photoshop 设计两个按钮图片 和 用来显示声音的开和关。在这里实际上使用了两个按钮交互响应，这两个按钮的位置相同，通过变量让这两个按钮只能在同一时间显示一个，另一个隐藏起来。对这两个按钮分别定制为不同的图像按钮 和 。

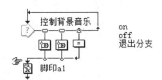

图 4-68 控制背景音乐的程序流程

具体实现步骤如下。

步骤1　从图标面板上拖曳一个"交互"图标，改名为"控制背景音乐"。

步骤2　从图标面板上拖曳一个"群组"图标到该交互图标的右边，松开鼠标时，会弹出一个如图4-69所示的"交互类型"对话框，使用默认的"按钮"交互，单击"确定"按钮，将图标命名为"on"，同样方法再添加一个名称为"off"的群组图标。

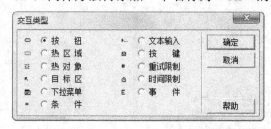

图4-69　"交互类型"对话框

步骤3　从图标面板上拖曳一个"计算"图标到交互图标的右边，将图标改名为"退出分支"，用以退出交互程序向下进行。单击该计算图标上方的交互类型标识符[—]，打开属性面板。在"类型"下拉列表框中选择"时间限制"，如图4-70所示，并且在参数"时限"后面输入"2"秒。

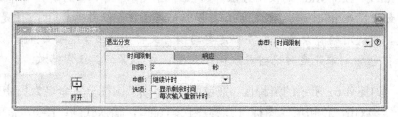

图4-70　交互图标属性设置

步骤4　双击"on"群组图标，在流程上线拖曳两个"计算"图标，分别命名为"播放背景音乐"和"rr"，流程图如图4-71所示。双击"播放背景音乐"图标，在其中输入代码：LoopMidi("女校男生.mid")，双击"rr"图标，在其中输入代码：r:=0。这与开始时的程序结构相同，即播放背景音乐，并设置控制变量"r"值为0。

步骤5　双击"off"群组图标，在流程上线拖曳两个"计算"图标，分别命名为"停止背景音乐"和"r"，流程图如图4-72所示。双击"停止背景音乐"图标，在其中输入代码：StopMidi("女校男生.mid")，双击"r"图标，在其中输入代码：r:=1。

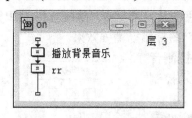

图4-71　"on"群组图标流程

图4-72　"off"群组图标流程

步骤6　自定义按钮形状：单击"on"图标上方的交互类型标识符[—]，打开属性面板如图4-73所示，单击属性面板中的"按钮…"按钮，打开"按钮"对话框，如图4-74所示。

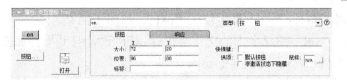

图 4-73　"属性：交互图标（on）"设置

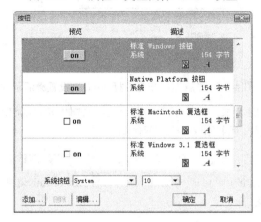

图 4-74　"按钮"对话框

可以用事先设计好的图片自定义按钮形状。在"按钮"对话框中单击左下角的"添加…"按钮打开"按钮编辑"对话框，单击"图案"选项右侧的"导入"按钮，如图 4-75 所示，导入计算机中已经制作好的图片█（图片文件名为"虚拟喇叭 on.jpg"），单击"确定"按钮。回到"按钮"对话框选中刚才定义的█按钮，再单击"按钮"对话框中的"编辑…"按钮重新进入按钮编辑对话框，此时选择按钮的另一个状态。

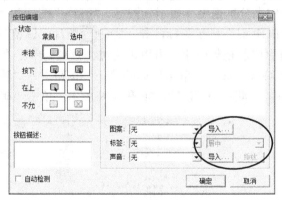

图 4-75　"按钮编辑"对话框

同样，单击"off"图标上方的交互类型标识符━▽━，进行同样的操作，按钮所用图片为█（图片文件名为"虚拟喇叭 off.jpg"）。

步骤 7　现在已经可以用两个按钮对音乐进行控制了，为了界面的简洁美观，现在将两个按钮"合并"。

首先，运行程序，按【Ctrl+P】组合键，停止进行调试程序，将两个按钮置于同一个位置，如果手动方法不能让这两个按钮位置完全重合，还可以通过属性面板的"按钮"选项卡调整它们的位置和大小。

然后，单击"on"图标上方的交互类型标识符━▽━，打开属性面板，单击"响应"

选项卡，在"激活条件："文本框中输入"r=1"，如图 4-76 所示。

同理，单击"off"图标上方的交互类型标识符┑，打开属性面板，单击"响应"选项卡，在"激活条件："文本框中输入"r=0"。

图 4-76　"属性：交互图标（on）"设置激活条件

步骤 8　双击"退出分支"计算图标，打开程序代码窗口，输入代码：GoTo(IconID@"脚印 a1")用以退出控制音乐按钮程序向下进行。

 提示

利用 GoTo(IconID@"IconTitle")函数实现程序跳转。当 Authorware 遇见 GoTo 语句时，它将跳到在 IconTitle 中指定的图标继续执行。

通过上面 8 个步骤可以完成用两个按钮虚拟一个按钮对音乐控制的操作，并且学习了自定义按钮图案的方法。

任务 4. 脚印行走效果

按进场界面模块流程图，音乐控制设置结果后，程序向下进行是一个脚印行走的效果，而且这个效果完全是用 Authorware 来实现的，一共五个脚印，操作方法一样，这里只介绍其中一个，流程如图 4-77 所示。

步骤 1　在流程线上分别拖曳"显示"图标、"等待"图标和"擦除"图标并命名。

步骤 2　双击"脚印 a1"显示图标，导入脚印🐾图片，调整到合适位置。

步骤 3　为了有更好的视频效果，可以加上过渡效果。单击"脚印 a1"显示图标，在属性面板中选择"特效"选项，单击后面的"…"按钮进入"特效方式"对话框，选取特效样式，这里特效周期设为"0.2"，如图 4-78 所示，单击"确定"按钮。

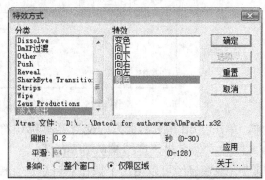

图 4-77　脚印行走流程图　　　　　　　　图 4-78　"特效方式"对话框

步骤 4　双击"脚印 a2"显示图标，导入脚印🐾图片做踩下去的效果，注意与"脚印 a1"显示图标中的图片位置要重合，并且设置过渡效果。

步骤 5　拖曳"脚印 a1"显示图标到擦除图标"擦除脚印 a1"图标的上方再松开，再单击擦除图标"擦除脚印 a1"，在属性面板中设置擦除的过渡效果如图 4-78 所示。

步骤6　最后设置两个等待图标的等待时间为 0.5 秒，并且不显示等待按钮。

设置完成后按住【shift】键同时选择图 4-77 中所有图标，再粘贴 4 次，制作其他脚印，只要调整好脚印图片位置即可。

任务 5．用移动图标设置片头 Logo

紧接着前面脚印出现后，观众终于看到了出现的是什么，就是动画学院的 Logo。出现时伴随音效和比较夸张的过渡效果（激光效果），然后利用移动图标让 Logo 移动到右上角，如图 4-1 所示的进场界面，然后等待 1 秒后脚印消失，此时 Logo 入场。Logo 入场动画的流程结构如图 4-79 所示，制作过程如下。

步骤1　从图标面板上拖曳一个"声音"图标到流程线上，命名为"LOGO 伴随音效"，导入声音文件"LOGO 音效.wav"，并设置该声音图标的"计时"选项卡的属性如图 4-80 所示。

图 4-79　Logo 入场动画流程图　　　　图 4-80　"属性：声音图标"设置

步骤 2　从图标面板上拖曳一个"显示"图标到流程线上，命名为"LOGO"，导入图片文件"logo.gif"，调整位置并设置图片模式为"遮隐"，如图 4-81 所示。再将其过渡效果设置为"DmXP 过渡"中的"激光展示 1"。

图 4-81　"属性：图像"设置

步骤 3　从图标面板上拖曳一个"移动"图标到流程线上，命名为"运动 LOGO"，拖曳"显示"图标"LOGO"到该移动图标上方松开鼠标，此时创建了二者之间的移动关系。双击移动图标，在打开的"演示"窗口中把显示图标"LOGO"移动到右上角位置，松开鼠标。单击移动图标可以查看到它的属性如图 4-82 所示，可以通过调整属性面板中的"定时"选项的时间来调整运动的速度。

图 4-82　"属性：移动图标"设置

步骤 4　最后从图标面板上拖曳一个"等待"图标和一个"显示"图标到流程线上，并按图 4-79 所示的流程图中图标命名。设置等待 1 秒后，再在"最终画面"显示图标中导入图片文件"最终画面.jpg"。

任务 6. 程序调试方法

通过以上五个任务完成全部封面设计，此阶段涉及知识点较多，可以在完成后或设计过程中局部调试程序。调试程序局部时，需要用到"开始"标志旗 ⌒ 和"停止"标志旗 ◤。

图 4-83　封面流程图上、下部分

调试方法：双击"封面"群组图标，打开流程图，从图标面板中将"开始"标志旗拖曳到流程线上起始位置，如图 4-83 所示，再从图标面板中将"停止"标志旗拖曳到流程线上结束位置。这时工具栏上的"运行"按钮会变成"从标志旗开始运行"，执行到"停止"标志旗所在的位置就结束运行。当后期编辑的程序很长时，可以将程序分成几个部分来调试。

2. 主程序模块

（1）页面程序流程。

参看图 4-4 所示的主程序结构，它介绍了动画学院各项的主要内容，参看图 4-5 所示的流程，在流程图中即是"学院各项"框架图标下的内容，其中包括六大模块和一个退出模块，退出模块将在模块五中做介绍。

这六大模块分别是：学院概况、教学工作、科研工作、交流合作、师生作品、学生之窗。主程序中的所有模块都是通过按钮交互响应和框架图标来实现的，也即是主导航栏。而点击按钮出现的副导航栏各项内容的演示是通过热区来实现的。

（2）运行效果。

从封面向下进行到主程序的界面如图 4-3 所示，在主程序演示窗口中单击副导航栏中的项目可以查看详细内容。其运行效果如图 4-84 所示。

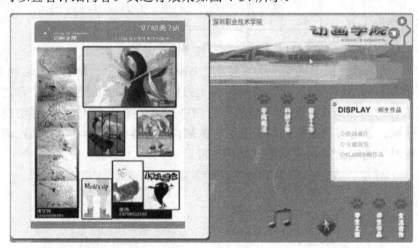

图 4-84　运行效果

（3）制作步骤。

具体制作方法分为如下 3 个任务来完成。

任务 1. 程序主线

任务 2. 导航按钮的制作

任务 3. 通过热区域响应实现二级导航内容的访问

任务 1. 程序主线

步骤 1　首先在主流程线上拖曳一个"框架"图标，并改名为"学院各项"。

步骤 2　从图标面板上拖曳一个"群组"图标到"交互"图标的右边，命名为"空群组技巧"。

知识链接

空群组图标是空的，里面不会添加任何内容。因为这里是利用导航图标让流程跳转到某个框架图标的，所以程序运行到框架图标时一定会自动进入该框架图标上附着的第一个页面。但是有时候却希望流程不进入任何一个子页面，而是让观众或用户自己通过导航按钮主动检索来进入他们想进入的页面。这个空的群组图标就可以做到这点。

进入框架后会先执行这个空的群组图标，但是因为它没有任何内容，所以流程会停在交互界面上。

步骤 3　从图标面板上拖曳六个"群组"图标到"交互"图标的右边，分别命名为"学院概况"、"教学工作"、"科研工作"、"交流合作"、"师生作品"、"学生之窗"，如图 4-5 所示。

任务 2. 导航按钮的制作

从图 4-5 所示的流程结构看出，框架右边所挂六个群组图标对应六个子模块，控制导航结构是在框架图标内，而具体查询的页面是附在框架图标上的（这里空的群组图标是作为辅助图标的，其作用如上一步所述）。那么本次任务就是设置控制导航结构的按钮。

步骤 1　双击 "学院各项"框架图标打开导航框架图标，默认情况如图 4-85 所示。删除系统默认生成的其他图标，只保留"交互"图标，把它命名为"浏览学院各项"，如图 4-86 所示。

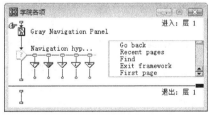

图 4-85　默认导航按钮

步骤 2　从图标面板上拖曳六个"导航"图标到"交互"图标的右边，分别命名为"学院概况"、"教学工作"、"科研工作"、"交流合作"、"师生作品"、"学生之窗"，如图 4-87 所示。

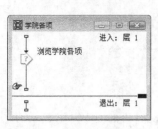

图 4-86　删除导航按钮图

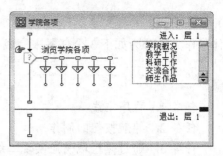

图 4-87　导航按钮

步骤 3　单击"学院概况"导航图标，在属性面板中设置"类型"选项为"跳到页"，"框架"选项为"学院各项"，"页"选项为"学院概况"即是将来跳到框架中名为"学院概况"的群组，如图 4-88 中所示。同样道理设置其他各导航按钮，并使它们所跳转的"页"为各自所对应的群组。

图 4-88　设置导航图标属性

步骤 4　自定义按钮形状：在图 4-87 中，单击"学院概况"导航图标上方的交互类型标识符 ，打开其属性对话框，如图 4-89 所示。

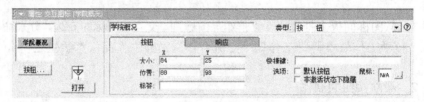

图 4-89　"属性：导航图标"对话框

单击属性面板中的"按钮…"按钮，打开"按钮"对话框如图 4-90 所示。

图 4-90　"按钮"对话框

可以用事先设计好的图片自定义按钮形状。在"按钮"对话框中单击左下角的"添加…"按钮，打开"按钮编辑"对话框，如图 4-91 所示，单击"图案"选项右侧的"导

140

入"按钮，导入计算机中已经制作好的图片文件"学院按钮.jpg"，单击"确定"按钮。回到"按钮"对话框，如图 4-92 所示，按钮形状已改变，此时再单击"按钮"对话框中的"编辑⋯"按钮，重新进入"按钮编辑"对话框，如图 4-91 所示。

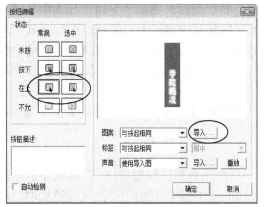
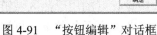

图 4-91 "按钮编辑"对话框

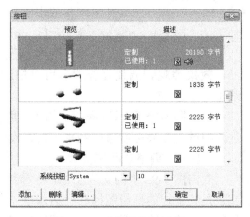

图 4-92 "按钮"对话框

在图 4-91 所示的"按钮编辑"对话框中选取状态为"在上"，然后单击"图案"选项右侧的"导入"按钮，导入计算机中已经制作好的另一按钮图片文件"学院按钮down.jpg"，单击"确定"按钮。

这样按钮具有了两种效果，既美观又提高了程序操作的友好提示。同样道理设置其他按钮。

任务 3．通过热区域响应实现二级导航内容的访问

如图 4-3 所示的效果图，用户单击前面设置好的按钮进入二级导航栏。这里每个二级导航实现方法相同。以"学院概况"为例，"学院概况"层群组图标下的程序流程图如图 4-93 所示。

步骤 1　参看图 4-5 所示的主程序流程，双击框架右边的"学院概况"群组图标，按照图 4-93 所示的流程，拖曳一个"交互"图标到流程线上，再在右边拖挂四个"群组"图标并分别命名，并把交互类型选择为"热区域"。

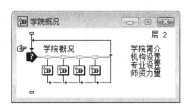

图 4-93　"学院概况"流程

步骤 2　单击"学院简介"群组图标上方的交互类型标识符 ，打开其属性对话框，选择"热区域"选项卡，设置"匹配"选项为"单击"，并勾选"匹配时加亮"复选框，"鼠标"选项设为手形，如图 4-94 所示。

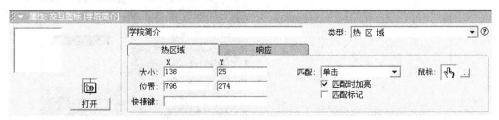

图 4-94　"属性：交互图标"对话框

图 4-95　"学院简介"流程

步骤 3　双击图 4-93 所示流程图中的"学院简介"群组图标，编辑二级导航栏下访问的内容。流程图如图 4-95 所示，拖曳两个"显示"图标到流程线上并分别命名。

双击"打底效果"显示图标，在演示窗口中导入图片"内容显示区.jpg"，作为二级导航内容显示的区域，在后面其他项目其他内容显示时也是以这个图片做为打底效果，这样色彩统一，效果美观。调整好位置后可以把这个图标复制到后面需要打底的其他内容的流程线上。

双击图 4-95 所示流程图中的"学院简介"显示图标，复制素材中相关的文字内容。进入的过渡效果可参考样例也可自行设计。

步骤 4　调整热区域位置。

双击图 4-93 中的交互图标，将看到如图 4-96 所示的热区域虚线框，热区域中显示的文字是其下挂的群组图标名。插入事先在 Photoshop 中设计好的用于热区域链接的二级导航图片"学院概况.jpg"，并调整位置在右侧，参看图 4-3 所示的效果，再调整各个热区域的大小和位置，使它们对应在图片上的各栏目，如图 4-97 所示。

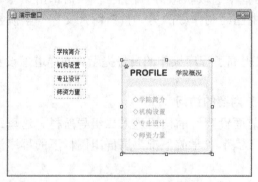

图 4-96　热区域线框

图 4-97　调整热区域位置

调试程序可以查看最终运行效果如图 4-98 所示，单击热区域栏目后，整个界面的左边则显示所访问的内容。

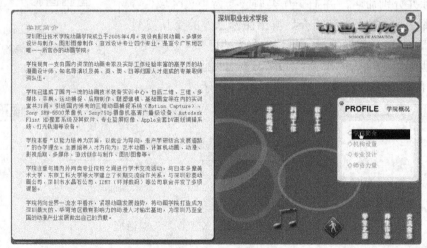

图 4-98　主程序运行效果

另外三项"机构设置"、"专业设置"、"师资力量"使用同样方法进行热区域的设置。一级导航栏的其他五项也是同理制作。

至此主界面基本设置完成，整个程序运行效果还可参看从教材所提供的网站中下载的"动画学院.exe"文件。各分页面效果中所涉及其他知识点将在后面小节陆续介绍。

▶ 3. 自动翻页结构的实现

在第 3 章制作毕业留念册时大家已经熟悉了手动翻页效果的实现方法，这一小节将介绍自动翻页结构的实现方法。

（1）页面程序流程。

以"师生作品"模块为例，其流程图如图 4-99 所示。

这一层的结构与"学院概况"相同，但在"作品展示"这一层中用自动翻页的方法来实现，"作品展示"流程如图 4-100 所示。

图 4-99　师生作品流程图

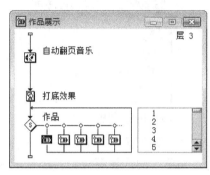

图 4-100　"作品展示"流程图

（2）运行效果。

以循环往复的方式展示师生作品直到观众点击其他栏目，并且在展示过程中配专门的背景音乐直到浏览其他栏目时音乐才结束。这里的背景音乐采用 MP3 格式的文件，当有其他声音出现时 MP3 音乐会停止。演示的效果如图 4-84 所示。

（3）制作步骤。

具体制作步骤如下。

步骤 1　对照图 4-100 所示流程图，拖曳一个"声音"图标并改名为"自动翻页音乐"。

步骤 2　打开该声音图标的属性面板如图 4-101 所示，单击左下方的"导入…"按钮，导入文件"banshan.MP3"，可以直接在属性面板播放进行查看。再单击"计时"选项卡，设置执行方式为"同时"。

图 4-101　"属性：声音图标"设置

步骤 3　复制前面流程中的"打底效果"显示图标，这样既省时也不用重新调整位置，保证显示区域不会错位。

步骤 4　对照流程图拖曳一个"判断"图标到流程线上，并改名为"作品"，其属性采用默认设置即可（"重复"选项设置为：所有的路径，"分支"选项设置为：顺序分支路径）。再拖曳九个"群组"图标到判断图标右边用以展示九幅师生作品，依次改名为"1"、"2"、"3"、"4"、"5"、"6"、"7"、"8"、"9"。

步骤 5　双击群组图标"1"制作其内容，流程如图 4-102 所示，在显示图标"1"中导入第一幅作品图片"8605804214779.jpg"，再添加"等待"图标和"擦除"图标即可，所有过渡效果可以自定义或参照从教材所提供的网站中下载的作品的执行效果。

采用同样的方法和流程制作第二幅到第八幅作品。

步骤 6　双击群组图标"9"制作其内容，因为判断图标分支设计是按顺序执行的，所以到最后到达"9"群组图标，为了在观众不干预时能循环回第一幅作品继续播放，那么它与前面八个群组的流程不再一样，流程图如图 4-103 所示。

 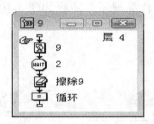

图 4-102　群组"1"流程图　　　　图 4-103　群组"9"流程图

步骤 7　和前面"1"群组图标一样的地方在这里不再赘述。最后在流程线上添加一个名为"循环"的计算图标，目的是能返回开始位置循环播放。

步骤 8　双击计算图标打开程序代码窗口，输入代码：GoTo(IconID@"作品")，即可回到如图 4-100 所示的判断图标"作品"的位置，从而再一次执行其下面的所有分支。

4. 用知识对象实现视频控制

在本模块中将介绍利用知识对象控制视频（知识对象模块支持 AVI、MPG、DIR、MOV 格式的文件）播放的实现方法。

本项目中的"师生作品"模块中有项"专题展览"内容，介绍了一项全国参赛的学生设计作品的影片。其运行效果如图 4-104 所示。

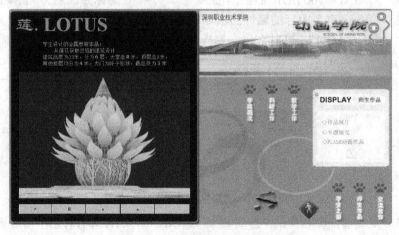

图 4-104　"专题展览"运行效果图

从图 4-104 中看出视频播放过程中有五个按钮用来控制视频，这是直接利用知识对象"电影控制"来完成的。

知识链接

知识对象（Knowledge Object）是 Authorware 5.0 版本以上新增的内容，它将一些常用的程序片段集成一个带有向导的独立模块，这些模块可以嵌入到 AW 流程中，实现相应的功能，从而节省程序开发者大量的编程时间。一般用户可以利用它们进行高效的创作。

Authorware 共有 10 类 50 个知识对象，现在利用"电影控制"来制作播放视频的过程。

"专题展览"群组的流程图如图 4-105 所示，制作过程如下。

步骤 1　拖曳三个"显示"图标到流程线上并分别命名，在"打底效果"显示图标中插入图片文件"后序.jpg"，调整其位置在左侧，参照图 4-104 所示的效果。

步骤 2　单击工具栏中的 KO 按钮，打开知识对象窗口如图 4-106 所示。

步骤 3　如图 4-106 所示，在下面的列表中找到"电影控制"并且拖动知识对象"电影控制"到流程线上（如图 4-105 所示）松开鼠标，此时会弹出知识对象向导第一步的对话框，如图 4-107 所示。

图 4-105　"专题展览"流程图

图 4-106　"知识对象"窗口

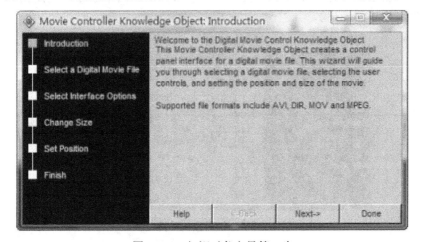

图 4-107　知识对象向导第一步

这个对话框只介绍了知识对象的功能和特点，所以直接单击"Next（下一步）"按钮，进入向导的第二步对话框，如图 4-108 所示。

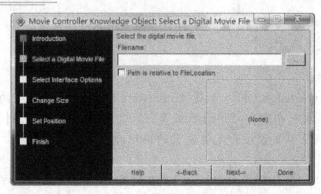

图 4-108 知识对象向导第二步

第二步是选择数字视频文件。单击右上角的"..."按钮，选择要播放的视频文件"作品展览.avi"，如果视频文件格式不对或其他问题，会提示有错误，确定后重新作选择。左下角有一预览小窗口可以进行预览，如图 4-109 所示。

图 4-109 知识对象向导预览视频

确定没错误后，单击"Next（下一步）"按钮，进入向导的第三步对话框，如图 4-110 所示，这里有五个控制工具条（即按钮）可以选择，勾选之后就可以使用工具条进行操作。也可以按自己的喜好作处理。这五个控制按钮按从上向下顺序分别是播放、暂停、快进、快退、停止（退出）。

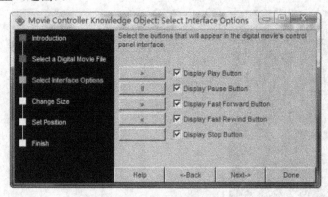

图 4-110 知识对象向导第三步

单击"Next（下一步）"按钮，进入向导的第四步对话框，如图 4-111 所示，这一步用来设置视频播放时的大小和比例，其实这步是没必要的，可以在调试的时候再交互修改。

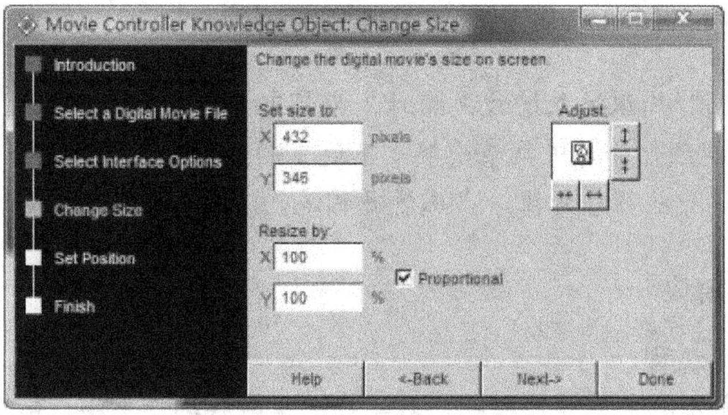

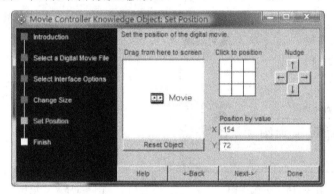

图 4-111　知识对象向导

单击"Next（下一步）按钮"进入向导的第五步对话框，如图 4-112 所示，这里也同样可以不予理会，在调试时再交互修改。

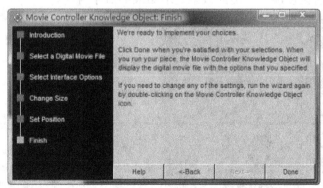

图 4-112　知识对象向导第五步

单击"Next（下一步）"按钮，进入向导的第六步对话框，如图 4-113 所示，这里提示用户如果要修改则可以返回，在这个对话框中单击"Done（确定）"按钮即可以导出知识对象。

图 4-113　知识对象向导第六步

步骤 4　将知识对象改名成"参展作品"，如果双击知识对象也可返回向导第一步进行修改。

步骤 5　参看图 4-105 所示流程图中标志旗的位置调试程序局部。按【Ctrl+P】组合键，暂停运行时，将知识对象的大小和位置调整好就可以了。最终效果如图 4-104 所示。

📎 **知识链接**

用"电影控制"知识对象播放视频时，视频部分的层次是无限大的，而播放的工具条则是 0 层的，视频部分与工具条衔接是不连贯的。另外，使用"电影控制"知识对象时，由于它集成了一些程序片段，占用资源较高。

▶ **5. 退出模块**

（1）页面程序流程。

参照图 4-5 所示的主程序流程图，其实在"学院各项"下层，最后还有一个"退出"模块，下面将对这个模块进行单独的介绍。如图 4-114 所示的主流程图中，在"学院各项"的最后添加一个"退出"模块，该模块有关闭音乐、关闭遮罩、交待版权、介绍学校的辅助信息等内容，最后退出程序，"退出"群组的流程图如图 4-115 所示。

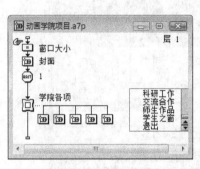

图 4-114　主流程图

图 4-115　"退出"群组流程图

（2）运行效果。

在演示过程中用户随时可以单击"退出"按钮 🔸 退出程序。运行效果如图 4-116 所示。当单击"退出"按钮 🔸 时，它上面的人形会变色为与背景一致的桃红色 🔸，当松开鼠标后，左侧内容区以淡入淡出的效果显示结束的后序内容。

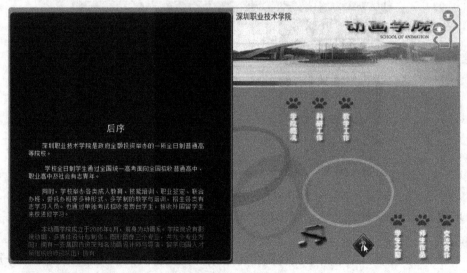

图 4-116　效果图

（3）制作步骤。

具体制作步骤如下。

步骤1　自定义"退出"按钮的形状。

参照第4.2.3节中"学院概况"按钮的制作方法设计"退出"按钮。虽然它与"学院概况"等项目位于框架的同一层，但它的作用是退出整个程序。为了与主导航栏区分开，这里用不同的图片来设计它的两个状态。"退出"按钮的原始状态用图片文件"退出.jpg"，鼠标指向按钮时其形状变为图片"退出 up.jpg"，这样观众可以更好地感觉到按钮的响应。

步骤2　添加文字并使之运动。

在多媒体作品的制作过程中，滚动字幕是一种经常要用到的显示效果。在显示大段的文字、片尾的呈现等处，经常会见到这种效果的踪影。参照图4-115所示的流程图首先做出文字从下向上运动的效果，流程图如图4-117所示。

在"打底效果"图标中插入文件"后序背景.jpg"，这个图片与前面不同，是黑色背景。打开"字幕"图标，把素材中准备的文字内容复制进来，文字采用"透明"模式。

参照第4.2.2节中的制作步骤7，用移动图标设置片头Logo。这里制作文字从下向上运动的效果，注意文字的起始位置要设置到显示区域下面看不到文字的位置，运动图标指向的位置则是显示区域上面看不到文字的位置，并且在运动图标的属性面板中设置运动时间为15秒。

步骤3　淡入淡出效果的制作。

在片尾的滚动字幕常常采用淡入淡出效果。在Authorware中制作滚动字幕本不是难事，不过，要想实现淡入淡出的效果，还要依靠Photoshop先做出一个半透明的蒙版才行。

事先在Photoshop中制作一个带有Alpha通道的文件"淡入淡出.tif"，然后在图4-117所示的流程图中"字幕"的上面添加一个"显示"图标并命名为"淡入淡出"，如图4-118所示。

图4-117　退出字幕流程图　　　　图4-118　流程图添加"淡入淡出"图标

双击"淡入淡出"图标，打开演示窗口，插入图像文件"淡入淡出.tif"，参看图4-81所示对话框设置图像模式为"阿尔法模式"。并且打开显示图标"淡入淡出"的属性面板，设置选项"层:"的值为1，如图4-119所示。这样它会遮在文字的前面相当于文字的蒙版。

图4-119　"淡入淡出"的属性面板

调试"退出"模块，可以观看到淡入淡出的文字滚动效果，但这时发现文字没进入打底图片所在的黑色显示区域就已经显示，影响了界面美观。

步骤4　遮罩效果制作。

为解决上一步出现的问题，在 Photoshop 中先制作一个"后序遮罩.psd"文件。在流程图 4-118 上添加一个"显示"图标并命名为"遮罩"，流程如图 4-120 所示。在"遮罩"图标中插入图片"后序遮罩.psd"，并且在它的属性面板中设置选项"层："的值为 2。再调试，运行效果就比较完美了。

步骤5　退出程序。

在"退出"模块的最后，添加一个"计算"图标并命名为"退出"。整个模块的流程如图 4-115 所示。

双击计算图标，在打开的代码窗口中输入语句：StopMidi( ),Quit( )，如图 4-121 所示。

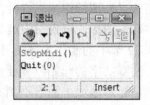

图 4-120　流程上添加"遮罩"图标　　　图 4-121　"退出"计算图标的代码窗口

函数 Quit([option])的作用是退出文件。参数选项如为 0（默认值），则退出 Authorware 回到程序管理器或桌面。如果当前的 Authorware 文件是从另一个 Authorware 文件跳转来的，则回到原来的 Authorware 文件。另外在退出代码中需要添加结束 MIDI 音乐的语句 StopMidi( )。

至此，本项目的所有模块内容制作完成。

6．用 Cover 函数实现对屏幕背景的遮挡

本项目制作的是一个学院宣传片的内容，所以制作的是一种宽屏的效果，如图 4-5 所示主流程，在程序一开始的计算图标中设计窗口大小为 960×540 像素，而现在全球 70% 以上的用户所用屏幕的分辨率是 1024×768 像素，也就是大于演示窗口，这样演示程序运行时背景会显示出零乱的界面干扰观众的注意力。怎样解决这个问题呢？

这里可以使用外部函数 Cover.u32 来产生一个黑色背景来屏蔽画面周围多余的背景。操作过程如下。

步骤1　下载 Cover.u32 函数，并且复制此文件到"动画学院项目.a7p"所在的目录。这个函数包含有两个扩展函数：Cover 和 Uncover，前者的作用是屏蔽画面周围多余的"桌面"，后者的作用正好相反，这两个函数需要配对才能使用。

步骤2　导入外部函数，参照第 4.2.3 节中导入"MidiLoop.u32"的方法来完成。

步骤3　打开如图 4-5 所示的主流程中设置窗口大小的计算图标"窗口大小"，在代码窗口中的代码前面加一条语句：Cover( )，如图 4-122 所示。

步骤4　同样，在程序结束时要去除这种遮盖效果。打开图 4-120 所示的退出模块流程图中最后的计算图标，在代码窗口中的退出语句 Quit()函数的前面加一条语句：Uncover( )，如图 4-123 所示。

图 4-122 "窗口大小"计算图标的代码　　图 4-123 "退出"计算图标的代码

💡 提示

由于 Cover 函数产生的黑色背景可能在调试的时候会使操作界面被遮挡，所以不建议在一开始设计时就加入这个函数，而是当程序调试完成后在收尾阶段再加入这个函数，这也是把它放到这一节才介绍的原因。

如果因为加入 Cover 函数后还有内容需要调整或调试，还有一个解决办法可使之失效，从而不影响程序设计与调试。即，在该函数的语句前加 "-" 符号，在发布前再删去这两个符号恢复该语句功能即可，如图 4-124 所示。

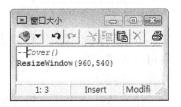

图 4-124 "窗口大小"计算图标的代码修改

🔴 7. 程序完善及调试修改

到这里，程序制作就基本完成了。前面讲的是一些关键技术和步骤，但是大量的工作还是在程序的完美上，一定要对照设计方案不断调试直到满意为止。

前面已经介绍了程序局部调试的方法，即在流程线上添加 "开始" 标志旗和 "停止" 标志旗。

另外，为了避免出现各种错误，应该从程序设计期间着手，在编写程序时付出的少量努力可大幅度减轻后期的调试工作量。下面将介绍避免程序出现错误的几种有效的手段。

（1）程序流程模块化。

使用 "群组" 图标组合实现某一逻辑功能的多个设计图标，然后赋予其一个能够切实反映其功能的标题，可大大地增加程序的可读性。

（2）分块管理程序代码。

在同一个 "计算" 图标中尽量避免使用过多的语句。可通过建立多个 "计算" 图标，并集中放置实现同一逻辑功能的语句，这样有利于定位代码中出现的错误。

（3）添加注释信息。

为 "群组" 图标增加或在一个功能模块前面放置一个包含注释信息的 "计算" 图标，详细地说明模块中每个设计图标的作用，模块的功能等，这有助于调试和维护程序。在 "计算" 图标中，最好为关键性语句分别加上注释。

（4）为设计图标上色。

当设计窗口和设计图标数量均比较多时，为设计图标上色将有利于开发人员区分不同的功能模块。

（5）嵌入变量。

通过在 "显示" 或 "交互作用" 图标中嵌入变量，可跟踪变量值。将程序中使用的关键性变量嵌入到文本对象中后，将对应的设计图标设置为"显示变量更新"方式，可使变量的当前值始终显示在"演示"窗口中，便于跟踪程序的执行。调试结束后，从文本对象中删除变量。

如何在程序的运行过程中修改程序呢？

当使用"等待"设计按钮或"停止"标志旗使应用程序暂停运行后，有可能需要对程序中的某些内容进行修改。下面将介绍如何对不同的修改对象进行不同的操作，从而来修改程序中的对象。

（1）修改显示在展示窗口中的正文或图片。

只需用鼠标双击需要修改的对象，此时，Authorware 的"图形工具箱"便出现在展示窗口中，并且该对象所属的设计按钮的图标也出现在"图形工具箱"左边的区域中。利用"图形工具箱"中的工具按钮来编辑对象，完成后，选择"调试"菜单的"播放"命令继续执行应用程序。

（2）修改程序中的响应类型。

只需用鼠标双击流程线上的响应类型图标，打开响应分支属性对话框，在该对话框中可以设置响应的类型等多种选项和参数。然后单击"确定"按钮结束对该分支结构的设置。选择"调试"菜单的"播放"命令继续执行应用程序。

（3）修改"等待"设计按钮属性设置。

首先选择"调试"菜单的"停止"命令，然后双击"等待"设计按钮，打开"等待"设计按钮属性对话框，在该对话框中设置"等待"设计按钮的相关属性。

（4）修改"交互作用"设计按钮中的热区响应。

首先选择"调试"菜单的"停止"命令，然后双击要编辑的热区对象，调整热区的大小和在展示窗口中的位置，设置完毕后，选择"调试"菜单中的"播放"命令继续执行。

> **提 示**
>
> 如果当前内容是"交互作用"设计按钮中的内容，并且其中含有热区或热对象，那么要编辑这样的对象，就必须首先选择"调试"菜单的"停止"命令，然后用鼠标双击要编辑的热区或热对象。

▶8. 手动项目发布

在程序的界面设计和内容添加都完成后，如调试过后没有问题，就可以打包测试程序了。

打包多媒体作品，简单地讲就是把作品转换成可执行的程序，可以脱离 Authorware 环境独立地运行。当然在打包多媒体作品时不但需要主程序，还需要其他的支持文件，如 Xtras 文件、DLL 文件、外部媒体文件等，如缺少了所需的文件，作品就不能正常运行。本节主要介绍主程序的打包过程。

步骤 1　打开一个需要打包的多媒体作品。

步骤 2　选择"文件"→"发布"→"打包"菜单命令，出现"打包文件"对话框。

步骤 3　在"打包文件"对话框中，勾选"运行时重组无效的链接"，"打包时包含全部内部库"，"打包时包含外部之媒体"和"打包时使用默认文件名"四个复选框。

153

知识链接："打包文件"对话框中的复选项含义

"运行时重组无效的链接"：在运行程序时，恢复断开的链接。

"打包时包含全部内部库"：将当前课件链接的所有库文件作为打包文件的一部分。

"打包时包含外部之媒体"：将当前课件中使用的外部媒体作为打包的一部分，但不包括数字电影和 Internet 上的媒体文件。

"打包时使用默认文件名"：选中该选项的话，自动用被打包的文件名作为打包的文件名。

步骤 4　在"打包文件"对话框中下拉列表框，选择"应用平台 Windows XP，NT and 98 不同"，将作品打包成可独立运行的文件。

知识链接："打包文件"对话框中的下拉列表项

"无需 Runtime"：打包后的扩展名为"A7R"，需要用 RUNA7W 程序来运行打包的文件。

"应用平台 Windows XP，NT and 98 不同"：打包后的扩展名为"EXE"，可独立在"Windows 9x"或"Windows NT/XP"32 位操作系统中运行。

步骤 5　设置完毕后，单击"保存文件并打包"按钮，弹出文件保存对话框，单击"保存"按钮后 Authorware 开始打包动作。

知识链接

在制作多媒体作品时，往往会出现作品打包后不能正常运行的情况。其实一个完整的多媒体作品不仅要包含主程序，还必须将主程序所需的外部文件一起发布，如 Xtras 插件、库文件、动态链接库 DLL 等，这些外部文件在主程序打包时是不被打包的。

9. 自动项目发布

Authorware 7.0 开始新增了"一键发布"的功能，可以自动查找所需的外部文件，不再需要手动地添加，这个新功能可以轻松地将应用程序发布到 Web、CD-ROM 或局域网上，使得发布 Authorware 程序非常简单。

在发布之前，Authorware 7.0 将对程序中所有的图标进行扫描，找到其中用到的外部支持文件，如 Xtras、DII 或 U32 文件，还有 AVI、SWF 等文件，并将这些文件复制到发布后的目录。所以，制作者根本不需要担心用户在网上使用你的课件时会出现找不到文件的错误。

下面介绍一键发布的具体方法。

首先选择"文件"→"发布"→"发布设置"菜单命令或按【Ctrl+F12】组合键，设置发布选项，Authorware 7.0 首先对程序中所有的图标进行扫描，然后出现发布设置对话框如图 4-125 所示。

"格式（Formats）"选项卡是关于发布文件类型的一些设置。可以发布为带播放器的 With Runtime 文件（EXE 文件）、不带播放器的 Without Runtime 文件（A7R 文件）、使用网络播放器播放的 For Web Player 文件（AAM 文件）或网页文件（HTM 文件）。如图 4-125 所示，全部打对勾并命名文件和设置打包的位置，也可以采用默认路径和文件名。

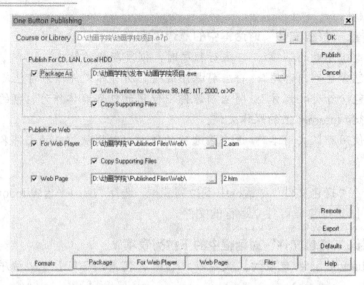

图 4-125 "一键发布（one Button Publishing）"设置对话框

"打包（Package）"选项卡是关于打包文件的一些设置。如是否将库文件一同打包、是否将所有媒体一起打包、是否重组断开的链接等。

在"网络发布（For Web Player）"选项卡中，可以设置发布后每一块文件的大小，根据不同的网络连接速度，将文件分为不同大小的多个文件，使得在网速较慢时也能流畅地播放。"是否显示安全对话框"这个选项，如选中，则 Authorware Web Player 网络播放器在下载文件的时候将显示安全对话框。

"网页（Web Page）"选项卡是关于发布 HTM 文件的一些选项。用于设置嵌入 Map 文件的网页的属性，比如设置网页标题、作品画面的大小、Authorware Web Player 网络播放器的版本等。这样 Authorware 程序将被链接到这个 HTM 文件中，但是在浏览时需要用户安装了 Authorware Web Player 才能正确浏览，如果用户的计算机上没有 Authorware Web Player，将提示用户下载，这一点和 Flash 的 SWF 插入网页是相似的。

在"文件（Files）"选项卡中，可以看到当前应用程序的一些支持文件，如 Xtras、DII 和 UCD 等，文件发布时必须将这些文件同时发布才能保证不会出现意外的错误。当然也可以通过"添加文件"在其中手动添加一些文件，如使用说明书、帮助文档，以及更改路径等。

以上的设置一般不需要特别设定，如果有特殊要求，设置好的各选项还可以使用"导出"命令保存为注册表文件（REG 文件），以方便下次使用同样的设置。

设置好后，单击"发布"按钮，应用程序就成功发布了。发布成功后一般会生成两个多媒体作品版本，一个是 Windows 9x 版本，另一个是网络版（如果要运行这个版本需要安装 Autorware Web Player 7.0）。当然也可以只生成其中之一。

▶ 10．自启动光盘的创建

本项目如果在本机运行没有问题，就可以参照上述方法将演示程序发布到光盘上面了。本项目使用了外部函数，应该将它们一同发布到光盘上面。因为要发布到光盘上并且能够自动运行，这就需要建立"AutoRun.INF"文件，光盘中的 AutoRun.INF 文件的内容如下：

```
[autorun]
Open=动画学院项目.exe
ICON=动画学院项目.ico
```

4.3 拓展技巧

4.3.1 定制图像按钮并添加音效

有关图像按钮的定制可以参见前面的素材制作。本节主要了解怎么给按钮添加音效。其实为按钮添加音效是在定制按钮（详见第 4.2.2 节中控制音乐的图像按钮的定制）的同时完成的，添加音效的过程也与定制图像按钮相同。

一般情况下，只要对用户操作按钮时的状态添加音效就足够了，一般在鼠标指向按钮和鼠标按下的时候添加音效，这样能使用户感觉到程序对其操作的响应。

制作方法：在图 4-75 所示的"按钮编辑"对话框中，单击"声音"选项旁的"导入…"按钮就可导入需要的音效文件了如图 4-126 所示。

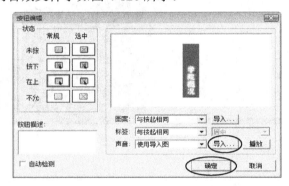

图 4-126 "按钮编辑"对话框中导入音效文件

需要注意以下几点。

（1）只要对用户操作按钮时的状态添加音效就足够了，一般是在鼠标指向按钮和鼠标按下的时候（对应按钮的"在上"和"按下"状态），这样就能使用户感觉到程序对其操作的响应。

（2）对于鼠标指向按钮时的音效文件要选取短且清脆的效果的，因为用户一般只可能在这个按钮上停留很短的时间或者仅仅是划过而已。

（3）鼠标按下时的音效可以低沉、稍微长一点，并且要与按下时的图像相互配合，可以产生非常好的交互效果。也可以省略按下时的音效，避免过于繁琐。本项目中只设置了鼠标划过时的音效。

（4）另外对于不同层次的页面最好使用不同的音效，以提醒用户不同的操作。如本项目中的"退出"音效与进入其他子模块中的按钮设置了不同的音效效果。这样用户从音效上面就能分辨出二者进行的是不同的操作。

（5）最后需要提醒的是为按钮添加音效后，不能使用 WAV 和 MP3 格式的文件做背景音乐。如本项目中可以使用 MIDI 音乐做背景音乐便不受其影响。

4.3.2　文本样式

如果文本对象非常多，需要对它们设置相同的文本格式，就可以使用 Authorware 提供的样式功能，就像 Micorssoft Word 中使用的样式一样，Authorware 也允许用户使用自定义样式对文本对象快速地格式化。在一个自定义样式中可以将字体、字号、颜色等格式设置好，然后将这个样式运用到所选择的文本或文本块中。

如图 4-127 所示，在本项目中介绍学院的各项情况时有很多项是文字信息，如"学院概况"中的"学院简介"、"专业设置"、"师资力量"、"教学工作"、"学生之窗"等有大量的文字信息，为了使整个作品风格一致，在这里使用样式来设置其标题文字及内容信息。

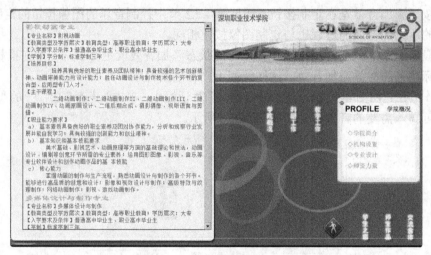

图 4-127　效果图

1. 定义样式

可以按如下步骤定义一种文本样式。

步骤 1　选择菜单"文本"→"定义样式"命令，弹出如图 4-128 所示的"定义风格"对话框。

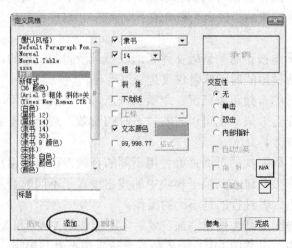

图 4-128　"定义风格"对话框

（1）增加样式。在"定义风格"对话框中单击"添加"按钮，增加一种文本样式，在"添加"上方的文本框中出现"新样式"的文字，在上方的列表框中出现一个"新样式"的项，在"添加"上方的文本框中更改新增加的样式的名字为"标题"。输入完毕之后，按【Enter】键确认，或者单击"更改"按钮确认修改。

（2）设置格式。在"定义风格"对话框中间一列的复选框分别用来设置字体、字体大小、粗体、斜体、下划线、上标下标、文本颜色和数字格式，要选择某种格式，只要选中它前面的复选框，再进行相应的设置即可。

（3）设置交互。在"定义风格"对话框的右侧"交互性"选项区域中设有很多选项，可以用来设置文本的交互属性。其中四个单选按钮分别是："无"、"单击"、"双击"、"内部指针"。四个单选按钮除"无"以外都能触发跳转。选中"自动加亮"复选框，则交互时对应文本会反色显示。选中"指针"复选框可以设置交互发生时光标的形状。选中"导航到"复选框可以指定跳转的位置。这些设置要与框架图标结合使用。

（4）调协完成。设置完新增的样式的选项后，单击"更改"按钮确认修改。

步骤 2　按照如图 4-128 所示设置"标题"样式的字体、大小、颜色。添加完所有的样式后，单击"完成"按钮，关闭对话框。

同样道理再定义一个名称为"内容"的样式，设置字体为"宋体"、大小为"10 磅"、颜色为"灰色"

2. 应用样式

如果希望应用自定义样式，那么首先要选中定义样式的文本，再从工具栏中的"文本风格"下拉列表中选择适当的文本样式的名字，当前的文本便会显示为选定的风格的样式。如图 4-128 所示的"标题"样式。

另一种方法是选择菜单"文本→应用样式"命令，在弹出如图 4-129 所示的"应用样式"面板中选中所需的样式。

如果对同一部分文本应用了多个样式，则会呈现这几个样式叠加的效果。

图 4-129　"应用样式"面板

4.3.3　插入 OLE 对象

如图 4-130 所示，如果当访问"教学工作"中的"精品课程"时希望能看到保存在 Excel 表格中的精品课程统计数据，那么怎样在 Authorware 中插入 Excel 表格呢？在这里用到了 OLE 对象。

OLE 技术称作"对象链接和嵌入技术"，用于提供一种增强的数据集成能力。在当前应用程序中可以直接使用和修改由其他应用程序创建的不同类型的数据对象。

OLE 技术支持两种基本类型的对象：嵌入对象和链接对象。这两种对象的主要区别在于数据存放的位置：使用嵌入对象时，数据存放在当前程序文件中，是原数据的一份复制；使用链接对象时，数据存放在原处。

OLE 对象都是动态数据。加入 OLE 对象的方法有以下两种。

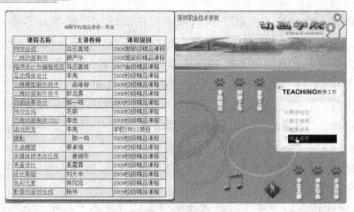

图 4-130　精品课程运行效果

1. 执行"插入/OLE 对象"菜单命令

通过调用其他应用程序（又称"服务器程序"）创建 OLE 对象。例如，在 Authorware 中，调用 Excel 应用程序创建工作表。操作步骤如下。

步骤1　在 Authorware 中拖放一个"显示"图标，并进入编辑状态。

步骤2　执行"插入/OLE 对象"菜单命令，打开 Excel 窗口。

步骤3　向工作表输入数据。

步骤4　关闭 Excel 窗口（保存数据）。

> **提示**
>
> 用该命令，也可以调用外部文件，作为 OLE 对象使用。本项目中就是采用调用外部文件的方法，其步骤如下。

步骤1　主程序的"教学工作"模块的"精品课程"子模块流程图如图 4-131 所示，双击显示图标"精品课程"，并进入编辑状态。

步骤2　执行"插入/OLE 对象"菜单命令，打开如图 4-132 所示的"插入对象…"对话框，选择"由文件创建"选项后，单击"浏览"按钮，插入所需的 Excel 文档"动画学院精品课程一览表.xls"。

步骤3　调整位置使其显示效果如图 4-130 所示。

图 4-131　"精品课程"流程图

图 4-132　"插入对象…"对话框

2. 执行"编辑/选择粘贴"菜单命令

例如在 Authorware 中，动态链接 Excel 图表。操作步骤如下。

步骤1　创建 Excel 图表，选中图表后复制到剪贴板上；

步骤2　加入 OLE 对象。在 Authorware 中拖放一个"显示"图标，并进入编辑状态，执行"Edit/Paste Special（编辑/特殊粘贴）"菜单命令，在出现的对话框中选择"粘贴链接"，即可将放在剪贴板上的图表动态链接到 Authorware 中。

💡 提 示

该方法插入的图表，会随外部文件数据的更新而改变。

4.4　常见问题

▶ 1. 背景音乐

本项目使用 MIDI 音乐做背景音乐，由于其他格式音乐文件在播放过程中如果有其他声音如解说，Flash 动画时就会停止背景音乐，而 Authorware 不支持 MIDI 格式音乐，需要借助外部函数 MidiLoop.u32。但如果在程序中没有添加随时关闭 MIDI 声音的功能，在调试过程中就会出现程序没有响应，而且再一次运行程序时会无法正常播放 MIDI 音乐，也听不到声音。

解决办法可以如第 4.2.3 节所叙述那样添加关闭音乐的按钮。另外也可以在添加背景音乐的代码处先注释，等所有项目调试完成，最后再去除注释，完成最终效果。

▶ 2. Cover 遮盖效果

Cover 函数产生的黑色背景可能在调试的时候会使操作界面被遮挡，所以在开始设计时就加入这个函数不太好，最好当程序调试完成后在收尾阶段再加入这个函数。另外也可通过加注释方法先使语句失效。具体可参看第 4.2.3 节中用 Cover 函数实现对屏幕背景的遮挡的内容介绍。

▶ 3. 播放视频文件

在第 4.2.3 节（4. 用知识对象实现视频控制）中介绍了利用知识对象来控制视频。在制作或打包运行时经常遇到无法播放视频文件（.AVI 文件），或者根本无法使用知识对象插入视频文件。系统会提示"无法使用视频，找不到"Vids：XVID""。

解决办法是下载"XviD 编解码器"，然后直接安装此控件即可。所需文件"xvid.zip"也可以从教材所提供素材的网站中下载。

4.5　项目总结

本项目是一个较完整的宣传片，内容丰富，信息量较大，同时涵盖的知识面较多。整个程序结构分明，采用一级二级导航进行访问，其中一级导航采用按钮完成，二级导航采用热区设计完成；界面色彩统一，在界面设计方面为按钮加入了声效，同时为整个项目的背景音乐设置了一个控制按钮，这使得界面的整体感更强；采用知识对象技术对视频进行了有效的控制。

另外，本项目中还可以利用 Flash 制作更加精彩的片头，以提升项目的视感。

4.6 实训练习 制作毕业生自荐光盘

本校艺术设计学院学生张晓枫马上就要毕业了，她想制作一个能彰显自己个性的与众不同的自荐材料。最后她决定利用学习过的 Authorware 制作一个多媒体的自荐书，然后刻在光盘上。整个演示内容包括以下几项：

> 用文字书写的自荐书；
> 个人详细信息；
> 大学四年的各项成绩，包括基础课成绩、专业课成绩，以及获得的各项证书；
> 兴趣爱好；
> 以往所获得的奖项；
> 毕业设计作品展示。

作品的最终运行效果参看素材中的"自荐书.exe"。

提 示

1. 进场界面比较简单，但有图片变换的效果，如图 4-133 所示，进场的最后用一个显示图标，插入"按钮参照底图.jpg"图片，为下面主程序中各按钮作参照对齐；

2. 进入主程序后通过左边的导航按钮访问主要栏目，如图 4-134 所示；

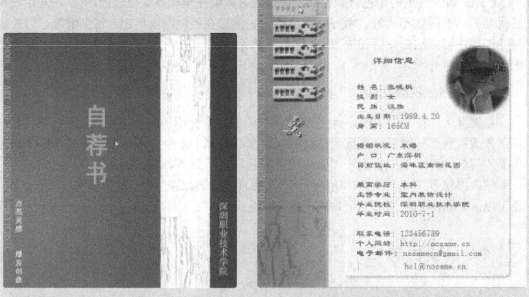

图 4-133 封面效果图   图 4-134 主程序界面

3. "大学成绩"栏目需要嵌套框架做二级导航，在其中展示基础课成绩、专业课成绩，以及获得的各项证书；

4. "毕业设计"栏目最复杂，这是需要阅读者了解最多的内容，也是大学三年所有学习结果的综合体现。运行效果如图 4-135 所示，在这里需要嵌套框架做二级导航，包括作品的设计手稿、前期设计图、后期作品图、文字内容和视频演示。其中前期、后期设计图片用自动翻页效果实现；文字内容用插入 Flash 的方法实现；视频演示利用知识对象来完成。

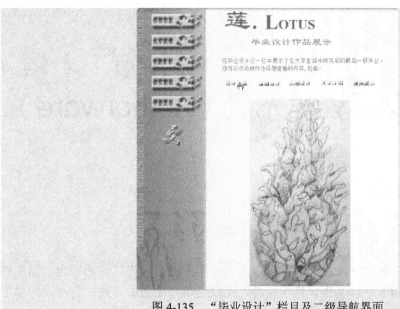

图 4-135 "毕业设计"栏目及二级导航界面

任务1．Authorware 项目

通过本章的学习，在 Authorware 中利用从教材所提供素材网站中下载的素材制作自荐书多媒体程序。

程序运行效果参见所下载素材中的"自荐书.exe"文件。项目所需图片文字等素材请到素材所在网站中下载。

任务2．Photoshop 项目

首先收集整理结合本人实际情况和所学专业的各种素材，然后参考第 4.2.2 节中关于素材制作的方法，在 Photoshop 先进行版面及各种相关素材。

最后再在 Authorware 中制作出个人的多媒体自荐材料，生成可执行文件，并刻录到光盘中并实现自动运行。

多媒体视频教学光盘（Authorware）

5.1 项目分析

5.1.1 项目介绍

在各种应用软件的教学中，教师经常需要反复向学生展示操作软件的过程，如果将屏幕上的操作过程录制下来，制作成教学课件，无疑是事半功倍的方法，它可以为学生自主学习和课后的复习提供很大的帮助。

本项目将采用 Authorware 和 Captivate 制作一个使用 Word 制作长文档的视频教程，教程共七段，并带有课程测试题。

5.1.2 创意设计与解决方案

本项目主要采用 Authorware 与 Captivate 技术完成教学光盘的各项功能。如何录制好屏幕上的操作，并把操作视频引入到教学课件中是此项目的关键。

首先，使用 Captivate 捕捉屏幕操作视频；然后将该视频引入到 Authorware 中；最后用知识对象制作课程测试题，以对所学的知识进行总结、扩展与提升。

整个项目以蓝色为主基调，各级界面设计清晰、风格一致、色彩协调，美观，在测试题界面中点缀卡通图标以使界面生动有趣。

项目具有背景音乐，可随机出曲，可根据使用者需求开、关背景音乐，在进入教学各界面时会自动关背景音乐功能。

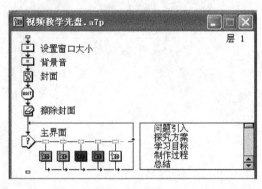

图 5-1 主流程线

项目具有交互能力强、可操控性强的特点。每页的切换流畅，视频实操演示运行稳、响应快，有本步的控制条及目录弹出菜单，可随意切换到相应的视频实操步骤中；主界面中有帮助说明、背景音开关及各热链接，显示出界面友好，适合读者自主学习。

项目的素材存放在"第 5 章"目录下，读者可直接调用学习。项目的主程序流程图如图 5-1 所示，封面与主界面如图 5-2 所示，二级界面与视频教学窗口如图 5-3 所示，测试题界面如图 5-4 所示。

 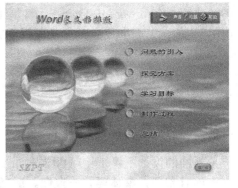

图 5-2　封面与主界面

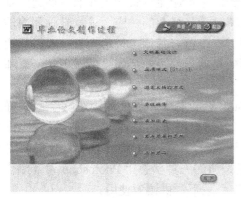 

图 5-3　二级界面与视频教学窗口

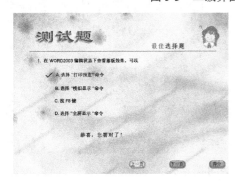 

图 5-4　测试题界面

5.1.3　相关知识点

（1）ResizeWindow、Random 系统函数。

（2）Cover、LoopMidi、StopMidi 外部函数。

（3）FileLocation 系统变量。

（4）if /then 条件语句的使用。

（5）交互图标、框架图标形成的程序结构。

（6）GoTo 系统函数和 IconID 系统变量的使用。

（7）定义文本超链接样式的方法。

（8）SWF 视频文件的导入方法。

（9）掌握 Authorware 中 Quiz 知识对象的使用方法。

（10）更改 AW 打包文件的默认图标的方法。

5.2 实现步骤

5.2.1 界面设计制作

屏幕界面的设计不仅是一门科学，而且是一门艺术。屏幕设计要生动、漂亮、实用，要有深度而且精巧，整体要有一致性。适当转换背景，避免背景图案单调；背景画面光线太亮，容易引起视觉疲劳，影响学生的视力。尽量避免背景同主体的色调无区别、无对比，一定要突出主题。背景画面不要让人感觉到是多余的，应力求背景画面简洁、单一。全片的色彩构成不能单调乏味，一定要有一个色彩基调，教学光盘一般以明快、庄重、新鲜为主。如果基调不突出，那么画面效果就显得很弱；如果色调不统一，那么画面效果就显得很乱。

本项目设计的界面采用 Adobe Photoshop 设计制作，界面的内容文字已做好，到 Authorware 中设置成热区域交互响应就行了，这样的界面整体性会比较好。制作的界面主要有：封面、主界面、二级界面与视频教学窗口、帮助和制作群等，效果如图 5-2、图 5-3、图 5-4 和图 5-5 所示，界面中的交互按钮的三种状态用 Photoshop 设计制作，效果如图 5-6 所示。这些素材存放在"第 5 章"目录下，供读者使用。

图 5-5　使用说明和制作群

图 5-6　正常/按下/失效三种状态按钮

5.2.2 教学视频的录制与编辑

屏幕录制软件有很多，这里使用的是 Captivate 软件。

Captivate 是 Adobe 收购自 Macromedia 的一款 Flash 屏幕录制工具，可以自动生成连续的 Flash 格式的模拟操作视频，包括鼠标指针移动。即使读者没有编程知识或多媒体技能，不了解 Flash，也能利用该软件快速创建功能强大的软件演示和培训内容。

Captivate 可以记录下计算机屏幕上的操作过程，同时还可以用简单直观的方式对其进行编辑。通过编辑时间轴，控制对象出现的时间，并可指定多个对象同时出现；通过添加注释、旁白、音效（背景音乐及声音效果）、文字动画、超链接等使软件操作教学视频讲解得更清晰。使用该软件生成的视频演示文件小，制作效率高。

教学视频的录制步骤如下。

步骤1　选择系统"开始→程序→Adobe Captivate 3"命令，启动软件，打开Adobe Captivate 3开始界面，如图5-7所示。

步骤2　单击"录制或创建一个新项目"选项，在弹出的对话框中选择创建影片为"软件模拟"，项目类型为"自定义大小"，如图5-8所示。

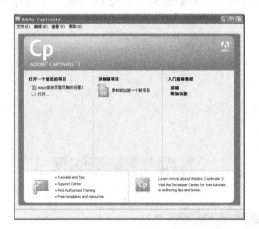
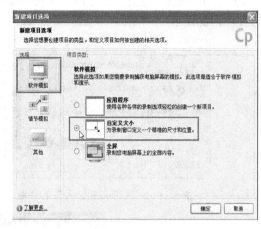

图5-7　Adobe Captivate 3 开始界面　　　　图5-8　"新建项目选项"对话框

步骤3　单击"确定"按钮后，在弹出的对话框中，设置录制窗口的大小，宽度为"700"，高度为"520"；选择要录制的窗口为"长文档排版.doc-Microsoft Word"，选中"紧贴适合"复选框，使要录制的窗口适应红色的录制区域；设置录制模式为"演示"；录制过程如需配音，就选中"录制叙述"复选框；单击"高级"选项，设置字幕语言为"Chinese-Simplified（简体中文）"，如图5-9所示。

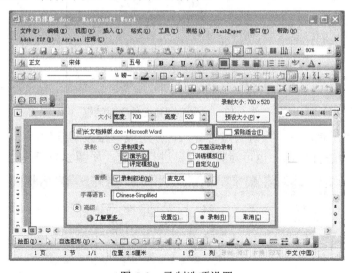

图5-9　录制选项设置

步骤4　单击"录制"按钮会出现是否测试麦克风的对话框，如图5-10所示，单击"是"按钮，出现测试麦克风的对话框，如图5-11所示。

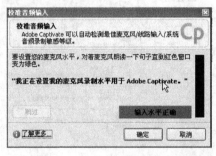

图 5-10　音频测试

步骤5　测试完毕软件自动最小化并开始录制，如需停止录制，单击系统右下角托盘中 CP 软件小图标，如图 5-12 所示，或按键盘上的【End】键就可以结束录制，并保存项目文件，如图 5-13 所示。

图 5-11　"校准音频输入"对话框　　　　图 5-12　系统托盘中的 CP 图标

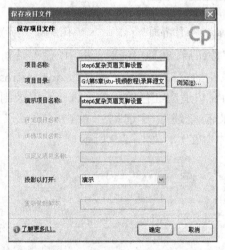

图 5-13　"保存项目文件"对话框

步骤6　停止录制后，系统会进行导入，并生成一张张幻灯片，可以通过"预览"选项对某张幻灯片进行预览，也可对整个项目进行预览，如图 5-14 所示。

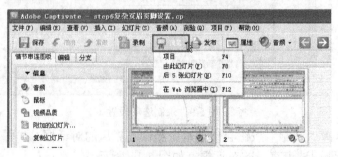

图 5-14　项目预览

步骤 7　停止录制后，如果再需继续录制，可以单击 ⬚ 录制 按钮，软件会提示在哪一张幻灯后进行添加录制，如图 5-15 所示。

步骤 8　录制完成后，可以对每一张幻灯片进行加工处理，如添加注释或加些视频等，如图 5-16 所示。

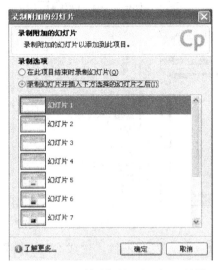

图 5-15　"录制附加的幻灯片"对话框　　　　图 5-16　编辑加工幻灯片

步骤 9　对幻灯片的音频进行录制与修改，如图 5-17 所示。

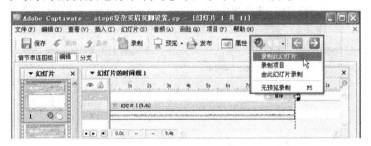

图 5-17　录制幻灯片音频

步骤 10　单击"分支"选项卡，在此可以更改每张幻灯片的串联，并且可以将幻灯片链接到网址或者 E-mail 上，甚至可以调用 JavaScript，如图 5-18 所示。

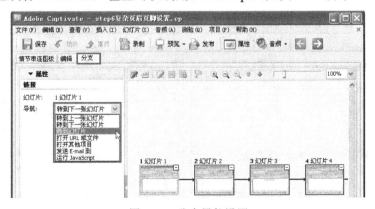

图 5-18　分支导航设置

步骤 11　选择"项目→皮肤"菜单命令，在打开的"皮肤编辑器"对话框中设置播放栏格式，如图 5-19 所示，单击"信息"选项卡，在此选项卡中对项目的制作信息进行设置，如图 5-20 所示。

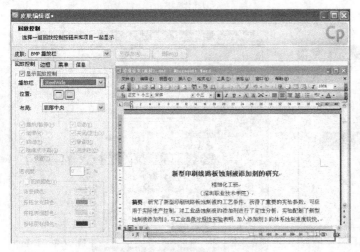

图 5-19　"皮肤编辑器"对话框　　　　　图 5-20　制作信息设置

步骤 12　视频教程编辑设置完成后，单击 发布按钮，发布项目，生成 SWF 格式的视频，如图 5-21 所示。

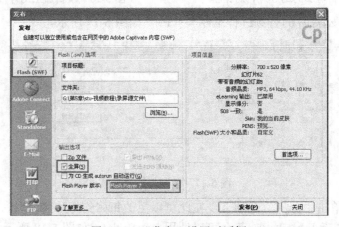

图 5-21　"发布"设置对话框

步骤 13　同样方法制作其他六段视频，保存在"swf"文件夹下，如图 5-22 所示。源文件保存在"录屏源文件"文件夹下，以备后续编辑修改，如图 5-23 所示。

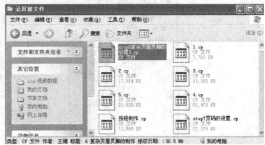

图 5-22　SWF 文件保存　　　　　图 5-23　源文件 CP 文件保存

5.2.3 一级流程线的制作

步骤1 运行 Authorware 7.0，新建一个"视频教学光盘.a7p"程序文件，并与已准备好的素材文件保存在同一个文件夹——"第 5 章"文件夹中，在"文件属性"设置面板中设置该程序文件的属性，窗口大小选为"根据变量"，勾选"显示标题栏"和"屏幕居中"复选框，如图 5-24 所示。

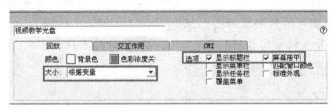

图 5-24 文件属性设置面板

步骤2 在流程线上放置一个"计算"图标，将其命名为"设置窗口大小"，使用 Authorware 的系统函数设置窗口大小，在"设置窗口大小"计算窗口中输入如下代码：

```
ResizeWindow(800, 600)
```

步骤3 接着在流程线上再放置一个"计算"图标，将其命名为"背景音"，在"背景音"计算窗口中输入如下代码：

```
--设置声音开启变量的初值
sound:=TRUE
--用系统变量与bjy1.mid、bjy2.mid为变量赋值
midi1:=FileLocation^"bjy1.mid"
midi2:=FileLocation^"bjy2.mid"
--产生随机数
number:=Random(1, 2, 1)
--判断播放的是哪一个声音文件
if number=1 then
    midifile:=midi1
else
    midifile:=midi2
end if
--if number=1 then midifile:=midi1
--if number=2 then midifile:=midi2
--播放声音文件
LoopMidi(midifile)
```

知识链接

（1）if 条件判断语句是 Authorware 程序中非常有用的语句，它的格式为：

if 条件 1 then

    操作 1

else

　　　　操作 2

end if

　　Authorware 在执行条件语句时，首先检查"条件 1"，当"条件 1"成立时，就执行"操作 1"，否则执行"操作 2"。

　　（2）计算窗口中的工具栏中有常用的编辑按钮，单击 📄 "Insert Snippet" 按钮插入代码按钮，可以在程序中插入标准的代码片段，提高工作效率，如图 5-25 所示。在"背景音"计算窗口中插入的代码段如图 5-26 所示。

　　（3）从 "--" 开头的语句为注释语句，在代码执行时不执行。

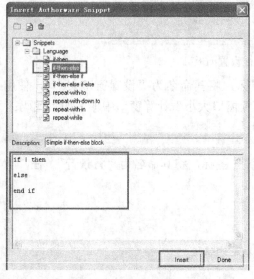

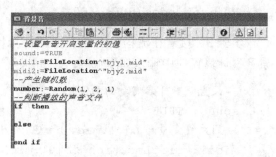

图 5-25　插入代码窗口　　　　　　　图 5-26　"背景音"计算窗口中插入的代码段

　　步骤 4　选择"文件→导入导出→导入媒体"菜单命令，打开"导入哪个文件"对话框，选择"封面.jpg"文件，单击"导入"按钮，如图 5-27 所示。这样就在流程线上添加了一个名为"封面.jpg"的显示图标，如图 5-28 所示，更改图标名称为"封面"，如图 5-29 所示。

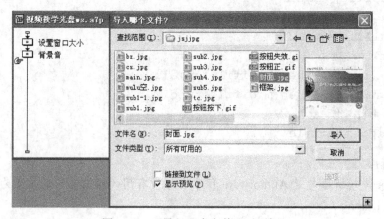

图 5-27　"导入哪个文件"对话框

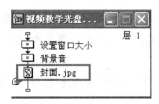

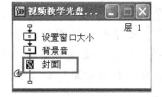

图 5-28　流程线上导入的"封面.jpg"显示图标　　　图 5-29　更改图标名称

步骤 5　在"演示窗口"中双击所导入的"封面"图片，打开"属性：图像"对话框，在这里可以精确设置图片坐标，位置设置为（0，0），如图 5-30 所示。

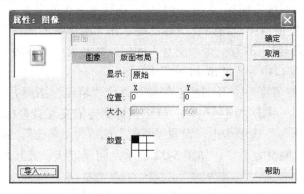

图 5-30　"属性：图像"对话框的版面布局设置

步骤 6　拖动"等待"图标到流程线上，命名为"1"。

步骤 7　双击该等待图标，在属性设置窗口中设置等待时限为系统变量"IconTitle"秒，取消"显示按钮"、"显示倒计时"复选框的选中标记，等待的时长即为 1 秒，如图 5-31 所示。

图 5-31　等待图标设置

📖➤ **知识链接**

（1）利用等待图标的名称来定义等待时间。

Authorware 中的系统变量"IconTitle"存放了图标的名称，利用这个系统变量来定义等待时间（Authorware 会自动转换变量类型），在等待图标属性对话框中的"时限"选项处选择"IconTitle"，再将等待图标的名称定义为数字就行了。此处等待图标的名称是"1"，则等待时间就是 1 秒。

如果将这个定义好的图标拖回到工具栏的等待图标上，则以后从工具栏拖动到流程线上的所有等待图标都会保持这一属性。这样通过等待图标的名称就可以判断和修改等待时间，大大提高了程序的可读性和修改的容易程度。

（2）利用变量来同步调整多个等待图标的等待时间。

项目中如有很多等待图标，在调试的时候要挨个地修改其等待时间则会非常麻烦，解决办法是使用一个变量，通过修改变量的值直接修改全部使用了这个变量的等待图标的等待时间。如全部等待图标的等待时间都用"wait"来表示，那么在流程的开始处为"wait"赋值，只要修改这个值就修改了等待时间

如果有多个等待时间需要设置，则多用几个变量，那么修改等待时间就会很快，而且保持统一。

步骤8　将一个"擦除"图标拖动到流程线上，命名为"擦除封面"（"擦除"图标必须在要擦除的对象显示之后被执行）。

步骤9　拖曳"封面"图标到"擦除封面"图标建立擦除关系，选中"擦除封面"图标，可查看属性设置窗口中"封面"图标已显示在"被擦除的图标"列表中。

步骤10　在流程线上放置一个"交互"图标，命名为"主界面"，双击"主界面"交互图标，在其演示窗口中导入"main.jpg"图片。

步骤11　在"主界面"交互图标右侧挂接九个"群组"图标并分别命名。将交互类型设置为"热区域"，单击"问题引入"群组图标上方的交互类型标识符"┯"，打开其属性对话框，在"热区域"选项卡中，设置"匹配"选项为"单击"，并勾选"匹配时加亮"复选框，"鼠标"选项设为手形，如图5-32所示，同样方法设置其余八个"群组"。

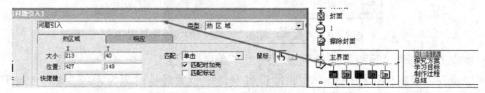

图5-32　"问题引入"交互的响应属性

步骤12　双击"主界面"交互图标可以看到热区域虚线框，热区域中显示的文字即是其下挂的群组图标名。调整各个热区域的大小和位置，使它们对应在图片上的各栏目，如图5-33所示。

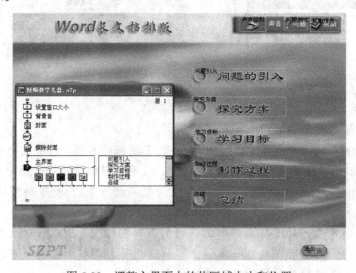

图5-33　调整主界面上的热区域大小和位置

至此，一级流程线制作完成，其流程线结构和程序运行效果，如图5-1和图5-2所示。

图标色彩面板用于为流程线上的图标设置显示颜色，对不同模块，不同功能的图标进行区分。

5.2.4　展示内容分支制作

展示型内容各分支的流程图如图 5-34 所示。

图 5-34　展示型内容分支的流程图

步骤 1　双击"探究方案"群组图标，打开二级设计窗口。在层 2 设计窗口中的流程线上放置一个"计算"图标，命名为"关背景音"，双击"关背景音"计算图标，在弹出的窗口中输入如下代码：

```
--关主背景音
StopMidi(midifile)
--设置声音变量为停止状态
sound:=FALSE
```

提示

要使用外部函数 LoopMidi 和 StopMidi，首先要加载"MidiLoop.u32"，加载方法参见第 4.2.3 节。

步骤 2　将一个"擦除"图标拖动到流程线上，命名为"擦除主界面"，拖曳一级流程线上的"主界面"交互图标到"擦除主界面"图标，建立擦除关系。

步骤 3　选择"文件→导入导出→导入媒体"菜单命令，打开"导入哪个文件"对话框，选择"sub2.jpg"文件，单击"导入"按钮，如图 5-27 所示。这样就在流程线上添加了一个名为"sub2.jpg"的显示图标，更改图标名称为"sub2"。

步骤 4　将一个"显示"图标拖动到流程线上，命名为"方案文字"，按住【Shift】键同时双击"方案文字"图标，打开演示窗口和工具面板。

步骤 5　选中工具面板中的文字工具 A，在演示窗口合适的位置单击一下鼠标，在光标闪烁的位置输入需要的文字内容，本项目的文字素材放置在"第 5 章"下的"txt"文件夹中，读者可以复制素材实现快速输入文字内容，如图 5-35 所示。

步骤 6　在流程线上放置一个"交互"图标，命名为"返回主界面"，在该交互图标下挂接一个"计算"图标，命名为"返回 2"，将交互类型设置为"热区域"。打开交互响应的属性面板，设置按钮的名称、鼠标指针样式和大小，如图 5-34 所示。

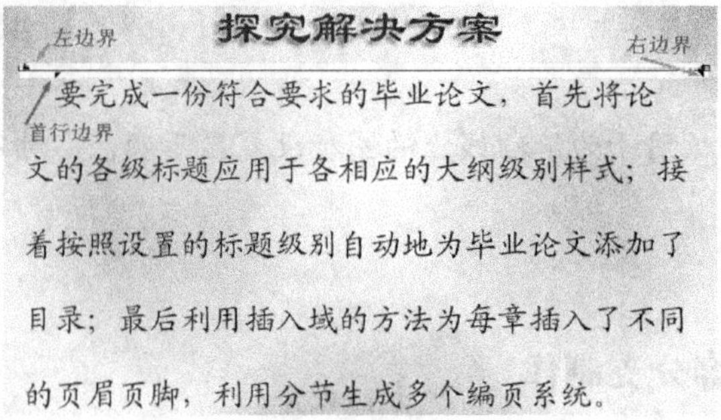

左边界
探究解决方案
右边界
要完成一份符合要求的毕业论文，首先将论
首行边界
文的各级标题应用于各相应的大纲级别样式；接
着按照设置的标题级别自动地为毕业论文添加了
目录；最后利用插入域的方法为每章插入了不同
的页眉页脚，利用分节生成多个编页系统。

图 5-35　在显示图标中输入文字

步骤 7　在“返回 2”计算图标中，输入如下代码：

```
GoTo(IconID@"主界面")
```

知识链接

在 Authorware 程序中遇见 GoTo 语句时，它将跳到在 IconTitle 中指定的图标继续执行。

重复步骤 1～步骤 7，设置其他分支“问题引入”、“学习目标”、“总结”、“帮助信息”等展示分支的内容。

5.2.5　视频教学“1”分支制作

制作过程及视频教学“1”分支的流程图如图 5-36 所示。

制作过程
层 2
擦除主界面
sub4
教学过程交互
1
2
3
4
5
2
层 3
关背景音
擦除sub4
链接到swf2
1
层 3
关背景音
擦除sub4
视频教程
swf1
swf2
swf3
swf4
swf5

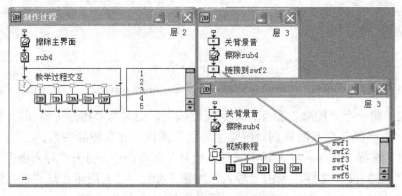

图 5-36　制作过程分支的流程图

步骤 1　双击“制作过程”群组图标，打开二级设计窗口，将一个“擦除”图标拖动到流程线上，命名为“擦除主界面”，拖曳一级流程线上的“主界面”交互图标到“擦除主界面”图标，建立擦除关系。

步骤 2　选择“文件→导入导出→导入媒体”菜单命令，打开“导入哪个文件”对话框，选择“sub4.jpg”图片文件，单击“导入”按钮，就在流程线上添加了一个名为“sub4.jpg”的显示图标，更改图标名称为“sub4”。

步骤 3　在流程线上放置一个“交互”图标，命名为“教学过程交互”，在其右侧挂接七个“群组”图标并分别命名。将交互类型设置为“热区域”，单击“1”群组图标上方的交互类型标识符-⁝⁝-，打开其属性对话框，在“热区域”选项卡中，设置“匹配”

选项为"单击"并勾选"匹配时加亮"复选框，"鼠标"选项设为手形，同样方法设置其余六个群组。

步骤4　调整各个热区域的大小和位置，使它们对应在"sub4"图片上的各栏目，如图5-37所示。

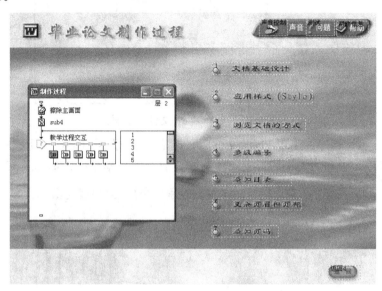

图 5-37　调整 sub4 上的热区域大小和位置

步骤5　双击"1"群组图标，打开三级设计窗口，将一个"计算"图标拖动到流程线上，命名为"关背景音"，在"关背景音"计算窗口中输入如下代码：

```
--关主背景音
StopMidi(midifile)
--设置声音变量为停止状态
sound:=FALSE
```

步骤6　将一个"擦除"图标拖动到流程线上，命名为"擦除 sub4"，拖曳"制作过程"二级流程线上的"sub4"显示图标到"擦除 sub4"图标，建立擦除关系。

步骤7　接着拖放一个"框架"图标，在该"框架"图标右侧挂接七个"群组"图标。为"框架"图标命名为"视频教程"，为"群组"图标分别命名为"swf1"、"swf2"、……"swf7"。

步骤8　双击"swf1"群组图标，在打开四级设计窗口中，选择"文件→导入导出→导入媒体"菜单命令，打开"导入哪个文件"对话框，选择"教程框架.jpg"图片文件，单击"导入"按钮，就在流程线上添加了一个"教程框架.jpg"的显示图标，更改图标名称为"教程框架"。

步骤9　选择"插入→媒体→Flash Movie..."菜单命令，打开如图5-38所示的选择Flash 文件对话框。

步骤10　单击图5-38中的"Browse..."按钮，在弹出的对话框中选择"swf"文件夹中"1.swf"文件，注意"Link File"文本框中文件一定要使用相对路径.\ swf \1.swf，如果用绝对路径 D:\第5章\swf\1.swf，最后发布到光盘时就会出现找不到文件的问题。

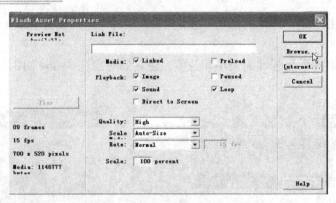

图 5-38　选择 Flash 文件对话框

步骤 11　运行程序，出现 Flash 文件时，按【Ctrl+P】组合键，停止程序运行，再拖动鼠标调整 Flash 画面的大小和位置，使其刚好放在教程框架中，如图 5-39 所示。

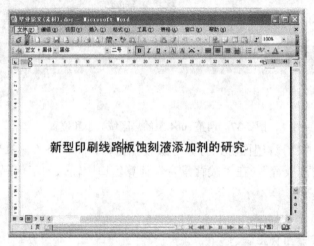

图 5-39　调整 Flash 画面的大小和位置

步骤 12　重复步骤 8～步骤 11，设置其他分支"swf2"～"swf7"的内容，也可复制"swf1"分支的流程，再修改链接的 Flash 视频文件，各视频教程的流程线如图 5-40 所示。

图 5-40　视频教程各分支的流程线

5.2.6　视频教学导航控制

步骤 1　双击"视频教程"框架图标，在"视频教程"框架窗口中删除"Gray Navigation Panel"按钮面板和"Navigation hyperlinks"交互图标及所有的交互按钮。

步骤 2　在"视频教程"框架窗口中重新建立控制按钮，在"进入"部分放置一个"交互"图标，在其右侧放置一个"计算"图标，一个"群组"图标，三个"导航"图标，对各图标分别命名，并将交互类型设置为按钮交互，如图 5-41 所示。

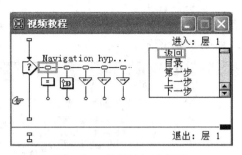

图 5-41　控制按钮流程线

步骤 3　单击"返回"按钮，打开"属性：交互图标【返回】"对话框，在其中设置按钮名称和鼠标形状，如图 5-42 所示。

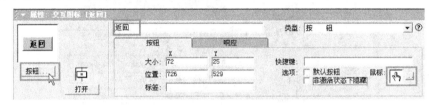

图 5-42　"属性：交互图标【返回】"对话框

步骤 4　在按钮属性设置对话框中单击"按钮…"按钮，打开按钮属性设置对话框，单击"添加"按钮，如图 5-43 所示。

步骤 5　进入"按钮编辑"对话框，选择"未按"中"常规"状态后单击"导入"按钮，导入"jpg"文件夹中的图片"按钮正.gif"，标签项选择"显示卷标"，导入后如图 5-44 所示。

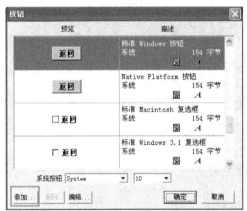

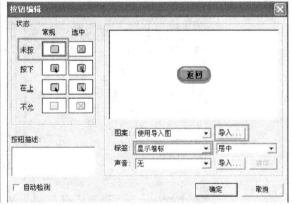

图 5-43　"按钮"属性设置对话框　　　　图 5-44　"按钮编辑"对话框 1

步骤 6　接着选择"按下"中"常规"状态后单击"导入"按钮，导入"jpg"文件夹中的图片"按钮按下.gif"，标签项选择"显示卷标"；再选择"不允"中"常规"状态后单击"导入"按钮，导入"jpg"文件夹中的图片"按钮失效.gif"，标签项选择"显示卷标"，单击"确定"按钮退出编辑。

步骤 7　重复步骤 3～步骤 6，自定义其他五个按钮。

步骤 8　为了使"第一步"按钮和"上一步"按钮在显示第一步时不可用，在其属性面板要将激活条件设置为"CurrentPageNum<>1"，如图 5-45 所示。"下一步"和"最末步"按钮的激活条件设置为"CurrentPageNum◇PageCount",这样能够使做到最后一步时,这两个按钮不可用,如图5-46所示。

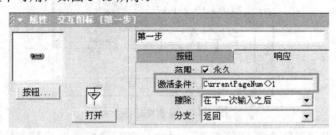

图 5-45 "第一步"和"上一步"按钮激活条件设置

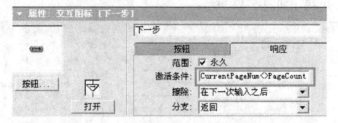

图 5-46 "最末步"和"下一步"按钮激活条件设置

知识链接

CurrentPageNum 和 PageCount 是 Authorware 提供的系统变量,在使用时不用再定义直接使用即可,单击回弹出"变量"对话框,如图5-47所示,CurrentPageNum 系统变量存放在当前框架图标中最后显示页的序号,PageCount 系统变量存放附着于当前或最近框架的页的数目。

图 5-47 "变量"对话框

步骤9　双击"返回"按钮下的计算图标，在其中输入代码：

```
GoTo(IconID@"sub4")
```

步骤10　双击"目录"按钮下的群组图标，在二级"目录"窗口中导入"目录背景.jpg"图片，并更改显示图标名为"目录背景"，在演示窗口中放置图片到合适位置，打开"目录背景"的属性窗口，设置层为"2"，特效为"从上往下"，如图5-48所示。

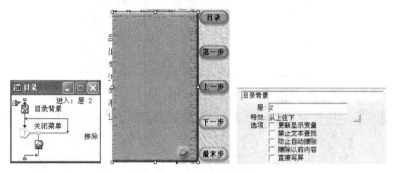

图5-48　目录背景设置

步骤11　按住【Shift】键同时双击"目录背景"显示图标，单选工具面板中的文字工具 **A**，在演示窗口合适的位置单击一下鼠标，在光标闪烁的位置输入需要的目录文字，文字素材放置在"第5章"下的"txt"文件夹中，名为"目录.txt"，读者可以复制素材实现快速输入文字内容，如图5-49所示。

步骤12　选择"文本→定义样式"菜单命令，打开"定义风格"对话框定义step1～step7七种样式，如图5-50和图5-51所示。

图5-49　输入目录文字

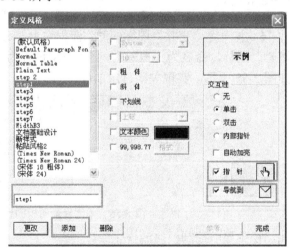

图5-50　定义文本样式

图5-51　指定导航目标页

步骤 13　选中"1.文档基础设计"文本，选择"文本→应用样式"菜单命令，打开"应用样式"对话框，勾选"step1"样式，弹出"属性：导航"对话框，指定页为"swf1"，如图 5-52 和图 5-53 所示。

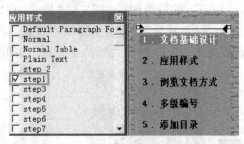

图 5-52　"应用样式"对话框

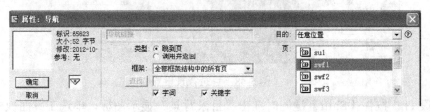

图 5-53　"属性：导航"对话框

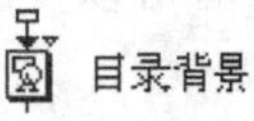

步骤 14　单击"确定"按钮，关闭导航属性对话框，"目录"窗口中流程线上的"目录背景"显示图标上就多了一个倒三角，如图 5-54 所示。

步骤 15　重复步骤 13～步骤 14，把目录中其他文字分别应用样式 step2～step7，实现目录功能。

图 5-54　附加导航属性的显示图标

步骤 16　将一个"交互"图标拖动到流程线上，命名为"关闭菜单"，在其右侧放置一个"擦除"图标，命名为"擦除"，交互类型设置为"热区域"，设置特效和被擦除的图标，如图 5-55 所示，实现关闭目录面板。

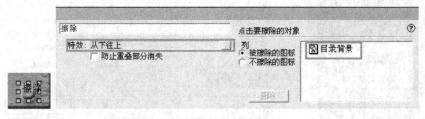

图 5-55　关闭目录面板的设置

至此，视频导航控制模块制作完成。

5.2.7　视频教学"2"～"7"分支制作

步骤 1　双击"2"群组图标，打开三级设计窗口，将一个"计算"图标拖动到流程线上，命名为"关背景音"，在"关背景音"计算窗口中输入如下代码：

```
--关主背景音
StopMidi(midifile)
```

```
--设置声音变量为停止状态
sound:=FALSE
```

步骤 2　将一个"擦除"图标拖动到流程线上，命名为"擦除 sub4"，拖曳"制作过程"二级流程线上的"sub4"显示图标到"擦除 sub4"图标，建立擦除关系。

步骤 3　将一个"计算"图标拖动到流程线上，命名为"链接到 swf2"，输入如下代码：

```
GoTo(IconID@"swf2")
```

步骤 4　复制"2"群组图标中的内容到"3"～"7"中，只须修改链接到相应的视频教程，如图 5-56 所示。

图 5-56　"2"～"7"群组图标的流程线

5.2.8　声音控制分支制作

双击打开"主界面"交互图标右侧挂接的"声音控制"群组图标。在流程线上添加一个名为"声音开关"的计算图标，如图 5-57 所示，在其中输入如下程序代码。

图 5-57　添加"声音开关"计算图标

```
--产生一个随机数
mumber:=Random(1, 2, 1)
--指定播放的声音
if number=1 then
   midifile:=midi1
else
   midifile:=midi2
end if
--判断声音的状态并实施开与关声音
if sound=TRUE then
   StopMidi()
   sound:=FALSE
else
   LoopMidi(midifile)
   sound:=TRUE
end if
```

5.2.9 问题测试分支制作

问题测试分支的流程图如图 5-58 所示，具体制作步骤如下。

图 5-58 问题测试流程线

步骤 1 将一个"擦除"图标拖动到流程线上，命名为"擦除主画面"，拖曳一级流程线上的"主画面"交互图标到"擦除主画面"图标上，建立擦除关系。

步骤 2 选择"文件→导入导出→导入媒体"菜单命令，打开"导入哪个文件"对话框，选择"cs.jpg"，单击"导入"按钮，如图 5-27 所示。这样在流程线上添加了一个"cs.jpg"的显示图标，更改图标名称为"测试画面"。

步骤 3 将一个"计算"图标拖动到流程线上，命名为"关背景音"，在"关背景音"计算窗口中输入如下代码：

```
--关主背景音
StopMidi(midifile)
--设置声音变量为停止状态
sound:=FALSE
```

步骤 4 选择"插入→媒体→Animated GIF…"菜单命令，如图 5-59 所示。

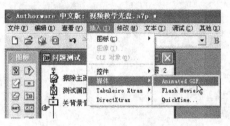

图 5-59 导入 GIF 动画菜单命令

步骤 5 在打开的属性设置对话框中单击"Browse…"按钮，如图 5-60 所示。

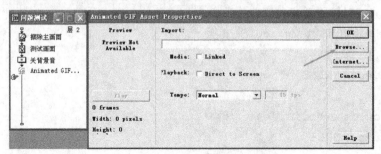

图 5-60 GIF 动画导入

步骤 6　在打开的动画选择对话框中选择想要插入的 GIF 文件"笑脸.gif"，单击"打开"按钮，Authorware 会自动添加一个"Animated GIF"播放控件图标到流程线上，如图 5-61 所示。

图 5-61　选择 GIF 动画

步骤 7　在 Animated GIF 动画图标的属性窗口中的"显示"选项卡上，把"模式"选择为"反转"，效果如图 5-62 所示。

图 5-62　GIF 动画模式属性的设置

知识链接

用类似的方法还可以在 Authorware 中导入"Flash Movie"和"QuickTime"格式的视频。

步骤 8　在流程线上接着拖放一个"交互"图标，命名为"测试交互"，在其右侧放置两个"群组"图标，一个"计算"图标，并分别命名，将交互类型设置为热区交互和按钮交互，如图 5-63 所示。

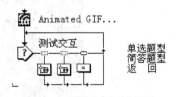

图 5-63　测试交互流程线

步骤 9　双击"单选题型"群组图标，在打开的第三级窗口中，将一个"擦除"图标拖动到流程线上，命名为"擦除测试交互"，建立"测试交互"图标中的内容和"返回"按钮，如图 5-64 所示。

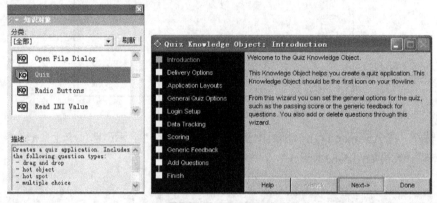

图 5-64　擦除测试交互

步骤 10　单击工具栏中 KO 按钮，打开"知识对象"面板，选择"Quiz"知识对象，会打开"Quiz"知识对象配置向导窗口，单击"Next"按钮，进入引导环节，分别设置如图 5-65、图 5-66 和图 5-67 所示。

图 5-65　"Quiz"知识对象 1

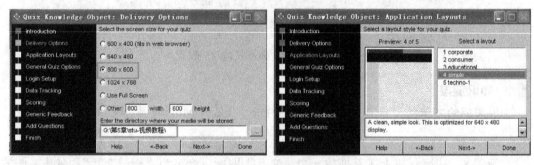

图 5-66　"Quiz"知识对象 2

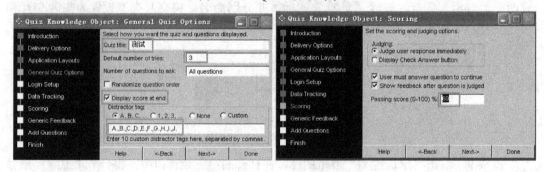

图 5-67　"Quiz"知识对象 3

步骤 11　在第 8 步"Generic Feedback"窗口中，输入判断后的反馈提示信息，如"您很棒，答对了"，如图 5-68 所示。

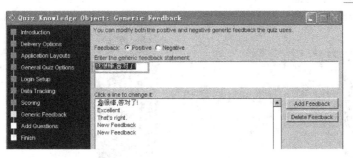

图 5-68　"Quiz"知识对象 4

步骤 12　在第 9 步"Add Questions"窗口中，单击"Single Choice"按钮，并修改题目标题为"最佳选择题 1"，接着单击"Run Wizard"按钮，开始设置问题，如图 5-69 所示。

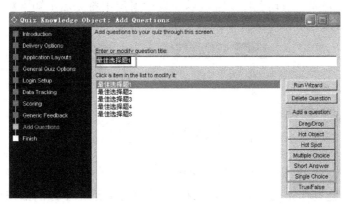

图 5-69　"Quiz"知识对象 5

步骤 13　打开"Setup Question"窗口后，单击"Preview Window"项中的第一行文字，该文字显示在"Edit Window"文本框中，打开素材"第 5 章\txt"文件夹下的"单选题.doc"文件，将"1.在 Word2003 编辑状态下查看排版效果，可以"复制到"Edit Window"文本框中，同样的方法，设置备选答案及相应的反馈信息，如图 5-70 所示。

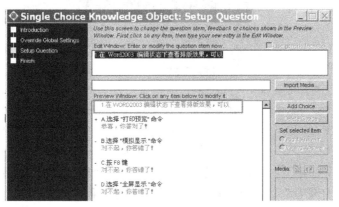

图 5-70　"Quiz"知识对象 6

步骤 14　进入"Finish"窗口后，单击"Done"按钮，就设置好第一道题目及其选项，之后就返回"Quiz"窗口，接着单击"Single Choice"按钮，输入第二道题目内容。同样方法设置其他题目，如图 5-71 所示。

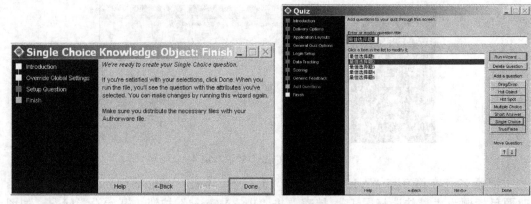

图 5-71 "Quiz"知识对象 7

步骤 15 当完成五组设置后，就可以在设计窗口中看见这个知识对象的工作流程线了，如图 5-72 所示。

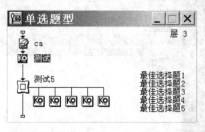

图 5-72 "Quiz"知识对象流程线

至此，单选题制作完成，关于简答题的制作请读者运用学过的知识自行完成，这里就不再赘述。

5.2.10 退出分支制作

退出分支的流程图如图 5-73 所示，具体制作步骤如下。

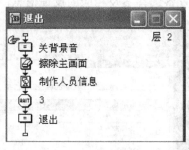

图 5-73 退出流程线

步骤 1 双击打开"主界面"交互图标右侧挂接的"退出"群组图标。在流程线上添加一个名为"关背景音"的计算图标，在其中输入如下程序代码：

```
--关主背景音
StopMidi(midifile)
--设置声音变量为停止状态
sound:=FALSE
```

步骤 2　将一个"擦除"图标拖动到流程线上，命名为"擦除主画面"，拖曳"主画面"图标到"擦除主画面"图标，建立擦除关系，选中"擦除主画面"图标，可查看其属性设置窗口，"主画面"图标显示在了"被擦除的图标"列表中。

步骤 3　选择"文件→导入导出→导入媒体"菜单命令，导入"制作人员信息.jpg"图片，更改图标名称为"制作人员信息"，运行效果如图。

步骤 4　拖动一个"等待"图标到流程线上，命名为"3"，即为等待 3 秒。

步骤 5　拖动一个"计算"图标到流程线上，命名为"退出"，在其中输入如下代码：

```
Quit()
```

至此，本章项目制作完成。

5.3　拓展技巧

Windows，支持光盘的自动启动，用户将光盘插入光盘驱动器，即可以自动运行。自启动光盘的制作方法非常简单，只需完成以下两项工作即可。

1. 建立自动启动文件

在光盘的根目录下建立文本文件 autorun.ini，文件的一般内容是：

[autorun]　　　　　--此行照抄

open=main.exe　--open=后面直接放置要自动运行的文件，可以带路径

icon=main.ico　　--设置光盘图标

当光盘插入光驱时，Windows 会自动查找光盘根目录下有没有自启动文件autorun.ini，如果有则按照 autorun 段中的内容执行相应命令，如果没有则什么也不执行。

2. 把打包后的文件全部复制到光盘中

把文件复制到光盘根目录中或者光盘指定目录下，要注意的是通过链接方式使用的文件如 Flash SWF、数字电影文件也要复制到光盘根目录中。

如果不希望自动播放光盘，用户按住【Shift】键的同时插入光盘，Windows 就会跳过检测文件 autorun.ini 的过程。

5.4　常见问题

关于素材的存放路径：在 Authorware 中导入动画等外部素材时，默认使用绝对路径，如"D:\第五章\Movie\atw1-01.avi"，如图 5-74 所示。

图 5-74　外部素材的绝对路径

编辑好的程序拷贝到其他的计算机上运行时，会提示"无法打开所需文件"，如图 5-75 所示。

图 5-75　无法找到要播放的文件

为解决这个问题，需要在程序中使用相对路径为 "..\Movie\atw1-01.avi"。其中 "..\" 表示 Authorware 源程序所在文件夹的上一层目录，如图 5-76 所示。

图 5-76　为外部素材设置相对路径

在项目中，Authorware 源程序位于"第五章\Demo"文件夹下，而视频片断素材在"第五章\Movie"下，所以要先返回上一层目录，即"第五章"目录，然后再向下查找"Movie"目录，如图 5-77 所示。

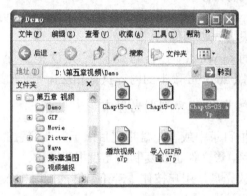

图 5-77　程序与素材存放的相对位置

▽ 5.5　项目总结

在本项目中，通过 Captivate 把软件的屏幕操作录制成视频，再经 Authorware 进行整合，进而加入解说词，形成视频教学光盘。制作这种光盘，大部分时间花费在视频的录制与配音上，而整合工作相对容易。

视频教学光盘是一种应用广泛的教与学的好工具。通过本章的学习，大家应掌握视频教学光盘的一般结构的设计方法，掌握系统函数、系统变量和导航控制的运用，学会用 Quiz 知识对象制作测试题的技术，熟练高效地录制与编辑屏幕操作视频。

5.6 实训练习

制作要求：

（1）使用 Captivate 录制一个自选专题的屏幕操作视频，时间不少于 3 分钟；

（2）使用 Authorware 编辑一个教学课件，导入捕捉到的屏幕操作视频；

（3）为视频增加良好的导航控制功能；

（4）在课件中使用 GIF 和 Flash 动画素材。

触摸屏商场查询系统（Authorware）

6.1 项目分析

6.1.1 项目介绍

随着商业企业信息化建设的发展，一个消费者与商场交流的平台应需而出。本项目就是将多媒体技术与触摸屏技术运用到商场导购、广告宣传、品牌推介中去，使广大消费者有一个可以充分了解商场的信息平台。

6.1.2 创意设计与解决方案

（1）创意设计。

本项目设计主要实现以下功能：

> 分类触摸查询与媒体播放有机结合；
> 基于各楼层商位的平面图导购与分类快速查询；
> 及时发布与更新商场各类信息；
> 交通、餐饮等商旅信息综合服务；
> 品牌的宣传推广。

（2）解决方案。

使用 Authorware 开发多媒体交互查询系统，结合触摸屏等多媒体硬件组织实施。

6.1.3 相关知识点

（1）Authorware 中的交互程序设计。

（2）按钮响应、热区响应、热对象响应。

（3）框架和导航图标设计。

（4）超文本链接设计。

6.2 实现步骤

6.2.1 主程序与主界面设计实现

▶ 1. 程序内容结构图

程序内容结构主框架图，如图 6-1 所示。

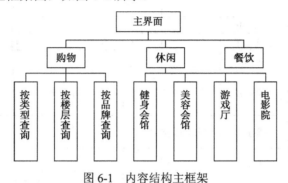

图 6-1　内容结构主框架

▶ 2. 主程序流程图

主程序流程图，如图 6-2 所示。

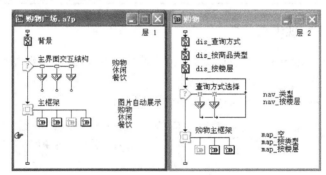

图 6-2　主程序流程图

▶ 3. 主界面设计图

主界面设计结构图，如图 6-3 所示。

图 6-3　主界面结构图

▶4. 主界面元素设计

主界面元素设计，如表 6-1 所示。

表 6-1　主界面元素设计

屏幕背景		背景色背景图案	淡黄色（255，255，204）				
			无				
交互设计	设计内容 ╲ 交互方式	屏幕位置	响应方式				基本内容及功能描述
			单击	双击	经过	自动	
	按钮1：购物	屏幕左侧	√				导航到购物模块
	按钮2：休闲	屏幕左侧	√				导航到休闲模块
	按钮3：餐饮	屏幕左侧	√				导航到餐饮模块
媒体内容	设计内容 ╲ 媒体类型	屏幕位置	内容描述	艺术效果		呈现顺序、持续时间	其他属性
	文字	屏幕上方	"新国际购物广场"	华文隶书 36 号字		一直	无
	图形	屏幕上方	标题背景	蓝色矩形框 （102，204，255）		一直	无
	图形	屏幕左侧	导航栏背景	蓝色矩形框 （102，204，255）		一直	无
	图形	屏幕右下	展示区背景	淡粉色矩形框 （255，204，255）		一直	无

▶5. 主程序实现步骤

步骤1　新建 Authorware 文件，保存为"购物广场.a7p"。拖动相应设计图标，建立如图 6-4 所示流程图。

步骤2　双击显示图标"背景"，完成背景图，如图 6-5 所示。

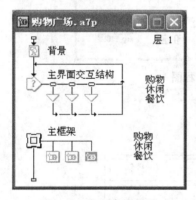

图 6-4　主程序流程图

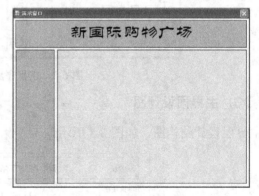

图 6-5　主界面背景图

步骤3　主界面交互结构设计。单击交互结构分支属性标记，在属性框中勾选响应范围为"永久"，分支模式选为"返回"，如图 6-6 所示。

步骤4　导航图标属性设置。单击导航图标"购物"，在导航图标属性框中选择导航类型为"调用并返回"，框架名称为"主框架"，导航目标页为"购物"，如图 6-7 所示。

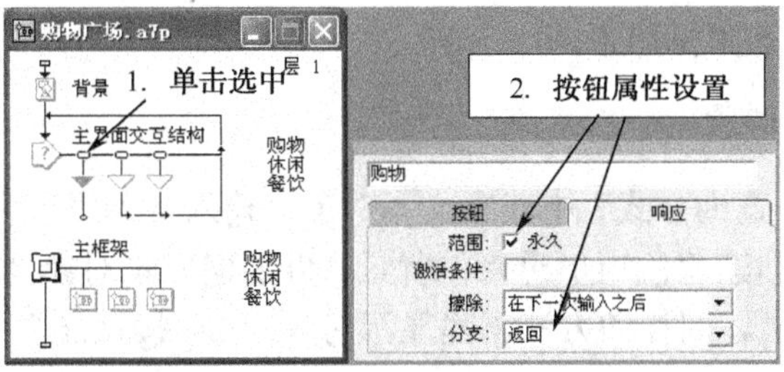

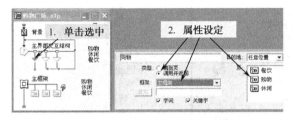

图 6-6　按钮交互属性设置图

图 6-7　导航图标属性设置图

步骤 5　用同样的方式设置其他两个分支的属性，最后的流程图如图 6-8 所示。

步骤 6　双击"主框架"图标，将隐藏在里面的图标全部删除，如图 6-9 所示。

图 6-8　主界面流程图 2

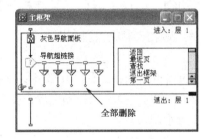

图 6-9　删除隐藏在主框架里面的图标

步骤 7　保存并运行程序，主界面运行效果如图 6-10 所示。

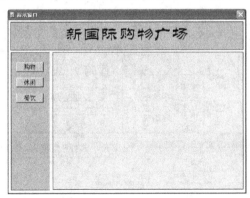

图 6-10　主界面运行效果图

6.2.2　购物模块的实现

1. 购物模块主流程图

双击打开"主框架"图标下属的第一个群组图标"购物"，在新打开的第 2 层流程图中建立如图 6-11 所示的图标组合。

2. 创建显示对象

在显示图标"dis_查询方式"中建立文本对象，输入文本"查询方式:"。在显示图标"dis_按商品类型"中创建蓝色矩形对象作背景，再创建文本对象"按商品类型"，将文本对象叠加在蓝色背景上。同样的方法创建显示对象"dis_按楼层"，如图 6-12 所示。

图 6-11　"购物"模块流程图　　　　图 6-12　"购物"模块主界面

3. "购物"模块主界面交互结构设计

步骤 1　在"购物"模块主流程图中使用导航图标创建热对象交互（hotObject）"nav_类型"。

步骤 2　运行程序，让显示对象都出现在展示窗口中，如图 6-12 所示。

步骤 3　在"购物"模块流程图上单击交互类型标记，打开热对象交互的属性设置窗口，如图 6-13 所示。

步骤 4　回到展示窗口中，单击"按商品类型"文本对象，把它选中为热对象。

步骤 5　在交互属性设置窗口中选择匹配属性"指针在对象上"。

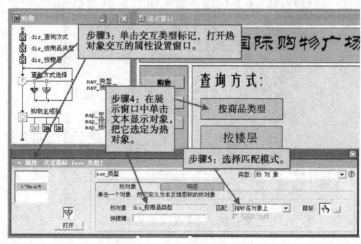

图 6-13　创建热对象交互结构

步骤 6　在"购物"流程图中单击导航图标"nav_类型"，在相应的属性窗口中选择跳转类型为"调用并返回"，选择目标页面所在的框架为"购物主框架"，选择目标页面为"map_按类型"，如图 6-14 所示。

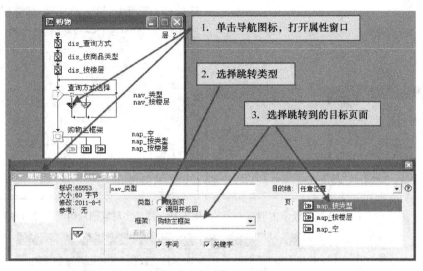

图 6-14　导航图标属性设置

步骤 7　用同样的方法实现"按楼层"查询的热对象导航。

4．按类型查询功能模块的实现

步骤 1　双击打开群组图标**"map_按类型"**，在打开的下一层流程图中建立如图 6-15 所示的图标组合。

步骤 2　在显示图标**"tip_类型"**中创建绿色背景的显示对象**"按商品类型"**，在群组图标**"热对象图片组"**中建立 6 个显示图标，在每个图标中创建与图标名称相对应的显示对象，运行效果如图 6-16 所示。

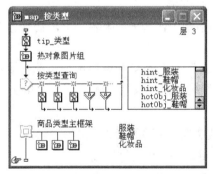

图 6-15　"按类型"查询功能实现流程图　　　　图 6-16　热对象图片组

步骤 3　用显示图标创建"热对象"交互结构，显示图标命名为"hint_服装"，双击该图标，在打开的展示窗口中创建如图 6-17 所示的绿色背景显示对象"服装"。

步骤 4　保存并运行程序，在演示窗口中，将鼠标放在"按商品类型"对象上，"热对象图片组"中的六个显示图标里的内容就出现在展示窗口中，如图 6-18 所示。

步骤 5　选中流程图中显示图标"hint_服装"上方的交互类型标记，然后单击展示窗口中的"服装"文本对象，把它设定为热对象，设定匹配方式为"指针在对象上"，如图 6-19 所示。

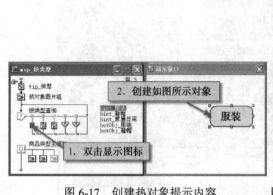

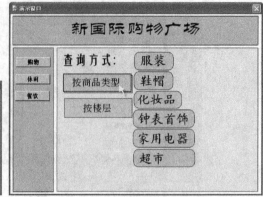

图 6-17　创建热对象提示内容　　　　　　　图 6-18　将"热对象图片组"中的内容显示在窗口中

196

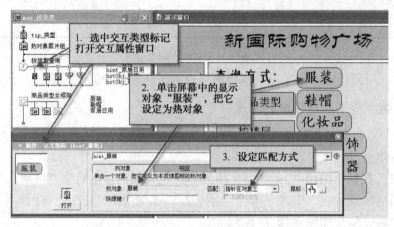

图 6-19　设定热对象动态提示信息

步骤 6　保存并运行程序，鼠标依次放在"按商品类型"→"服装"上，让绿色背景的文本提示对象出现在屏幕上。

步骤 7　在流程图中选中导航图标"hotObj_服装"上方的交互类型标记，单击展示窗口中的绿色背景的"服装"文本对象，把它设定为热对象，设定匹配方式为"单击"，如图 6-20 所示。

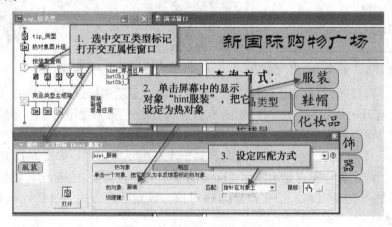

图 6-20　设定热对象交互导航

步骤8 设置导航图标属性，如图6-21所示。选中导航图标"hotObj_服装"，在属性窗口中选择跳转类型"调用并返回"，选择目标框架"商品类型主框架"，选择目标页面"服装"，保存并运行程序。

步骤9 重复步骤3到步骤8，实现跳转到"鞋帽"和"化妆品"的热对象导航功能。

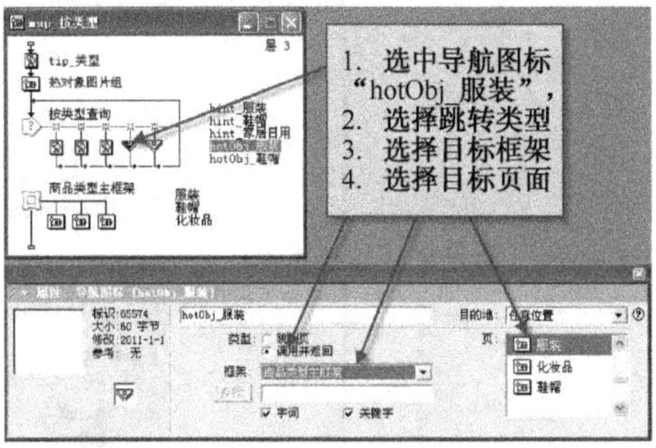

5．服装模块的功能实现

步骤1 双击"商品类型主框架"下属的群组图标"服装"，在打开的下一级流程图中建立如图6-22所示的图标组合。

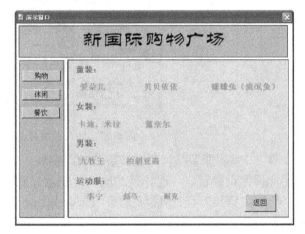

图6-21 设定导航图标的属性

步骤2 在显示图标"服装主界面"中创建若干个相互独立的文本对象，每个对象标识一个服装品牌，运行效果如图6-23所示。

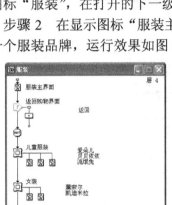

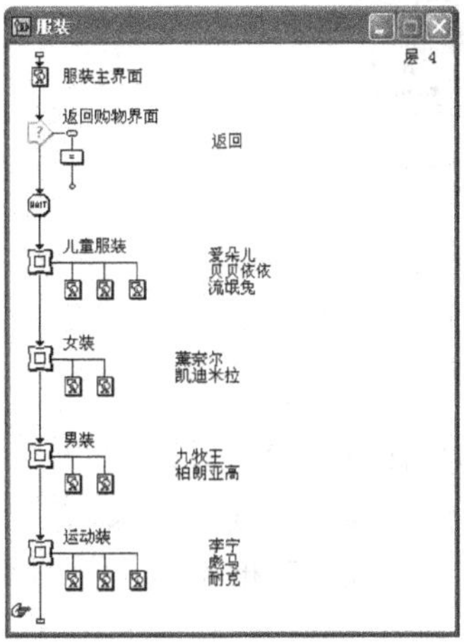

图6-22 "服装"模块主流程图

图6-23 服装主界面效果图

步骤3 返回购物界面功能按钮的设计，如图6-24所示。

步骤4 设定等待图标属性。将等待时限设定为10000秒，取消其他响应方式（实现程序暂停效果，等待用户操作），如图6-25所示。

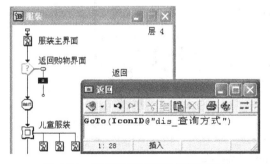

图6-24 返回按钮的流程与代码设计

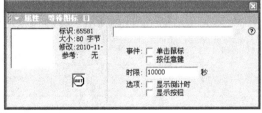

图6-25 等待图标属性设定图

步骤5 依次打开各个框架附属的显示图标，参照如图6-26所示的界面布局，完成各品牌的介绍页面。

图 6-26 品牌介绍页面设计

步骤 6 "儿童服装"框架内部流程，只保留 4 个导航控制按钮，如图 6-27 所示。

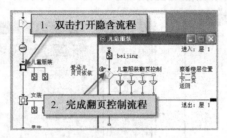

图 6-27 儿童服装内部流程图

步骤 7 察看服装品牌所在楼层的功能实现。选中导航图标"察看楼层位置"，打开导航图标属性设置窗口，选择目的地为"任意位置"，跳转类型为"调用并返回"，选择框架"楼层主框架"，选择目标页面"F3"，如图 6-28 所示（楼层主框架的实现请参阅后面的内容）。

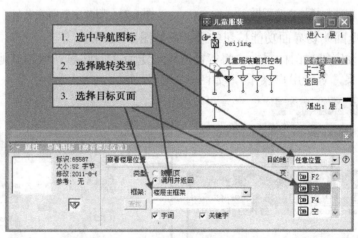

图 6-28 儿童服装内部流程图

步骤 8 在服装主界面中，为各个品牌设定超文本导航，实现步骤可参阅第 3 章相关内容，界面内容与布局如图 6-29 所示。

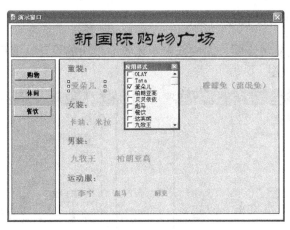

图 6-29　设定各品牌超文本导航

步骤 9　保存并运行程序，在服装主界面，单击文本对象"爱朵儿"，程序就跳转到"爱朵儿"的介绍页面，效果如图 6-30 所示。

图 6-30　品牌介绍页面运行效果

步骤 10　在各个服装品牌介绍页面单击"察看楼层位置"按钮，程序就跳转到"按楼层察看"页面，如图 6-31 所示。

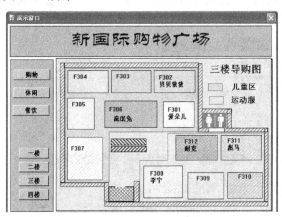

图 6-31　察看品牌所在楼层位置

步骤 11　用同样的步骤，实现女装、男装和运动服框架的设计。

6. 鞋帽和化妆品模块的设计

参照服装模块的实现步骤，完成鞋帽和化妆品模块的设计，流程设计可参阅图 6-32 和图 6-33 所示的流程图。

图 6-32　"鞋帽"模块主流程图　　　　图 6-33　"化妆品"模块主流程图

7. 按楼层查询模块的实现

步骤 1　在购物模块主流程图中双击群组图标"map_按楼层"，在打开的下一级流程图中建立如图 6-34 所示的图标组合。

步骤 2　双击显示图标"tip_按楼层"，在演示窗口中创建绿色背景的显示对象，图像位置与购物模块主流程中显示图标"dis_按楼层"的显示内容相接近，如图 6-35 所示。

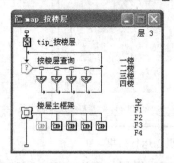 

图 6-34　"按楼层查询"模块主流程图　　　图 6-35　显示图标内容设计

步骤 3　用导航图标创建按钮交互结构，分别导航到框架图标的对应页面，导航图标属性设置如图 6-36 所示。

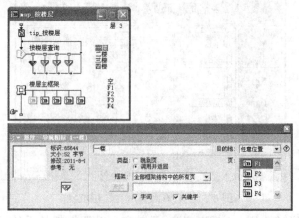

图 6-36　导航图标属性设置

步骤 4　保存并运行程序，效果如图 6-37 所示，单击各个按钮，可以导航到各楼层介绍页面。

步骤 5　双击楼层主框架下属的群组图标"F1"，在打开的下一级流程图中建立如图 6-38 所示的图标组合。

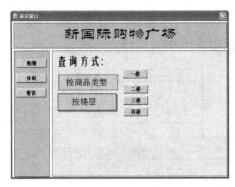

图 6-37　按楼层查询主界面运行效果

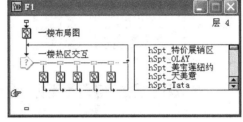

图 6-38　一楼导购介绍的流程图

步骤 6　双击显示图标"一楼布局图"，在打开的演示窗口中创建楼层商铺分布图，如图 6-39 所示。

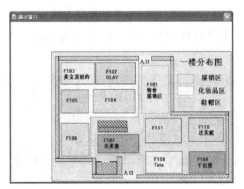

图 6-39　绘制楼层商铺分布图

步骤 7　用显示图标创建热区域交互，单击交互分支"hSpt_OLAY"上方的交互类型标记，在演示窗口中调整热区域范围虚线框的大小和位置，使之与商品分布图中的对应区域重合，在交互分支属性窗口中设定匹配方式为"指针处于指定区域内"，单击"响应"选项卡，选择擦除方式为"在下一次输入之前"，如图 6-40 所示。

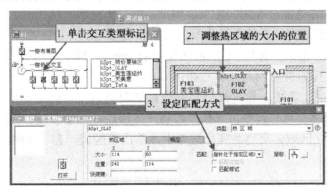

图 6-40　热区域提示信息交互设计

步骤8 用导航图标创建热区域交互，分支名称命名为"NAV_OLAY"，单击该交互分支上方的交互类型标记，在演示窗口中调整热区域范围虚线框的大小和位置，使之与商品分布图中的对应区域重合，在交互分支属性窗口中设定匹配方式为"单击"，如图 6-41 所示。

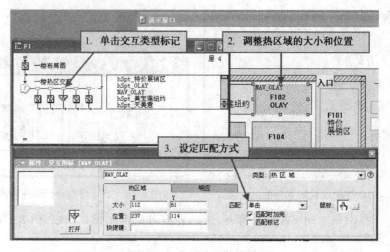

图 6-41 热区域导航设计

步骤9 单击导航图标"NAV_OLAY"，在导航图标属性窗口设定导航目标页面，如图 6-42 所示。

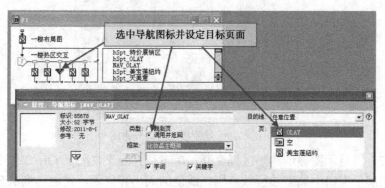

图 6-42 导航目标页面设定

步骤10 同样的方法设定其他热区域交互。保存并运行程序，选择"购物→按楼层→一楼"，把鼠标放在商品分布图的各个位置上，对应的提示信息就出现在窗口中，单击该区域，可以跳转到对应的品牌介绍页面，如图 6-43 所示。

步骤11 双击框架图标"楼层主框架"，在打开的隐含流程图中删除程序自带的图标，用导航图标创建按钮交互结构，建立如图 6-44 所示的图标组合。各导航按钮分别导航到对应的楼层页面，各楼层导航按钮的位置移动到演示窗口的左下角，如图 6-45 所示。

步骤12 保存并运行程序，选择"购物→按楼层→三楼"，效果如图 6-45 所示。鼠标放在各品牌所在区域，会有品牌标记弹出，单击该区域，程序就跳转到对应的品牌介绍页面。

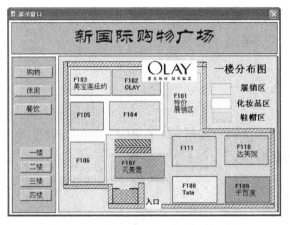

图 6-43　导购图中的热区域提示信息

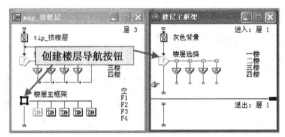

图 6-44　创建楼层导航按钮组

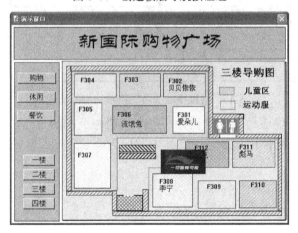

图 6-45　按楼层导航运行效果

6.2.3　休闲和餐饮模块的实现

仿照"购物"模块，实现对休闲与餐饮的介绍。

6.3　项目总结

本项目组合运用框架、导航、交互和群组等设计图标，把要展示的内容有机地组织在一起，通过热区域、热对象、超文本等多种方式实现便捷的访问。通过该项目的实践，可以深入掌握框架、导航、交互和群组图标的使用技巧，为将来从事 Authorware 多媒体交互程序设计打下坚实的基础。

 6.4 实训练习

实训练习 1：为本章的项目增加一个自动展示功能，实现在没有用户操作的时候程序自动演示介绍商场的海报。

提 示

系统变量 TimeOutLimit；

系统函数 TimeOutGoTo(IconID@"IconTitle")。

参考如图 6-46 所示的流程图。

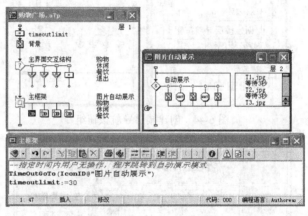

图 6-46 给程序添加自动演示功能的流程图

实训练习 2：畅优通信是一家设计、生产和销售手机的公司，请为该公司设计一套多媒体宣传软件，介绍推广该公司。具体内容包含：

（1）公司简介；

（2）产品展示；

（3）售后服务与技术支持。

基于数据库的考试系统（Authorware）

7.1 项目分析

7.1.1 项目介绍

在教学过程中，通过建立考试题库可以为教师提供方便、大量的试题资源，以便于对学生的学习效果进行检查和测试。考试系统如具有自动抽取试题和自动判卷的功能，就能大大地减轻教师的工作量。教师通过对考试结果进行统计分析，根据反馈信息，能快速了解学生对知识的掌握情况，并进行有针对性的教学，以达到提高教学效果的目的。

本章将采用 Authorware 编程制作一个完整的考试系统，Access 数据库中有 102 道题，数据库中的试题便于修改、添加和删除，程序对题库的调用很便捷。根据课程考试需要，考试系统应该具有登录系统，以便于考生输入个人信息进行登录；同时，系统具有自动抽取试题形成试卷、自动判卷和对结果的统计记忆功能。

7.1.2 创意设计与解决方案

本项目采用 Authorware 与 Access 2003 协同完成考试系统的各项功能。

项目题库采用 Access 2003 创建数据库，包含两张数据表。该考试系统中的数据库应具有操作简单、调用方便的特点。而 Authorware 对数据库提供了很好的支持，可以通过使用 Authorware 自带的 ODBC.U32 来建立与数据源的连接，通过执行 SQL 命令来实现数据库中数据的读取、添加、删除和统计等功能。项目从试题的抽取到成绩的写入，都考虑用 Authorware 的 ODBC 函数来调用 SQL 命令来实现。

本项目包含考试系统的登录模块，在登录界面中输入考生的基本信息（准考证号和姓名）后，就可进入答题模块，对题目进行作答，通过选题模块的交互按钮进行题目前后的跳转，回答完毕并提交试卷后会出现答题结果的成绩界面，系统还具有把答题信息写入数据库的功能，以便教师对考试结果进行统计分析。本项目的流程线结构及运行效果，如图 7-1～图 7-6 所示。

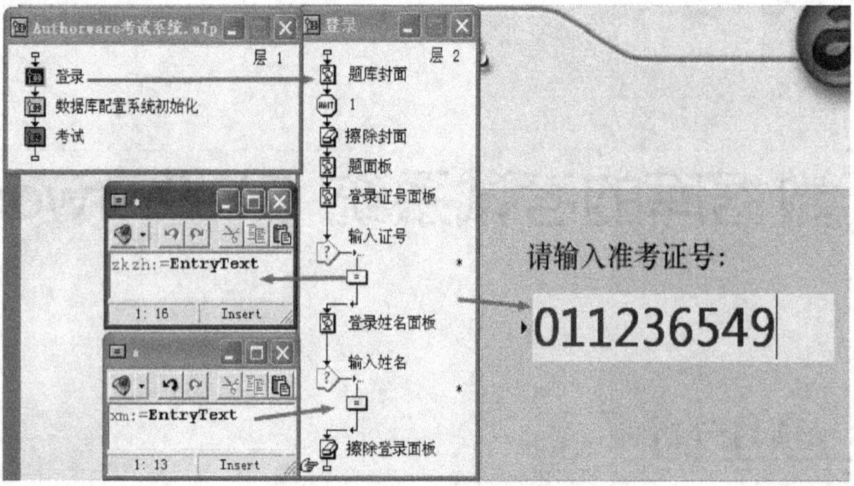

206

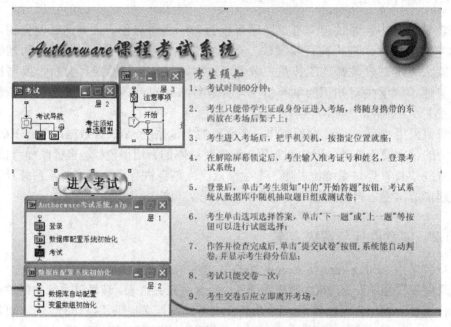

图 7-1　登录模块流程图及效果

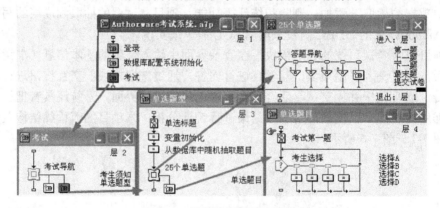

图 7-2　数据库自动配置和考生须知模块流程图及效果

图 7-3　答题选题模块流程图

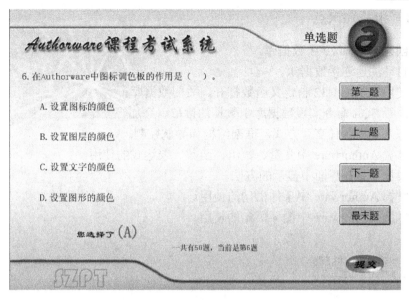

图 7-4　答题选题模块效果

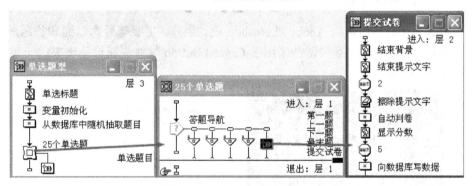

图 7-5　自动判卷模块流程图

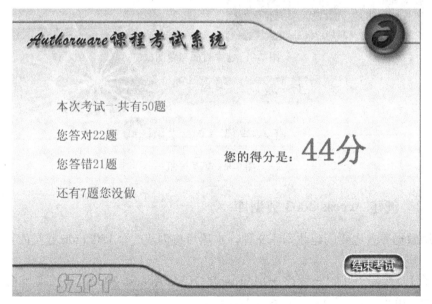

图 7-6　自动判卷效果

7.1.3 相关知识点

（1）创建 Access 2003 数据库。

（2）自动注册连接数据源。

（3）使用 ODBC.U32 自定义函数打开、关闭数据库。

（4）执行 SQL 命令实现数据库中数据的读取、添加等操作。

（5）深入掌握各种交互方式、框架结构和导航控制。

（6）掌握 Authorware 中变量、数组、函数、表达式的使用。

（7）掌握变量在界面中显示的方法。

（8）掌握 Authorware 中条件语句的使用。

（9）掌握 Authorware 中循环语句的使用。

7.2 实现步骤

7.2.1 界面设计制作

本项目设计的界面采用 Adobe Photoshop 设计制作，主要有题库封面和答题面板，如图 7-7 所示，界面中的交互按钮是采用了 Crystal Button 软件快速设计出来的一组成对按钮，如图 7-8 所示。

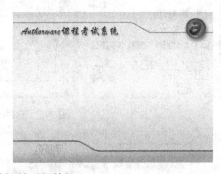

图 7-7　题库封面与题面板

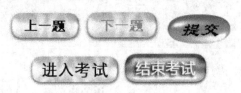

图 7-8　交互按钮

7.2.2 创建 Access 2003 数据库

应用数据库首先要创建数据库文件，本项目将创建一个 kstk.mdb 数据库，库中包含两张表。

步骤 1　选择"开始→程序→Microsoft Office Access 2003"开始菜单命令，打开 Microsoft Office Access 2003，如图 7-9 所示。

步骤 2 单击"新建文件"按钮，在弹出的工作界面中选择"新建文件"面板中的"空数据库"，如图 7-10 所示。

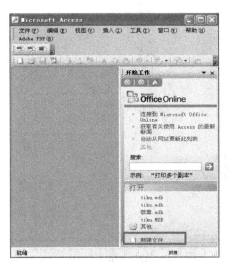

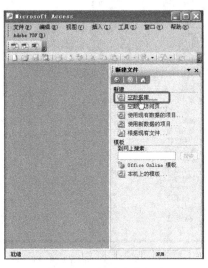

图 7-9 Access 2003 工作界面　　　　　　　　　图 7-10 创建空数据库

步骤 3 在弹出的保存文件对话框中，将该数据库文件取名为"kstk.mdb"，保存在"第 7 章"文件夹中，如图 7-11 所示。

步骤 4 右键单击"使用设计器创建表"选项，在弹出的快捷菜单中选择"设计视图"命令，如图 7-12 所示。

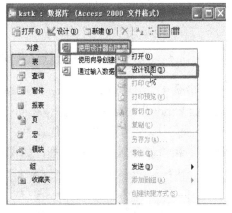

图 7-11 保存 kstk 数据库文件　　　　　　　图 7-12 使用设计视图创建表

步骤 5 在数据表中设计表结构（字段名称、数据类型）等信息，设置"考试时间"、"准考证号"、"姓名"、"答对"、"答错"、"没答"、"成绩"等字段，如图 7-13 所示，关闭该表，在弹出的保存表对话框中给表取名为"stucj"。

步骤 6 右键单击"使用设计器创建表"，在弹出的快捷菜单中选择"设计视图"命令，在数据表中设计表结构（字段名称，数据类型）等信息，设置"题号"、"题干"、"选项 A"、"选项 B"、"选项 C"、"选项 D"、"参考答案"等字段，关闭该表，在弹出的保存表对话框中给表取名为"danxuan"，如图 7-14 所示。

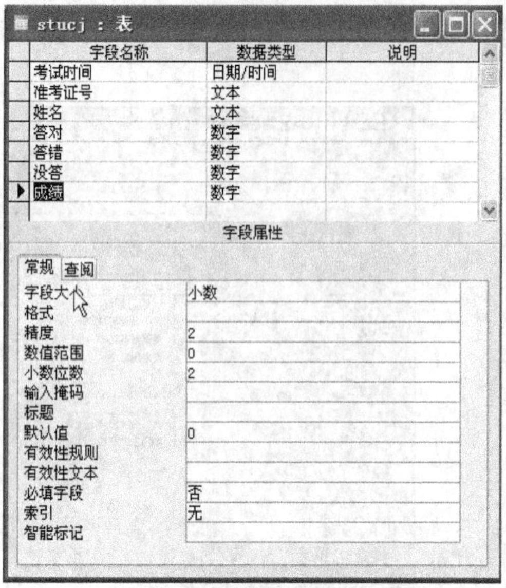

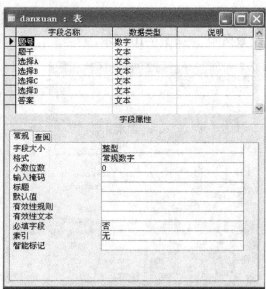

图 7-13　stucj 表结构　　　　　　图 7-14　danxuan 表结构

步骤 7　在"danxuan"表中录入 102 道试题，如图 7-15 所示。

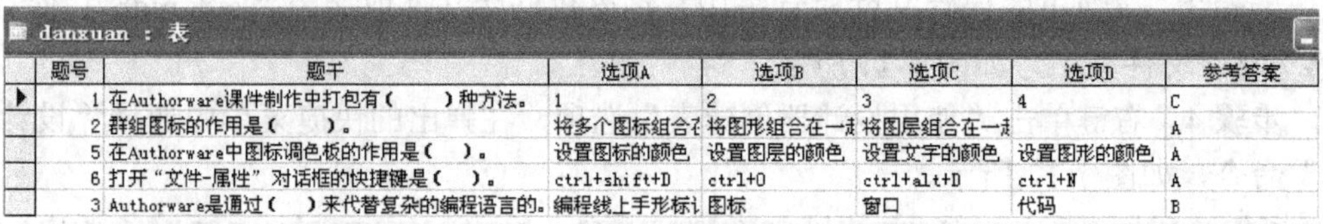

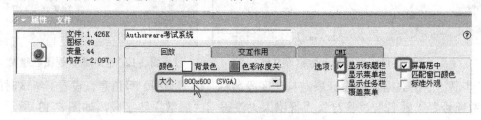

图 7-15　danxuan 表记录

7.2.3　实现考试系统登录模块

步骤 1　运行 Authorware 7.0，新建一个"Authorware 考试系统.a7p"程序文件，并与"kstk.mdb"数据库文件保存在同一个文件夹——"第 7 章"文件夹中，在"文件属性"设置面板中设置该程序文件的属性，窗口大小设为"800×600（SVGA）"，勾选"显示标题栏"和"屏幕居中"复选框，如图 7-16 所示。

图 7-16　"属性：文件"窗口

步骤 2　在流程线上放置一个"群组"图标，双击"群组"图标打开第二层设计窗口，选择"文件→导入和导出→导入媒体"菜单命令，导入"Pic"文件夹中的图片文件"题库封面.jpg"，设计窗口中就出现了一个显示图标，更改图标名称为"题库封面"，如图 7-17 所示。

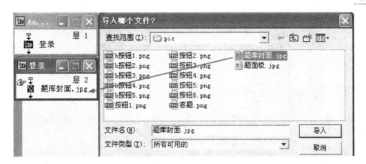

图 7-17　导入图片

步骤 3　双击所导入图片，打开"属性：图像"对话框，在这里可以精确设置图片坐标，把位置设置为（0，0），如图 7-18 所示。

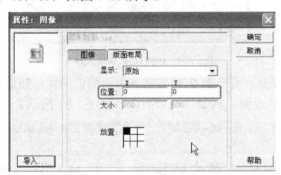

图 7-18　"属性：图像"对话框

步骤 4　拖动"等待"图标到流程线上，命名为"1"。

步骤 5　双击该图标，在属性设置对话框中设置等待时限为系统变量"IconTitle"秒，取消"显示按钮"、"显示倒计时"复选框的选中标记，等待的时长即为 1 秒，如图 7-19 和图 7-20 所示。

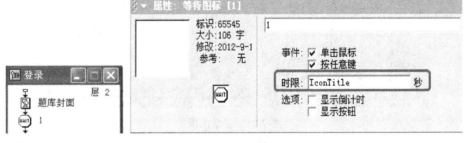

图 7-19　等待图标设置

步骤 6　将一个"擦除"图标拖动到流程线上，命名为"擦除封面"（"擦除"图标必须在要擦除的对象显示之后被执行）。

步骤 7　拖曳"题库封面"图标到"擦除封面"图标建立擦除关系，选中"擦除封面"图标，可查看属性设置窗口，"题库封面"图标显示在"被擦除的图标"列表中。

图 7-20　IconTitle 系统变量

步骤 8　在流程线上，用步骤 2 的方法导入题面板图片；随后再放置一个"显示"图标，用 Authorware 的绘图工具制作登录面板，如图 7-21 所示。

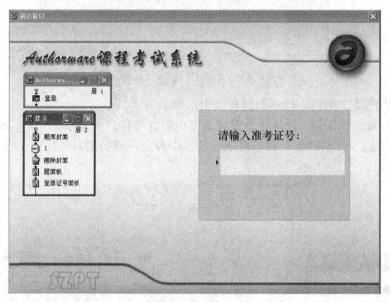

图 7-21　登录面板

步骤 9　在流程线上放置一个"交互"图标，命名为"输入证号"，在其右侧挂接一个"计算"图标，将交互类型设置为"文本输入"，单击交互图标"*"，打开它的属性面板，将"擦除"设置为"在下一次输入之前"，将"分支"设置为"退出交互"，如图 7-22 所示。

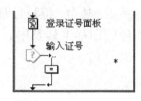

图 7-22　文本交互的响应属性

步骤 10　双击演示窗口中文本输入框，打开"属性：交互作用文本字段"对话框，设置输入框中文字样式，同时将文本框放置于面板中合适的位置，如图 7-23 所示。

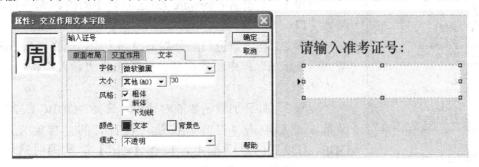

图 7-23　文本框设置

步骤 11　双击交互图标右侧挂接的计算图标，在计算窗口中输入代码"zkzh:=EntryText"。这段代码将键盘输入的准考证号存储在变量"zkzh"中，这个准考证号将会随着成绩一起记录。

步骤 12　打开交互图标右侧挂接的计算图标，输入代码"xm:=EntryText"。这段代码将键盘输入的姓名存储在变量"xm"中，这个姓名将会随着成绩一起记录，如图 7-24 所示。

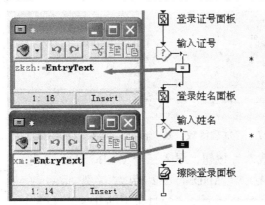

图 7-24　考生输入信息的流程

步骤 13　将一个"擦除"图标拖动到流程线上，命名为"擦除登录面板"。

步骤 14　拖曳"登录证号面板"，"登录姓名面板"图标到"擦除登录面板"图标建立擦除关系，选中"擦除登录面板"图标，可查看属性设置窗口，"登录证号面板"，"登录姓名面板"图标显示在"被擦除的图标"列表中，如图 7-25 所示。

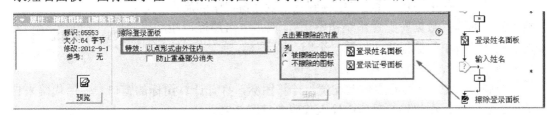

图 7-25　擦除登录面板的设置

至此，系统登录部分制作完成，其流程线结构如图 7-24 所示。

图 7-26 函数窗口

7.2.4 载入外部函数

步骤 1 单击 Authorware 7.0 工具栏中的函数 fₓₒ 按钮，打开函数窗口。

步骤 2 在函数窗口的分类下拉列表中，选择"Authorware 考试系统.a7p"程序文件名称，然后单击"载入"按钮，如图 7-26 所示。

步骤 3 打开加载函数的对话框，选择"ODBC.U32"外部函数，然后单击"打开"按钮，在打开的"自定义函数在 ODBC.U32"的对话框中，按住【Ctrl】键的同时选中三个 ODBC.U32 的自定义函数，如图 7-27 所示。

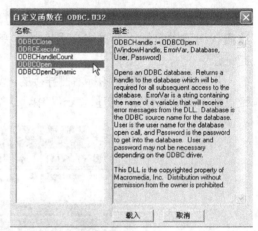

图 7-27 "加载函数"及"自定义函数在 ODBC.U32"对话框

步骤 4 单击"载入"按钮，导入三个 ODBC.U32 自定义函数。同样方法导入 tMsDSN.u32 函数（外部函数 tMsDBRegister() 来自于 Authorware 安装目录下的 tMsDSN.u32 文件），到此就载入了四个自定义函数到"Authorware 考试系统.a7p"程序文件中，如图 7-28 所示。

图 7-28 载入指定函数

7.2.5 为考试系统配置数据源

步骤 1 拖曳一个"群组"图标到层 1 设计窗口中的流程线上，命名为"数据库配置系统初始化"，双击群组图标，在层 2 设计窗口中的流程线上放置一个"计算"图标，命名为"数据库自动配置"，如图 7-29 所示。

步骤 2 双击"数据库自动配置"计算图标，打开计算图标的窗口，使用代码来自动配置数据源，在代码编辑器中输入代码参见图 7-29。

图 7-29　数据库自动配置

知识链接：配置数据源的两种方法——自动配置和手工配置

（1）自动配置：利用 Authoware 附带的外部函数 tMsDBRegister()来实现自动配置 ODBC 数据源，上述的代码就是实现这一功能的。其中，tMsDBRegister()的使用方法如实例所示。其中参数 4 表示增加 ODBC 数据源，这个参数值可以为 1～7，1 表示增加 ODBC 数据源，2 表示编辑 ODBC 数据源，3 表示删除 ODBC 数据源，5 表示编辑 ODBC 数据源，6 表示删除 ODBC 数据源驱动程序，7 表示删除默认的 ODBC 数据源。函数中的变量 dbType 指定 ODBC 数据源驱动程序，变量 dbList 指定 ODBC 数据源的名称、描述及与之相连的数据库文件，这些参数间要用逗号分隔。

（2）手工配置：在控制面板中双击"性能和维护"图标后，在展开的窗口中双击"管理工具"，再在"管理工具"窗口中双击"数据源（ODBC）"图标，打开"ODBC"数据源管理器，使用该管理器来配置数据源。采用此方法，每次运行程序前都得由用户来配置数据源，显然开发的产品易用性不高。

步骤3　在层 2 设计窗口中的流程线上放置一个"计算"图标，命名为"变量数组初始化"，在该"计算"图标中将程序中将要使用的变量及数组变量初始化。设计窗口和程序代码如图 7-30 所示。

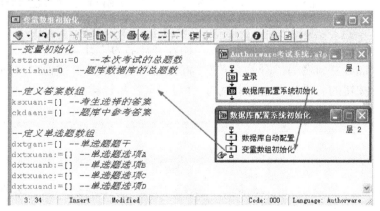

图 7-30　变量数组初始化的设计和代码窗口

7.2.6 考生须知模块制作

步骤1 在主流程线上放置一个命名为"考试"的群组图标,在"考试"群组的流程线上放置一个"框架"图标,命名为"考试导航",在其右侧放置一个"群组"图标,命名为"考生须知"。双击"考试导航"框架图标,删除其中的控制面板和按钮,如图7-31所示。

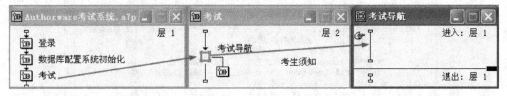

图 7-31 考试模块流程图

步骤2 打开"考生须知"群组图标,在流程线上放置一个"显示"图标并命名为"注意事项",在该显示图标中输入考生须知内容,如图7-32所示。

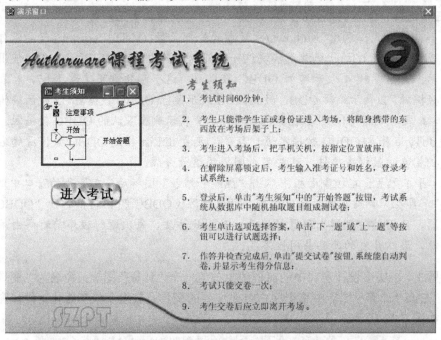

图 7-32 "考生须知"模块流程图及效果

步骤3 在流程线上放置一个"交互"图标并命名为"开始",在该交互图标下挂接一个"导航"图标并命名为"开始答题",将交互类型设置为"按钮"。打开交互响应的属性面板设置按钮的名称为"进入考试",并设置鼠标指针样式和大小,同时,拖动按钮将其放置画面右方,如图7-33所示。

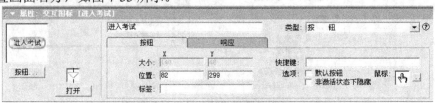

图 7-33 "进入考试"按钮

步骤 4　双击导航图标，打开其属性面板，指定导航类型和目标页，流程线的结构如图 7-34 所示。

图 7-34　"进入考试"导航设置

至此，考生须知模块制作完成。

7.2.7　读取数据库中的数据并随机生成试题

步骤 1　拖拽一个群组图标到"考试导航"框架图右下方，并命名为"单选题型"，双击"单选题型"群组图标。在"单选题型"层 3 窗口的流程线上添加一个名为"单选标题"的显示图标，使用文本工具输入"单选题"，如图 7-35 所示。

图 7-35　添加"单选标题"显示图标

步骤 2　在流程线上放置一个名为"变量初始化"的计算图标，该计算图标中的代码用于初始化变量和数组，程序代码如图 7-36 所示。

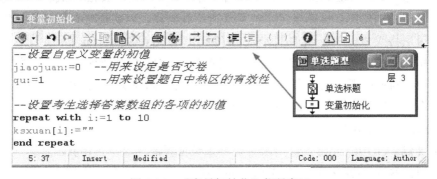

图 7-36　"变量初始化"代码窗口

🔧▶ **知识链接**

　　ksxuan 是一个自定义数组变量，用于存储考生选择答案数组的初值。使用 repeat with 循环语句对这个数组变量的每个元素进行初始化。

步骤 3　在流程线上放置一个名为"从数据库中随机抽取题目"的计算图标，此图标代码实现三部分功能。打开代码编辑器，输入第一部分功能代码：

```
--指明考试总题数
kstzongshu:=25
--打开数据库
ODBCHandle := ODBCOpen(WindowHandle, "error", "kstk", "", "")
--获取记录条数
getRecord:="Select count(题号) from danxuan;"
tktishu:=ODBCExecute(ODBCHandle, getRecord)
```

知识链接

ODBC.U32 包含五个函数可实现对数据库的操作，其中以下三个函数最常用。

1. ODBCopen 函数

（1）功能：ODBCopen 函数用来建立一个与数据源的连接，并且返回一个操作句柄。

（2）语法格式为：ODBCHandle:=ODBCOpen(WindowHandle,Errorvar,Database,User,Password)

语法格式中 ODBCHandle 是一个用户自定义变量，用于存储操作句柄；WindowHandle 在函数使用中照写即可；Errorvar 是用户自定义变量名，用于存储函数执行时所接收到的错误信息；Database 是数据源名；User 是在打开数据库时需要的用户名，如果数据库没有限制打开的用户，那么这里可以用空字符串""来代替，注意这一项在函数使用中不能省略；Password 是打开数据库的密码，此项同样不能省略，如果不需要密码则可以使用空字符串""。

2. ODBCExcute 函数

（1）功能：在 Authorware 与数据库协同工作时，可以使用数据库 SQL 命令作为一个字符串，通过 ODBCExcute 函数将字符串发送给数据库，以实现对数据库的操作。

（2）语法格式为：Data:=ODBCExecute(ODBCHandle, SQLString)

语法格式中 Data 为用户自定义变量，用来保存 SQL 命令的返回值，如果 SQL 命令没有返回值，则可以省略这个变量赋值过程；ODBCHandle 是使用 ODBCOpen 命令时产生的操作句柄；SQLString 是 SQL 命令，这里要注意，命令需要用引号括起来。

3. ODBCClose 函数

（1）功能：ODBCClose 函数用来实现终止数据源的连接，关闭数据库。

（2）语法格式：ODBCClose(ODBCHandle)

步骤 4 第二部分功能是产生与本场考试总题数相等的不同随机数，产生的随机数被放置于数组变量"sui"中。在代码编辑器中继续输入程序代码如下：

```
--产生随机数
--首先清空数组 sui 中的内容
 sui:=""
 sui:=[]
--产生 kstzongshu 个不同的随机数
```

```
--获得第一个介于 1 和数据库总题数 tktishu 之间的随机数
sui[1]:=Random(1,tktishu,1)
--获得后面的随机数的循环
i:=2  --i 为循环变量
repeat while i<=kstzongshu
    flag:=0  --设置一个标志产生一个随机数，再依次与前面所产生的随机数进行比较
              --如果有相同的就重新产生
    repeat while flag=0
      sui[i]:=Random(1,tktishu,1)
      flag1:=0
      repeat with j:=1 to i-1
              if sui[i]=sui[j] then flag1:=1
      end repeat
      --如果产生的随机数和前面的都不同，则更改标志值
      if flag1=0 then flag:=1
      end repeat
      i:=i+1
  end repeat
--设置变量 a，则用来记录当前的题号
a:=1
```

步骤 5 第三部分功能是根据产生的随机数列表从数据库中抽取对应题目的题干、选项和参考答案数据，同时将获取数据存储在对应的数组变量中。在代码编辑器中继续输入程序代码如下：

```
--从数据库中抽取题目，j 为循环变量
repeat with j:=1 to kstzongshu
    n:=sui[j]
    --设置参数 Sqlstr
    Sqlstr:="select 题干,选项 A,选项 B,选项 C,选项 D,参考答案 from
danxuan "
    Sqlstr:=Sqlstr^"Where 题号="^n^";"
    --在数据库中查找
    timu:=ODBCExecute(ODBCHandle, Sqlstr)
    dxtgan[j]:=GetLine(timu,1,1,Tab)
    dxtxuana[j]:=GetLine(timu,2,2,Tab)
    dxtxuanb[j]:=GetLine(timu,3,3,Tab)
    dxtxuanc[j]:=GetLine(timu,4,4,Tab)
    dxtxuand[j]:=GetLine(timu,5,5,Tab)
    ckdaan[j]:=GetLine(timu,6,6,Tab)
  end repeat
```

```
--关闭数据库
ODBCClose(ODBCHandle)
```

7.2.8 题库答题功能实现

步骤 1　在"单选题型"群组图标中的流程线上接着拖放一个"框架"图标，在该框架图标右侧挂接一个"群组"图标。为框架图标命名为"25 个单选题"，为群组图标命名为"单选题目"，删除框架图标中的"Gray Navigation Panel"按钮面板和"Navigation hyperlinks"交互图标及所有的交互按钮。流程线如图 7-37 所示。

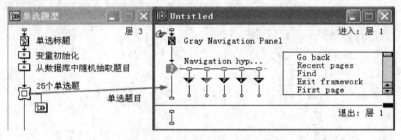

图 7-37　单选题型流程图及 25 个单选题框架图标设置

步骤 2　在"单选题目"群组图标的流程线上放置一个"显示"图标，将其命名为"考试第一题"。在"考试第一题"显示图标中分别输入变量"{dxtgan[a]}"、"A.{dxtxuana[a]}"、"B.{dxtxuanb[a]}"、"C.{dxtxuanc[a]}"、"D.{dxtxuand[a]}"、"您选择了({ksxuan[a]})"和"一共有{kstzongshu}题，当前是第{a}题"，如图 7-38 所示。

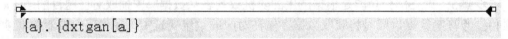

图 7-38　显示变量

步骤 3　在"考试第一题"显示图标的属性面板中，选中"更新显示变量"复选框，如图 7-39 所示。运行程序，显示窗口中已显示从数据库中随机抽取的第一道单选题，如图 7-40 所示。

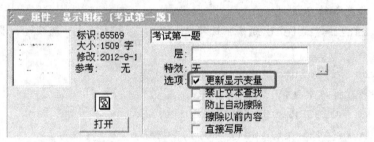

图 7-39　更新显示变量属性

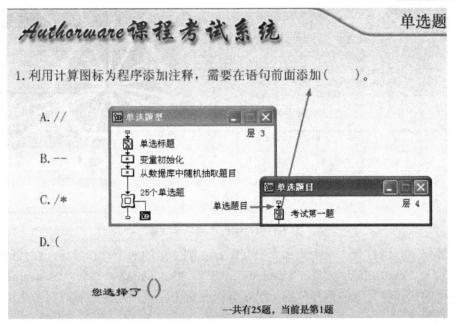

图 7-40　显示抽取的第一题

步骤 4　在流程线上放置"交互"图标，命名为"考生选择"。在其右侧放置四个"计算"图标，分别命名为"选择 A"，"选择 B"，"选择 C"，"选择 D"，将交互类型设置为热区域交互，在演示窗口中拖动各个热区，分别放置在对应的选择项上，如图 7-41 所示。

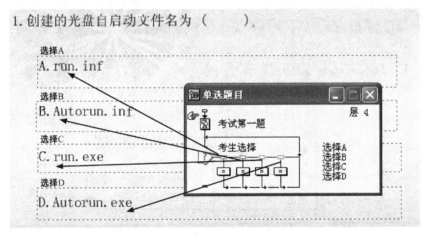

图 7-41　考生选择的交互热区域

步骤 5　单击"选择 A"热区域交互，打开"属性：交互图标 [选择 A]"面板，在"热区域"选项卡中设置鼠标指针形状为手形，匹配条件选中"匹配时加亮"复选框，如图 7-42 所示。在"响应"选项卡中设置热区域的激活条件，如图 7-43 所示。

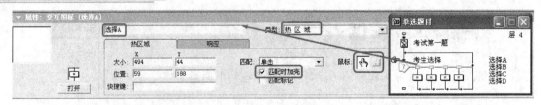

图 7-42　"热区域"选项卡设置

图 7-43　"响应"选项卡设置

步骤 6　分别打开"考生选择"交互图标右侧挂接的四个计算图标，在代码编辑器中分别输入"ksxuan[a]:="A""、"ksxuan[a]:="B""、"ksxuan[a]:="C""、"ksxuan[a]:="D""。

这里的代码将考生的选择分别记录在数组变量中，以便结束考试时对考生的答题情况作出判断统计。

7.2.9　题库选题功能实现

步骤 1　双击打开"25 个单选题"框架图标，在"进入"部分放置一个"交互"图标，在其右侧放置四个"导航"图标、一个"群组"图标。将交互类型设置为按钮交互。设置按钮名称、按钮形状，并排列按钮，同时，设置按钮的响应属性，如图 7-44 所示。

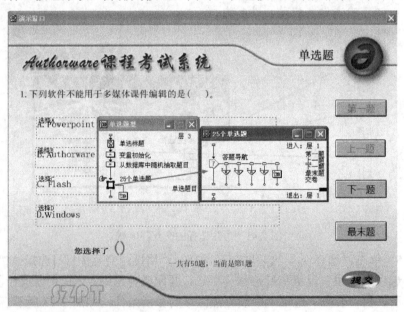

图 7-44　答题导航按钮

步骤 2　为了使"第一题"按钮和"上一题"按钮在显示第一题时不可用，在其属性面板要将激活条件设置为"a<>1"；"下一题"和"最末题"按钮的激活条件设置为"a<>kstzongshu"，这样能够使做到最后一题时，这两个按钮不可用。"提交"按钮的激活条件是"jiaojuan<>1"，这样能够使单击"提交"按钮完成考试后该按钮不再可用，如图 7-45 所示。

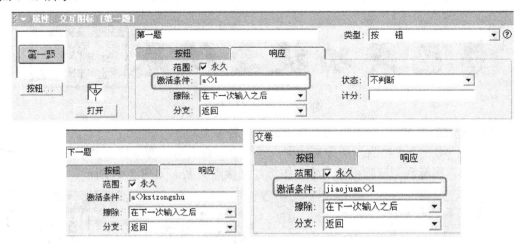

图 7-45 各按钮的激活条件设置

步骤 3 分别在交互图标右侧下挂的导航图标上单击鼠标右键，选择快捷菜单中的"计算"命令为它们附着计算图标。分别为"第一题"、"上一题"、"下一题"和"最末题"导航图标添加代码"a:=1"、a:=a-1"、"a:=a+1"和"a:= kstzongshu "，如图 7-46 所示。

图 7-46 各导航图标附着的计算图标

步骤 4 分别单击四个导航图标，设置导航目标页，将它们都导航到"单选题目"页，如图 7-47 所示。

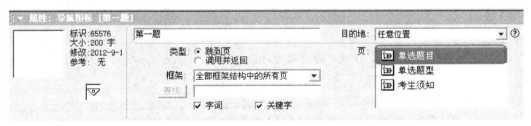

图 7-47 设置导航目标页

7.2.10 自动判卷功能的实现

步骤 1 双击"提交试卷"按钮响应下的群组图标，打开第二层设计窗口。在"提交试卷"群组图标的流程线上，选择"文件→导入和导出→导入媒体"菜单命令，导入"Pic"文件夹中的图片文件"题面板.jpg"，设计窗口中就出现了一个显示图标，更改图标名称为"结束背景"，如图 7-48 所示。

步骤 2　在"提交试卷"群组图标的流程线上接着放置一个"显示"图标，将其命名为"结束提示文字"，在演示窗口中输入"您已成功提交试卷"，如图 7-48 所示。

图 7-48　结束提示文字

步骤 3　拖动"等待"图标到流程线上，命名为"2"。

步骤 4　将一个"擦除"图标拖动到流程线上，命名为"擦除提示文字"，拖曳"结束提示文字"图标到"擦除提示文字"图标建立擦除关系，如图 7-49 所示。

图 7-49　擦除提示文字

步骤 5　在流程线上放置一个名为"自动判卷"的计算图标，在代码编辑器中输入如下所示的程序代码，代码用于对考试结果进行自动判卷。

```
--使交卷按钮响应不可用
Jiaojuan :=1
--使各题目中的热区域响应不可用
qu:=0
--清空分数，记录结果的变量
score:=0
dui:=0
cuo:=0
mei:=0
--逐题检查各题作答的正确与否，设置计数器 dui 和 cuo
repeat with j:=1 to kstzongshu
    if ksxuan[j]<>"" then
        if LowerCase(ksxuan[j])=LowerCase(ckdaan[j]) then
            dui:=dui+1
        else
            cuo:=cuo+1
        end if
    end if
end repeat
--计算没做的题数和考试的得分
```

```
mei:=kstzongshu-dui-cuo
score:=dui*2+cuo*0+mei*0
```

步骤 6 在流程线上放置一个名为"显示分数"的显示图标，在其中输入显示判卷结果的文字与变量，如图 7-50 所示。

本 次 考 试 一 共 有 {kstzongshu}题

您答对{dui}题

您答错{cuo}题

还有{mei}题您没做

您 的 得 分 是 ：

{score}分

图 7-50 显示分数

步骤 7 拖动"等待"图标到流程线上，命名为"5"。

7.2.11 向数据库写入考生答题信息

步骤 1 在流程线上放置一个"计算"图标，命名为"向数据库写数据"，在代码编辑器中输入如下代码，用于将当前考生的答题情况写入到数据库中。

```
addline:="insert into stucj (考试时间,准考证号,姓名,答对,答错,没答,成绩)
values ('"^Time^"','"^zkzh^"','"^xm^"','"^dui^"','"^cuo^"','"^mei^"',
'"^score^"')"
ODBCHandle:=ODBCOpen(WindowHandle, "", "kstk", "", "")
ODBCExecute(ODBCHandle,addline)
```

➤➤ **知识链接**

在 Authorware 中，可以通过使用 SQL 语句对数据库里的数据进行操作，这里使用 insert 来向数据库增加新行。这里要注意，输入的数据值与表中列名的顺序和类型必须一致。在数据表中，被指定为不为空的列一定要输入，否则插入新行操作将失败。另外，在 Authorware 中，如果将变量值作为列内容通过 SQL 语句加入数据库中，变量必须使用 '"^变量^"'格式。

步骤 2 在流程线上放置一个"交互"图标，命名为"结束"，在其右侧放置一个"计算"图标，命名为"结束考试"，流程如图 7-51 所示。将交互类型设置为按钮交互，添加已做好的按钮并设置按钮的响应属性，如图 7-52 所示。

步骤 3 双击"结束考试"计算图标，在代码编辑器中输入代码 Quit()，即可实现退出考试系统。

至此，本章项目制作完成。

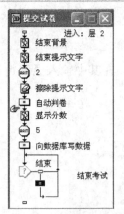

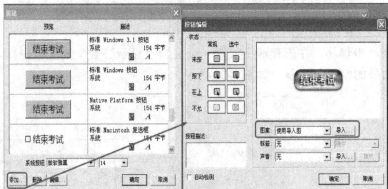

图 7-51　提交试卷流程　　　　　　　　　图 7-52　添加按钮图片

7.3　拓展技巧

7.3.1　提高工作效率的方法

▶1．要严格按照技术文档给图标和变量命名

这样程序的跳转和计算图标中图标才不会出现重复的情况，有些与图标名称相关的函数才能被正确使用。

▶2．复制和粘贴的应用

在 Authorware 中通过复制和粘贴，可以将别人的代码重用，还能将多个文件组成一个文件。

▶3．查找和替换

在代码分布到很多图标中的时候，想要快速修改代码，就要多使用查找和替换功能。

在 Authorware 中可以将项目中重复利用率很高的流程结构创建知识对象，这样用起来要方便很多。建立的方法是，选中要重复利用的流程，选择"Save in Model"菜单命令给这个知识对象输入容易识别的名称，将它保存即可。然后在 Authorware 的知识对象窗口中单击"Refresh"按钮，就能看到新建的知识对象在上面了。

▶4．变量的应用

在前面的章节中笔者已经介绍过关于变量的使用，而在本项目中除了调出外部程序、保存当前进度使用了大量的变量外，同样也定义了很多用来设置等待时间的变量。变量用得好可以大大提高工作效率。

▶5．对 Authorware 工具栏上的图标进行重新定义

如果一个项目中的某些图标用得很多（例如显示图标、擦出图标、移动图标等），那么可以先在流程线上将图标属性设置好，然后将这个图标从流程线上拖回到工具栏。这样下次从工具栏创建这个图标时，其属性就是刚才设置好的属性，这也会省去不少时间。

▶6．同时修改多个图标的属性

在 Authorware 中可以将同类图标同时选中，然后统一修改其属性（用"Edit→Change Properties"菜单命令）。

7.3.2　节省储存空间的方法

同一个文件打包成 EXE 文件比打包成 a7p 文件要大得多，因此尽量将程序打包成 a7p 文件，再采用一个很小的 EXE 文件来调用这些 a7p 文件，这样也可以节省大量存储空间。

7.3.3　提高程序运行速度的方法

Authorware 与其他多媒体制作工具相比，有个显著的缺点，就是生成的多媒体程序运行速度很慢，因此要想办法提高程序运行速度。

▶1．流程设计的技巧

在流程设计的时候可以将一些辅助显示图标放在前面。因为在程序运行计算图标的时候，屏幕肯定是黑的，这时用户会觉得程序还在启动，而放一些显示图标在前面可以先出现一些信息，这样用户会觉得程序已经启动完成了。

▶2．利用变换效果

变换效果不会从实际上增加程序的运行速度，但是添加变换效果后，由于错觉，会让用户觉得程序运行快了一些

▶3．减小程序文件

程序文件越小，则运行速度越快，因此要尽量给程序文件"瘦身"。

▶4．将程序安装在硬盘上运行

将程序安装在硬盘上运行要比在光盘上直接运行要快一些，当然这样做也会占用硬盘上的存储空间。

▽7.4　常见问题

Authorware 创作的多媒体作品在开发环境中运行很流畅，但打包成 EXE 文件后脱离其使用平台，往往会提示缺这个，少那个，影响作品的执行效果，甚至运行不了，怎么办呢？

解决办法如下。

（1）打包前认真检查和测试。

在打包前要先将程序检查一遍，确认没有问题才可以打包（可参见本书第 4.2.3 节）。

（2）发布多媒体作品 EXE 文件的目录中应包含的文件。

● 效果插件，可将安装目录中的 xtras 文件夹复制过来。

● 程序中用到的外部函数也要放置其中，如 Odbc.U32、Cover.u32、MidiLoop.u32、Winapi.u32 等。

● 运行 EXE 文件还需在同一目录放一些 dll 配置文件，这些文件在 Authorware 安装目录都有，如 AWIML32.DLL、JS32.DLL 和 VCT32161.dll 等。

● AVI、FLC、Midi 等文件，在 Authorware 中被当做外部文件存储的，不能像图片文件、WAV 声音文件那样嵌入到最终打包的 EXE 文件内部，所以需将这些文件与最后的打包文件放在同一目录下。

（3）运行打包 EXE 文件，根据提示还缺少什么文件，就把文件从安装目录中复制过去。

7.5 项目总结

本章项目采用 Authorware 编程制作一个完整的考试系统，系统基于 Access 数据库实现了自动抽取试题并具有组卷和自动判卷功能。对 Access 数据库的操作，是采用 Authorware 的 ODBC.UCD 函数来实现的，其中 ODBCopen 函数用来建立与数据源的连接；通过 ODBCExcute 函数执行 SQL 语句将字符串发送给数据库，以实现对数据库的操作；ODBCClose 函数用来实现终止数据源的连接，关闭数据库。

考试系统是一种专家智能型的系统。通过本章的学习，读者应深入掌握交互方式、框架结构和导航控制的运用，学会 Authorware 对数据库操作的代码编程技术。

7.6 实训练习

1．学生成绩管理系统

采用 Authorware 和 Access 数据库协同工作为本考试系统设计制作一个学生成绩管理系统，具有成绩排序、查询、统计等功能。

2．抽奖系统

设计制作一个抽奖系统，具有随机抽取数据库中人员的功能，并能在屏幕上显示中奖人信息。

电子杂志（ZineMaker）

8.1 项目分析

8.1.1 项目介绍

电子杂志已成为十分具有潜力的媒介形式，现在人人都能在互联网上书写自己的心声、开博客、建立个人网站、撰写旅游攻略、写日志，甚至设计发行自己的杂志，无论什么样的行业，什么样背景的人都可以利用计算机和相应的软件，来设计制作自己的电子杂志了。目前国内比较常见的是以 Flash 技术为核心的虚拟书页式电子杂志。

制作电子杂志的软件众多，每款都各有千秋。本章将带领大家采用功能比较全面、知名度较高的电子杂志制作大师 ZineMaker 制作一个深职校园之声的电子杂志。

8.1.2 创意设计与解决方案

项目主要采用 ZineMaker 技术完成校园之声的各项情景制作，包括封面、目录、校园风光、校运动会、青春你我、团队训练、学生摄影作品、学生设计作品和封底等情景。

首先，在 ZineMaker 中添加模版页面，再导入前期制作好的素材进行模版元件的替换，例如在 Photoshop 中预先制作好模版元件要求大小的静态页面，在 Flash 中制作好模版视频元件要求大小的视频，在 ZineMaker 中导入添加准备好的音乐、文字、效果等，最后合成一本流光溢彩的电子杂志。

本项目的素材存放在"第 8 章"目录下，读者可直接调用学习。本项目的运行效果，如图 8-1 和图 8-2 所示。

图 8-1　杂志封面与封底

图 8-2　杂志内页

8.1.3　相关知识点

（1）应用杂志模版。
（2）修改杂志模版中的元件。
（3）内页模版的添加。
（4）音乐、视频、特效的添加。
（5）去掉软件内置 Logo。
（6）设置杂志信息。
（7）制作图标。

8.2　实现步骤

8.2.1　新建杂志及应用杂志模版

步骤 1　选择"开始→程序→ZineMaker 2006"开始菜单命令，或双击桌面上的 ZineMaker 2006 图标，启动 ZineMaker 2006 软件。

步骤 2　选择"文件→新建杂志"菜单命令，在弹出的"新建杂志"对话框中选择合适的杂志模版，单击"硬书脊风格杂志模版.tmf"选项，右边窗口中会出现相应模版效果及说明，选择完成之后单击"确定"按钮，关闭窗口，回到主界面，如图 8-3 所示。

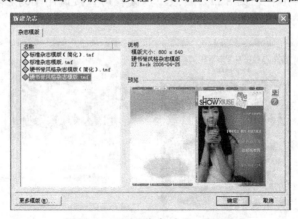

图 8-3　"新建杂志"对话框

步骤 3　在主界面中的"模版元件"查看窗口下，可以看到所选择的模版各个元件信息。单击工具栏上的 ▷ "预览杂志"按钮，可以预览杂志的效果，这时杂志只有封面和封底两页，能翻动杂志，如图 8-4 所示。

图 8-4　应用"硬书脊风格杂志模版"的 ZineMaker 2006 窗口

8.2.2　修改杂志模版

在新建杂志后可以修改杂志自带的模版，制作具有个人风格的杂志。

要调整杂志的风格模版，首先在杂志页面中选中杂志模版，然后在界面右边的模版元件中选择相应的元件，修改模版中所有的元件，例如图片和文字等。

步骤 1　替换图片。

在模版元件窗口中选择背景图片，此时在模版元件下显示了参数"尺寸：1280×1024；格式：JPEG"，在元件查看中可看到背景图片的效果。单击元件设置中的"替换图片"右边的文件夹图标，打开导入图片的对话框，导入"第 8 章\素材\pic\杂志背景.jpg"图片，如图 8-5 所示。

图 8-5　背景图片元件

📀 **知识链接**

"1280×1024"像素是目前大多数用户的计算机显示器分辨率之一。可以根据这个尺寸制作出符合大多数计算机显示器的满屏显示的杂志。

背景图片的制作可以在图像处理软件 Photoshop 中制作完成并导入。

背景图片的尺寸，建议按照原模版尺寸大小，否则会造成图片变形，影响杂志的效果。存储图片为 JPEG 格式。

步骤 2 同步骤 1，替换杂志的封面。封面图片大小尺寸为 404×550 Pixels，格式为 PNG。在模版元件中选择封面图片，然后单击"替换图片"右边的文件夹图标，打开导入图片的对话框，导入"D:\第 8 章\素材\pic\封面图.png"图片，替换图片文件，如图所 8-6 示。

图 8-6 封面图片元件

知识链接

封面图片的尺寸，建议按照模版对尺寸的要求，图片为 PNG 格式。

步骤 3 在模版元件中选择封底图片，然后单击"替换图片"右边的文件夹图标，打开导入图片的对话框，导入"\第 8 章\素材\pic\封底图.png"图片，替换图片，封底图片尺寸大小为 400×550 Pixels，格式为 PNG，如图 8-7 所示。

图 8-7 封底图片元件

步骤 4 更改标题文字 zine_title 变量。

选中模版元件的 zine_title 变量，在元件设置的"设置变量"栏中出现软件的默认信息，删除原有信息并填入要制作的杂志名称和刊号，如"SZPT NO.12"，如图 8-8 所示。

设置变量： SZPT NO.12

图 8-8 更改标题文字 zine_title 变量

知识链接

ZineMaker 中的变量，就是指在模版元件中可修改的数值、文字、动画文件等。例如，在杂志的界面中可修改杂志的名称、刊号、发行日期等。

还有一些杂志模版可以更改页码起始"page_mark_start"变量，页边距变量"page_mark_left_margin"、"page_mark_right_margin"和"page_mark_bottom_margin"。

步骤 5　更改日期文字 zine_date 变量。

选中杂志模版的 zine_date 变量，在"设置变量"栏中填入所需的日期，如"12/24/2012"。

步骤 6　更改目录页 content_page 变量。

选中杂志模版的 content_page 变量，在"设置变量"栏中填入目录实际所在的页码，如"2"。

知识链接

在 ZineMaker 中，目录页面是一个可以放在任何一页的目录模版，以添加页面的方式添加。可以模拟印刷杂志，先放一个环衬页面，再加入目录。但在背景图片上的功能按钮所指的目录跳转却是默认的第二页。所以在这样的情况下，必须让插入目录的页数与该变量相对应。

步骤 7　更改默认音量大小 default_volume 变量。

大多数电子杂志都是带有音乐的，读者可以自行设定音乐的音量大小。在模版元件中，选中杂志模版的 defaule_volume 变量，在元件设置的"设置变量"栏中填入音量的大小参数，如"75"。

步骤 8　更改链接地址 url 变量。

选中杂志模版的 url1 变量，在"设置变量"栏中填入所需链接的网址，如"http://www.szpt.edu.cn/"，选中杂志模版的 url3 变量，在"设置变量"栏中填入所需链接的网址，如"http://sic.szpt.edu.cn/newsic/"。

知识链接

电子杂志最大特色在于它与网络的互动，在此变量中可以设置登录网站的链接按钮。

步骤 9　更改任务栏标题 form_title 变量。

选中杂志模版的 form_title 变量，在"设置变量"栏中填入所需的标题信息，如"深职广播"，在预览杂志时在任务栏上就显示了修改后的标题。

步骤 10　更改页标文字 page_label 变量。

选中杂志模版的 page_label 变量，在"设置变量"栏中填入所需的标题信息，如"<Radio Station> 深职广播"。

步骤 11　更改启动杂志是否最大化 fullscreen 变量。

默认打开杂志需要全屏显示，选中杂志模版的 fullscreen 变量，在元件设置的"设置变量"栏中填入"true"；否则填入"false"。

步骤 12　更改动画文件。

在模版元件中分别选择 email.swf、backinfo.swf、buttons.swf 这几个元件，然后在元件设置下的替换文件中导入使用 Flash 制作的 SWF 格式的文件。buttons.swf 用来指定按钮的风格，email.swf 可以指定电子邮件的联系方式，而 backinfo.swf 则可以指定杂志的制作信息。在 ZineMaker 2006 软件的安装目录下的 designing 文件夹中找到 backinfo.fla 制作信息源文件，并在 Flash 中修改成自己的信息后，再保存为替换此文件夹下的同名文件，效果如图 8-9 所示。

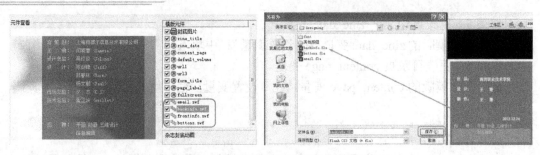

图 8-9　制作人员信息 fla 格式文件更改

知识链接

SWF 格式的原文件保存在安装路径下的 designing 文件夹里，这个文件夹包含了 backinfo（制作人员信息）、button（按钮）、Email（联系的电子邮箱）的原文件，即 Flash 软件制作的 FLA 格式文件，这些文件可使用 Flash 8.0 正式版或更高版本打开修改。

此外，电子杂志还可以设置动画封面，选中模版元件处的"frontinfo.swf"，下方就会出现杂志封面动画的说明，然后从"替换文件"后面的文件夹中调出需要替换的动画页面即可。

8.2.3　添加模版页面

步骤 1　添加模版页面。

单击工具栏的"项目"按钮在其下拉列表中选择"添加模板页面"，弹出"添加模版页面"对话框，选择"图片展示"选项卡下的"GA Graphic _平铺照片_x.tpf"选项，选择完成之后单击"确定"按钮，如图 8-10 所示。

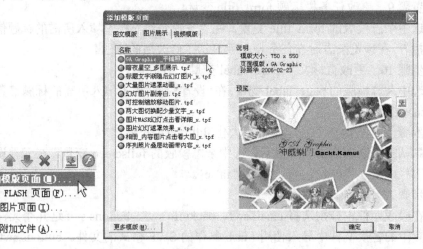

图 8-10　"添加模版页面"对话框

知识链接

在 ZineMaker 软件中，杂志自带的页面以模版的方式存在，根据模版的分类可以选择不同类型的模版。建议制作者按内容在安装目录中进行分类。模版查看可通过图片方式或动画方式进行静态或动态地查看。每个页面可选择一个模版，每个模版可多次选择，同时可通过重命名来区分不同的页面。

步骤2　替换模版页面中的图片。

参照第 8.2.2 节，在模版元件窗口中选中需要替换的图片 1，在元件查看中会显示原始图片的具体尺寸和格式。单击元件设置中的"替换图片"右边的文件夹图标，打开导入图片的对话框，导入"\第 8 章\素材\pic\校园风光 1.jpg" 图片，如图 8-11 所示，这时原来的图片就可替换为需要的图片了。

同样方法，设置图片 2～图片 9 及图片 1（缩略图）～图片 9（缩略图），图片尺寸：580×430，格式：JPEG，缩略图尺寸：180×180，格式：JPEG。

图 8-11　替换模版页面中的图片

知识链接

在 ZineMaker 2006 中有图片裁切功能。

步骤3　替换模版页面中的文字。

在模版元件中选中需要替换的"中文标题"，在元件查看窗口中会以方框显示该文字所在位置。将元件设置下的"更新文字"处的文字删除，然后输入需要更换的文字信息"深职校园风光"，如图 8-12 所示。单击工具栏上的 ▷ "预览杂志"按钮，可以预览杂志的效果，此时得到替换的文字效果，原来的文字已经替换为新的文字"深职校园风光"，如图 8-13 所示。

知识链接

更换的字数尽量在给定字数范围内，否则可能会导致显示不全。

图 8-12　替换模版页面中的文字

图 8-13　深职校园风光页面效果

知识链接

在 Zine Maker 安装文件夹下，有个 template 文件夹，就是用来储存模版的。可以根据需要，在里面新建子文件夹，如测试游戏、目录模版、音乐模版、视频模板等，如图 8-14 所示。在这里新建的文件夹，在打开 Zine Maker 后，添加模版时是可以看见这些分类的，可以方便以后分类使用，如图 8-15 所示。

图 8-14　template 文件夹

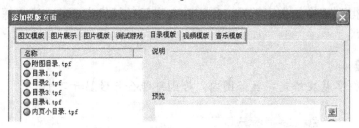

图 8-15　"添加模版页面"的新分类

知识链接

如果读者不需要模版中的某一部分，可以在模版元件中取消勾选的相应项目。只有被勾选的图片和文字才会在最终的杂志页面里显示。同时，如果没有勾选图片，则相应部分显示为一个红色的色块。没有勾选背景图，在背景的部分显示为红色。如果想要不显示该图片，则可以用完全透明的 PNG 替换该图片元件。

步骤 4　添加 Flash 页面。

单击工具栏的"项目"按钮，在下拉列表中选择"添加 Flash 页面"，在打开窗口中选择"\第 8 章\素材\swf\2.swf"文件，之后单击"打开"按钮，SWF 格式的页面就导入 ZineMaker 中了，如图 8-16 所示。

图 8-16　添加的 Flash 页面

知识链接

Flash 对 ZineMaker 软件可以实现良好的支持，一般内页 Flash 尺寸：750×550 Pixels，可多选。

步骤 5　添加图片页面。

在 ZineMaker 中还可以导入在图像处理软件 Photoshop 中制作处理的图片当页面。导入时只需单击工具栏的"项目"按钮，在下拉列表中选择"添加图片页面"，在文件路径下选择并打开作为杂志页面的图片文件进行替换。要注意的是图片的尺寸大小，内页图片尺寸为：750×550 Pixels，可以多选，ZineMaker 支持的图片格式有 PNG和 JPEG。

8.2.4　添加音乐

可以给电子杂志添加音乐，在不同的页面内容中搭配与内容相符合的音乐。

步骤 1　选择"文件→导入音乐"菜单命令，在弹出的"打开"对话框中，选择需要导入的音乐文件"唯一的你.mp3"，如图 8-17 所示。

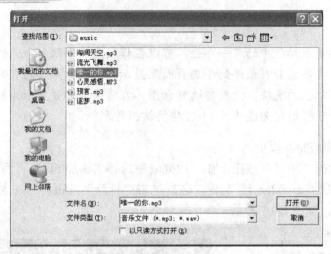

图 8-17 "打开"对话框中选择需要导入的音乐

　　步骤 2　在弹出的"导入音乐"对话框中，建议单击"默认值"按钮使用默认值，勾选"立体声"复选框。完成后单击"导入"按钮，如图 8-18 所示。

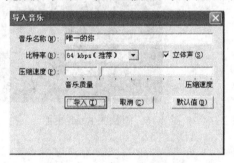

图 8-18 "导入音乐"对话框

知识链接

比特率：比特率越高音质就越好，但文件占用空间也就比较大。
压缩速度：从左到右是由快到慢的，对音质没有影响。

　　步骤 3　在界面的右下方的页面设置中，找到"背景音乐"选项，选择导入的 MP3 格式的音乐文件"唯一的你"，如图 8-19 所示。

图 8-19 背景音乐设置

知识链接

　　每导入一首音乐后，就可以在杂志页面中选中要添加音乐的页面，每页都可以添加不同的音乐。

如果每个页面需要播放不同的背景音乐，则需要重复以上步骤。非标准格式的 MP3 文件无法加载。

如果想要整本杂志都用同一首歌，可以先设置杂志模版的背景音乐，然后在每个内页页面设置下找到"背景音乐"选项，选中"同杂志模版"命令，这样就可以指定整本杂志使用相同的音乐了。

8.2.5 添加视频

可以添加视频文件来丰富杂志内容。

步骤 1 选择"文件→导入视频"菜单命令，在弹出的"打开"对话框中，选择需要导入的视频文件"片尾文字.avi"。

步骤 2 在"导入视频"对话框中，修改"导入设置"选项，如图 8-20 所示。

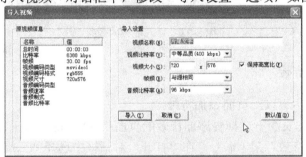

图 8-20 "导入视频"对话框

步骤 3 完成后单击"导入"按钮，这样文件会被自动转换为 FLV 格式文件。

步骤 4 添加一个模版页面中的"视频模版"，如"大型视频模版.tpf"，如图 8-21 所示。

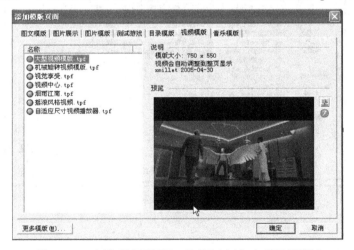

图 8-21 "添加模板页面"对话框中添加大型视频模版

步骤 5 选中"模版元件"中的"videol.flv"视频文件，单击元件设置下的替换文件处的文件夹图标，软件自动在安装目录栏下的"video"文件里找到之前导入转换为 FLV 格式的视频文件，在打开对话框中选中要替换的文件，单击"打开"按钮就导入了视频。

步骤 6 这时在杂志页面中重新选中视频的页面，在元件查看中以动画方式查看就可以看到新导入的视频效果了，如图 8-22 所示。

图 8-22 导入视频的效果

8.2.6 添加特效

在软件的页面中可以给页面添加特效。

步骤 1 在杂志页面下选择要添加特效的页面 "GA Graphic _平铺照片_x.tpf"，然后选择"文件→导入特效"菜单命令，在"打开"对话框中选择"三维星花.efc"文件，如图 8-23 所示。

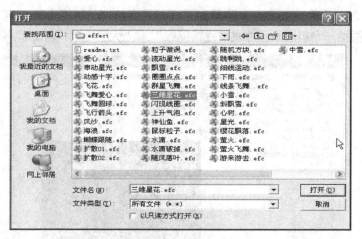

图 8-23 "打开"对话框中添加特效文件

知识链接

特效文件格式为".efc"，读者也可从网上下载更多更炫的特效文件，复制到"effect"目录下。

步骤 2 单击"页面设置"的"页面特效"下拉框，选择之前添加的"三维星花"页面特效，在元件查看处会显示添加的效果，如图 8-24 所示。

图 8-24 "三维星花"特效

知识链接

也可以选中"页面特效"，按住【Alt】键再加上键盘的上下方向键逐个选择特效。

8.2.7 调整情景页面顺序

在杂志的制作中，有时需要调整情景页面的顺序，操作十分简单。

步骤 1 先在杂志页面中选择要移动的页面，如目录 1.tpf。

步骤 2 单击工具栏上的箭头工具"上移"或"下移"按钮，另外，也可以在"编辑"菜单下选择"页面上移"命令移动，每次移动一层，如图 8-25 所示。

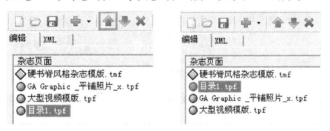

图 8-25 调整页面的顺序

8.2.8 预览杂志

在制作完成后全屏预览，或在杂志页面下选择杂志模版后在元件查看中进行观看。在杂志制作过程中对杂志进行预览，其呈现的效果和生成杂志后的效果是一致的，是一种很好的检查方式，如图 8-26 所示。

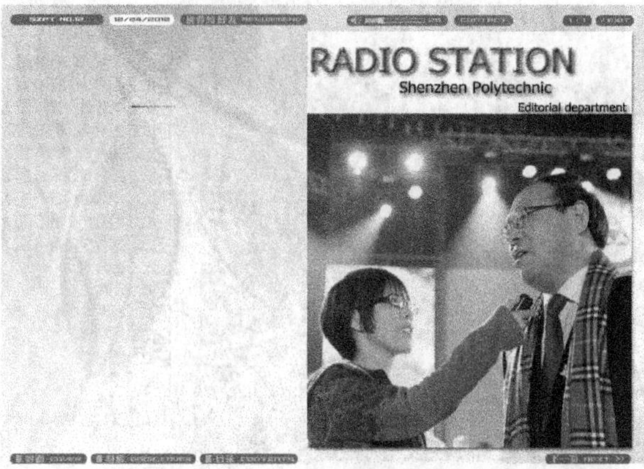

图 8-26　全屏预览杂志

8.2.9　生成杂志

在生成杂志之前，应先预览杂志，查看杂志的最终效果，确认无误后再生成杂志。

步骤 1　单击工具栏上的 杂志设置按钮，在“生成设置”对话框的“杂志信息”选项卡中设置杂志的生成文件保存位置“D:\第 8 章\深职校园之声.exe”，选择代表杂志的图标文件“D:\第 8 章\素材\myicon.ico”，并设置窗口的大小，如图 8-27 所示。

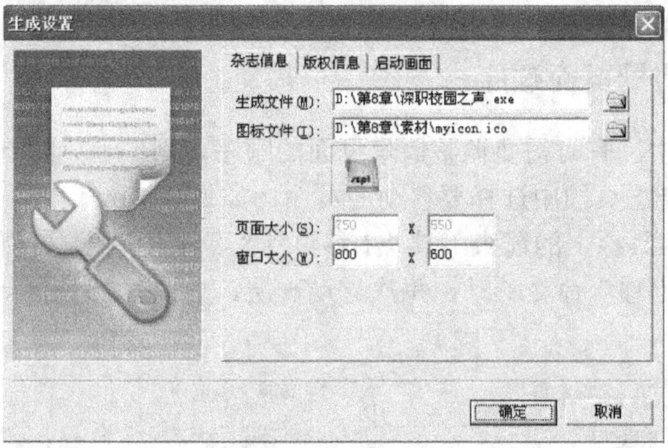

图 8-27　“生成设置”对话框的杂志信息设置

步骤 2　在“版权信息”选项卡中设置杂志的产品名称、公司名称、版权信息等信息，如图 8-28 所示。

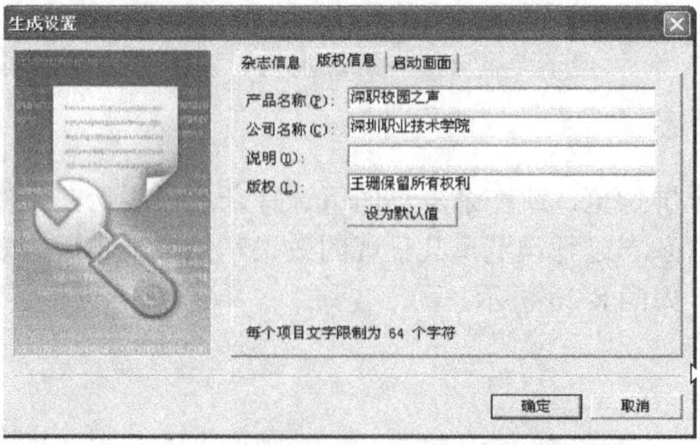

图 8-28　“生成设置”对话框的版权信息设置

步骤 3　在"启动画面"选项卡中挑选合适的杂志启动画面，这个画面类似于打开 Word、Photoshop 等软件时出现的画面。单击"启动画面"下"选择文件"旁的放大镜图标，就可以看到各种启动画面的预览，如图 8-29 所示。

图 8-29　"生成设置"对话框的启动画面设置

步骤 4　设置完成，确定没有问题后，单击工具栏上的 生成杂志按钮，弹出"生成电子杂志"对话框，显示生成进度，如图 8-30 所示。杂志就会自动在指定的路径下"D:\第 8 章\"生成"深职校园之声.exe"可执行文件。

图 8-30　"生成电子杂志"对话框

至此，本章项目制作完成。

8.3　拓展技巧

8.3.1　制作自己的模版

可以手动破解模版，将其转化为 Flash 的原文件 FLV 格式，修改模版。

（1）首先找到 ZineMaker 2006 的安装文件夹下的 temp 文件夹。

（2）打开 temp 文件夹，这时里面只有一个 pages_online 文件。

（3）再打开 ZineMaker 2006，新建一个电子杂志，添加需要破解的页面模版，选择好生成路径。

（4）这时要注意看着 temp 文件夹的变化，单击"生成杂志"按钮，一般在"插入翻页背景图片"的时候，在 temp 文件夹中会有模版的 SWF 文件生成。（注意：此时系统中的文件显示属性必须为显示隐藏文件。）

（5）当 temp 文件夹内有 SWF 出现的时候，就要把其中的 SWF 文件拖出来，这就是破解出来的 ZineMaker 内页模版了。但是注意，速度要快，不然杂志生成好以后，这些 SWF 文件就会消失。

可以在需要破解的模版后面多添加几个模版，来延长 SWF 文件在 temp 文件夹里的停留时间。在单击"生成杂志"按钮之后，在 temp 文件夹里不断地刷新，可以陆续看到被破解出来的内页模版。如果需要破解的模版很多，建议分多几次破解。然后将 FLV 文件导入 Flash 中进行修改。

8.3.2　制作图标

要想制作出个性专业的电子杂志，就需要为杂志设计一个个性化的图标。通常 ZineMaker 默认图标是小树叶图标。如果想换成自己个性化的图标，就需要自己制作一个合适的 ZineMaker 的杂志标志。下面介绍使用 IconWorkshop 软件制作图标的方法。

步骤1　双击桌面上的 IconWorkshop 软件图标 **I**，启动软件。

步骤2　单击工具栏上的 🗁 打开按钮，在弹出的"打开文件"对话框中选择 ZineMaker 2006 安装路径下的"template\icon.ico"图标文件，在右边预览窗口中显示 ZineMaker 默认图标的三种格式效果，如图 8-31 所示。

图 8-31　"打开文件"对话框

步骤3　单击"打开"按钮，在屏幕中出现了 icon.ico 图标的编辑窗口，在窗口的左侧有该图标三种格式的大小、颜色信息，分别为"48×48-RGB/A"，"32×32-16.8M"，"16×16-16.8M"，如图 8-32 所示。

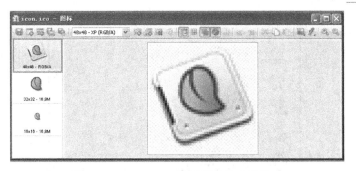

图 8-32　ZineMaker 默认图标的三种格式

步骤 4　单击绘图工具面板上的选择工具，框选图标全部像素（或按【Ctrl+A】组合快捷键），按【Del】键，删除图像，如图 8-33 所示。

图 8-33　全选图标像素

步骤 5　选择"文件→导入→图像"菜单命令，导入已在 Photoshop 中制作好的图像文件"D:\第 8 章\素材\ szpt.png"，重复步骤 4～步骤 5，制作其他两种格式的图像，如图 8-34 所示。

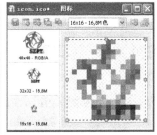

图 8-34　导入新图像的图标

步骤 6　图标制作完毕，效果如图 8-35 所示，满意后把图标另存成"D:\第 8 章\素材\ szpt1.ico"文件，如图 8-36 所示。

图 8-35　图标制作效果

图 8-36　保存图标文件

步骤 7　当杂志发布之前，在 ZineMaker 2006 软件中，单击工具栏上的 杂志设置 按钮，在"生成设置"对话框的"杂志信息"选项卡中看到杂志默认的绿叶图标，单击 "图标文件"旁的文件夹图标，弹出"打开"对话框，选择刚制作好的图标文件"D:\第 8 章\素材\szpt1.ico"，默认的绿叶图标就被替换成自己做的图标，如图 8-37 所示。

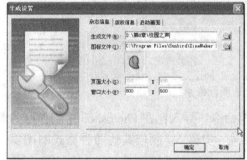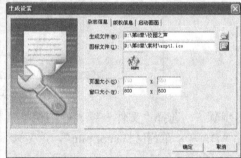

图 8-37　杂志图标替换

8.4　常见问题

8.4.1　去掉封底的 Logo

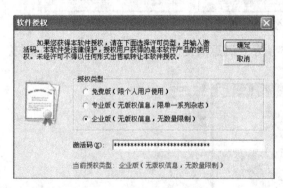

图 8-38　"软件授权"对话框

使用 ZineMaker 软件的人都知道，在生成杂志的封底会有一个 zinechina 的标志。其实，这个标志只是针对于免费版的用户。只要对软件进行注册专业版或企业版，就不会出现上述问题。注册方法是打开 ZineMaker 2006 软件，选择"帮助→软件授权"菜单命令，在弹出的对话框中输入授权码注册即可，如图 8-38 所示。

8.4.2　实现多首音乐连续播放

在 ZineMaker 软件里，可以对杂志的音乐进行设置多种播放方式。例如指定杂志模版中的音乐通用于整本杂志，或者在每个页面中分别使用"页面设置"下的"背景音乐"来指定每个页面不同的音乐。但每个页面插入不同音乐的做法，会在翻到下一页时随即播放下一首音乐而中断前面的音乐。那么，如何实现多首音乐连续播放呢？

其实方法非常简单，使用 Adobe Audition 3.0 软件将音乐文件拼合起来，将多首曲子组合成一首，然后在杂志模版中导入，作为背景音乐。然后其他页面则在背景音乐中选择"同杂志模版"就可以了。

8.5　项目总结

本章采用 ZineMaker2006 设计制作一个学校校园之声的电子杂志，全面介绍了杂志的制作流程：应用杂志模版，修改杂志模版，添加与修改内页模版页面，为杂志添加音乐、视频、特效，杂志设置，以及最后生成杂志。

电子杂志是由许多 Flash 动画画面组成的，制作步骤比较复杂。但 ZineMaker2006 软件是大众化的，只要懂电脑知识的人都可以按照软件的窗口提示，一步步添加素材制作出具有专业效果的电子杂志。此软件操作简单，易学，容易快速掌握。电子杂志的制作技术不再是挡住人们兴趣的拦路虎，大家可以把更多的精力集中在电子杂志的创意和构思上。

8.6　实训练习

请用 ZineMaker 自选主题自做素材，制作一个旅行攻略杂志。

复杂个性化电子杂志（Flash）

9.1 项目分析

9.1.1 项目介绍

本章我们用 Adobe Flash 软件来制作个性化电子杂志，因为 ZineMaker 中的各种杂志效果模版都是由 Flash 开发成的固定框架。

现在旅游景地的电子杂志越来越流行，也广受人们欢迎，如图 9-1 所示。

图 9-1　某网站的电子杂志

在本章中，我们将学习如何利用 Flash 软件来制作一个电子杂志，杂志的主题为中国十大古镇之一的乌镇。

9.1.2　创意设计与解决方案

1．创意设计

（1）构思。

构思是设计的灵魂，构思的核心在于考虑表现什么和如何表现这两个问题。

第一，表现什么？

本项目的主题是为中国十大古镇之一的乌镇作一个旅游宣传的电子杂志，所以需要突出乌镇的特点，其独具江南小镇特色的自然风景和人文文化是表现的重点。

第二，如何表现？

电子杂志是一个新型的媒体平台，与平面媒体不同，由于有 Flash 技术的强大支持，其表现形式可以更加多媒体化和更加生动，有文本、图片、动画、声音、视频等；还可利用 Flash 的脚本语言进行编程，增加了交互式的浏览方式。在考虑如何表现这个问题时，则可充分利用电子杂志独有的多媒体性和交互性这两大主要特点。

（2）内容结构框架。

内容主要分为封面、目录、正文、封底这几个部分。其中正文又分为悠久历史、传说典故（石佛寺、昭明求学）、民俗风情（元宵走桥、香市、茶馆风情、皮影戏）、地方特产（蓝印花布、丝棉）四个部分。

（3）表现风格。

乌镇的风格是静谧古朴的，所以电子杂志为了突出主题，与主题相适应，也采用这样的风格，利用黑白色调，背景图片采用青石砖路作为背景，并对背景做了去色处理，突出黑白色调。但为了避免单调，对每一页又设计了不同的动画，突出其多媒体的特性。

2．解决方案

（1）图片素材收集。

利用 PhotoShop 来制作相关图片素材，包括页面背景、内容等，形成丰富的视觉效果。

（2）分页面设计。

将每个页面都定义成一个影片剪辑元件，并对其单独进行设计制作动画效果。在本项目中，共有 16 个单独的影片剪辑元件，包括封面 1 页、封面内衬 1 页、目录 1 页、目录内衬 1 页、正文 10 页、封底内衬 1 页、封底 1 页。

（3）翻页效果。

将每一个页面以影片剪辑元件的形式单独设计好之后，利用 ActionScript 脚本对 16 个影片剪辑元件进行编程，将其放置在整个文档的背景框架中，并模拟真实的页面翻页效果，实现从 4 个边角处进行翻页。

9.1.3　相关知识点

（1）动画的形成原理、帧的概念。

（2）创建补间动作动画形式和补间形状动画的方法。

（3）添加图层、编辑图层的方法。

（4）遮罩图层、运动引导图层。

（5）创建元件的方法及库面板的使用方法。

（6）创建空的影片剪辑的方法。

（7）绘制矩形和圆的方法。

（8）遮罩效果的实现。

（9）按钮控制。

（10）翻页效果（ActionScript 脚本程序）。

9.2 实现步骤

一个完整的电子杂志总共包括四个部分：封面、目录、内容、封底。内容页面又包含了图片、动画、文本、声音、视频等。将此多媒体电子杂志项目分为七个模块来制作，具体制作过程如图 9-2 所示。

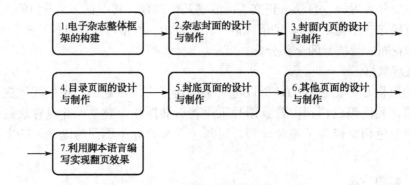

图 9-2 电子杂志制作过程

本项目用到的素材，读者可从教材所提供网站中下载。

9.2.1 构建电子杂志整体框架

由第 9.1.2 节中的解决方案得知，在本项目中，将制作一个有 10 页内容的电子杂志，所以共有 16 页，除了 10 页正文外，还包括封面 1 页、目录 1 页、封面内衬 1 页、目录内衬 1 页、封底内衬 1 页、封底 1 页。而现实中杂志的一页，在电子杂志中就是一个剪辑元件。所以在这个模块将构建电子杂志的整体框架，也就是需要创建 16 个单独的影片剪辑元件。具体分为以下两个任务来完成。

任务 1. 文件的创建与设置

任务 2. 新建 16 个影片剪辑元件并为其添加链接

任务 1．文件的创建与设置

（1）新建文件与保存文件。

步骤 1　启动 Flash，选择"文件→新建"菜单命令，在弹出的"新建文档"对话框中，选择类型为"Flash 文件（ActionScript 2.0）"，单击"确定"按钮，如图 9-3 所示。

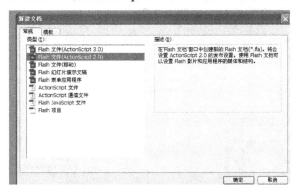

图 9-3　"新建文档"对话框

步骤 2　选择"文件→保存"菜单命令，将文件保存为"乌镇.fla"。

（2）设置属性。

选择"修改→文档"菜单命令，在弹出的"文档属性"对话框中，将尺寸设置为宽750 像素，高 536 像素，帧频为 12fps，然后单击"确定"按钮，如图 9-4 所示。

图 9-4　"文档属性"对话框

任务 2．新建 16 个影片剪辑元件并为其添加链接

（1）新建元件。

步骤 1　选择"插入→新建元件"菜单命令，在弹出的"创建新元件"对话框中把元件名称设为"page1_fengmian"，选择类型为"影片剪辑"，然后单击"确定"按钮，如图 9-5 所示。

图 9-5　"创建新元件"对话框

步骤 2　按【Ctrl+F8】组合键，创建其他影片剪辑元件，分别命名为"page2_fengmianb"、"page3_mulu"、"page4_mulub"、"page5r"、"page6l"、"page7r"、"page8l"、"page9r"、 "page10l"、"page11r"、"page12l"、"page13r"、"page14l"、"page15_fengdib"、"page16_fengdi",如图9-6所示。

（2）为元件添加链接。

步骤1　在库面板中选择影片剪辑元件"page1_fengmian",单击鼠标右键,在弹出的快捷菜单中选择"链接"命令,如图9-7所示。

图9-6　库面板中的16个影片剪辑元件　　　　图9-7　为元件添加链接

步骤2　在弹出的"链接属性"对话框中选中"为ActionScript导出"和"在第一帧导出"复选框,然后将它的"标识符"命名为"print1",如图9-8所示。

图9-8　"链接属性"对话框

步骤3　用相同的方法设置其他15个影片剪辑元件的链接属性,"标识符"分别设为"print2"、"print3"、"print4"、……"print16"。

📖➡ **知识链接**

元件的概念可参考第2.8.2节,那么元件的链接属性里的标识符和实例命名有什么区别呢?说明如下:

"标识符"是为对象命名的,这样程序才能识别和控制;"链接"选项中的"为ActionScript导出"和"在第一帧导出"复选项,前者是确定要接受动作脚本控制,后者是确定要在生成SWF文件时被导出。

9.2.2 杂志封面的制作

杂志封面（"page1_fengmian"影片剪辑元件）的设计页面效果如图 9-9 所示。

图 9-9 封面效果图

在这个模块中将设计杂志封面，在这里对杂志的封面背景设计了一个淡入效果的动画；而对杂志标题文本做了重点处理，设计了一个探照灯效果的动画；最后利用脚本语言来实现对影片剪辑元件的控制。具体分为以下 4 个任务来完成。

任务 1. 设置封面背景淡入效果
任务 2. 制作杂志标题（探照灯效果）
任务 3. 添加图片
任务 4. 添加脚本控制影片剪辑元件播放

任务 1. 设置封面背景淡入效果

（1）插入背景图片。

步骤 1　在库面板中双击"page1_fengmian"元件，打开此元件的编辑窗口，在"时间轴"面板中，将图层 1 重命名为"背景"，如图 9-10 所示。

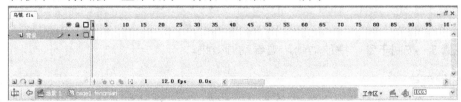

图 9-10　时间轴面板

步骤 2　选择"文件→导入→导入到舞台"菜单命令，在弹出的"导入到舞台"对话框中，选择从教材所提供网站中下载的素材文件夹中的"images"文件夹中的图像文件"fengmian_bj.jpg"，单击"打开"按钮，将图像导入到舞台工作区。

步骤 3　单击刚导入的位图，在"属性"面板设置 X、Y 坐标为（-175，-225），如图 9-11 所示。

图 9-11　利用位图"属性"面板调整图像位置

知识链接

位图和矢量图的概念可参考第 2.8.2 节。

（2）为背景图片制作淡入效果的动画。

步骤 1　单击刚导入的位图，单击鼠标右键，在弹出的快捷菜单中选择"转换为元件"命令，在弹出的"转换为元件"对话框中，选择类型为"图形"，并命名为"fengmian_bj"，如图 9-12 所示。

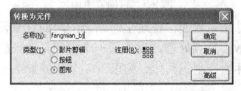

图 9-12　"转换为元件"对话框

步骤 2　选择图层"背景"的第 15 帧，选择"插入→时间轴→关键帧"菜单命令，在第 15 帧处插入关键帧。

步骤 3　选择图层"背景"的第 1 帧，单击"fengmian_bj"实例，将其颜色的 Alpha 值设为 10%。

步骤 4　选中图层"背景"，在帧属性面板的"补间"下拉列表中，选择"动画"，如图 9-13 所示。

图 9-13　帧属性面板

步骤 5　按回车键，播放动画，观看动画效果。

知识链接

为何要将位图转换为元件？参考第 2.8.3 节，可知道补间动作动画的对象必须是元件，不能作用于位图。所以这里必须要将位图转换为元件。

Alpha 值的设定，在 PhotoShop 里也有 Alpha 值，在 Flash 中也一样，表示图片的透明度，其值越小，图片越透明。

任务 2. 制作杂志标题（探照灯效果），如图 9-14 所示

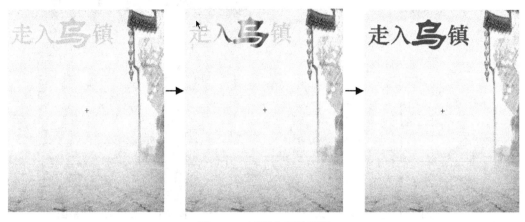

图 9-14　封面文字效果图

（1）新建"标题"图层，输入灰色文本，效果如图 9-14 左图所示。

步骤 1　选择"插入→时间轴→图层"菜单命令，插入图层 2，并将其重命名为"标题"。

步骤 2　在时间轴面板中选择"标题"图层的第 15 帧，按【F6】键，插入关键帧。

步骤 3　选择"标题"图层的第 15 帧，在工具面板中，单击文字工具 **T**，在界面下部的 Properties 对话框中，设字体为"华文中宋"，加粗，字体大小为 50 像素，文本颜色为灰色，输入文本"走入乌镇"，效果如图 9-15 所示。

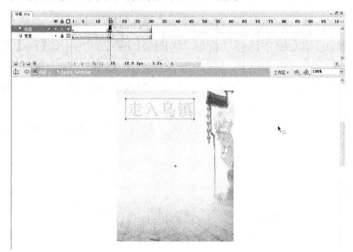

图 9-15　"时间轴"面板及输入文本效果图

步骤 4　选中文本"走入乌镇"，选择"修改→分离"菜单命令，将文本打散，分成四个单独的文本，如图 9-16 所示。

步骤 5　选中文本"乌"，将其字体修改为"华文隶书"，字体大小为 90 像素，效果如图 9-16 所示。

（2）新建"标题 2"图层，输入彩色文本，效果如图 9-17 所示。

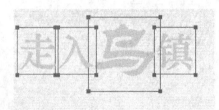

图 9-16　文本打散效果图　　　　　　　　图 9-17　彩色文本效果图

步骤 1　在时间轴面板，单击"插入图层"按钮 ，插入图层 3，并将其重命名为"标题 2"，如图 9-18 所示。

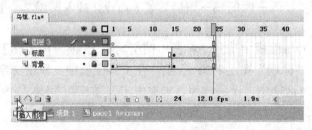

图 9-18　时间轴面板"插入图层"按钮

步骤 2　在时间轴面板中选择"标题 2"图层的第 25 帧，按【F6】键，插入关键帧。

步骤 3　在时间轴面板中选择"标题"图层的第 15 帧，单击鼠标右键，在弹出的快捷菜单中选择"复制帧"命令；选择"标题 2"图层的第 25 帧，单击鼠标右键，在弹出的快捷菜单中选择"粘贴帧"命令。

步骤 4　选择"标题 2"图层的第 25 帧，按【Ctrl+B】组合键将文本再次打散，效果如图 9-19 所示。

图 9-19　文本再次打散效果图

步骤 5　选择"标题 2"图层的第 25 帧，在工具面板中单击颜料桶工具 ，并选择填充色为七彩渐变 ，颜色面板如图 9-20 所示，效果如图 9-21 所示。

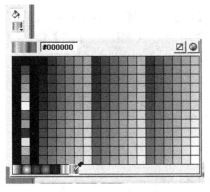

图9-20　颜色面板

图9-21　文本填充颜色后效果图

（3）制作图形元件"圆"。

步骤1　按【Ctrl+F8】组合键，新建一个名称为"探照灯"的图形元件。

步骤2　单击工具面板的椭圆工具 ○.，填充颜色自定义，按住【Shift】键的同时，绘制一个圆，如图9-22所示。

步骤3　在属性面板中修改圆的宽度和高度为120像素。

（4）利用遮罩层制作探照灯效果动画。

步骤1　在库面板中双击"page1_fengmian"，进入元件"page1_fengmian"的编辑窗口，在时间轴面板中，单击"插入图层"按钮 ▣.，插入图层4，并将其重命名为"探照灯"。

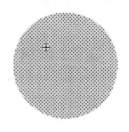

图9-22　绘制圆

步骤2　在时间轴面板中选择"探照灯"图层的第25帧，按【F6】键，插入关键帧。

步骤3　选择"探照灯"图层的第25帧，将元件"圆"拖到舞台区文本的左边，如图9-23所示。

图9-23　将元件"圆"拖到文本的左边

步骤4　选择"探照灯"图层的第60帧，按【F6】键，插入关键帧，移动实例"圆"到文本的右边，如图9-24所示。

图9-24　将元件"圆"拖到文本的右边

步骤 5 选择"标题 2"图层的第 60 帧，按【F5】键，插入帧；选择"标题"图层的第 60 帧，按【F5】键，插入帧；选择"背景"图层的第 60 帧，按【F5】键，插入帧，如图 9-25 所示。

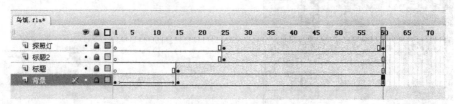

图 9-25 在时间轴面板中插入帧

步骤 6 在时间轴面板中，选择"探照灯"图层第 25 帧至 40 帧之间的任意一帧，在"帧"属性面板的"补间"下拉列表中，选择"动画"，如图 9-26、图 9-27 所示。

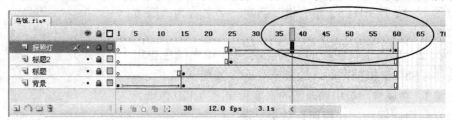

图 9-26 时间轴面板

图 9-27 帧属性面板

步骤 7 在时间轴面板，选择"探照灯"图层，单击鼠标右键，在弹出的快捷菜单中选择"遮罩层"命令，如图 9-28 所示。将"探照灯"图层设置为"标题 2"图层的遮罩层，如图 9-29 所示。

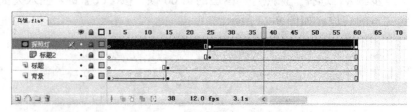

图 9-28 设置遮罩层　　　　　　　　图 9-29 设置遮罩层的结果图

（5）在探照灯动画之后，文本颜色为灰色，制作一个由灰色到深灰的动画，效果如图 9-30 所示。

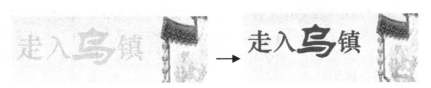

图 9-30　效果图

步骤 1　选择"背景"图层的第 61 帧，按【F5】键，插入帧，使得背景图片延长到第 61 帧，如图 9-31 所示。

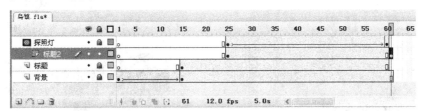

图 9-31　时间轴面板

步骤 2　选择"标题 2"图层的第 61 帧，按【F6】键，插入关键帧，单击工具面板的填充颜色工具按钮 ，选择填充颜色并单击，如图 9-32 所示，修改文本的颜色为"#333333"。

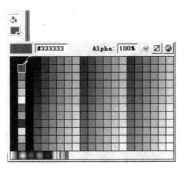

图 9-32　填充颜色面板

步骤 3　选择"探照灯"图层，先取消"遮罩层"命令，再重新执行"遮罩层"命令。

🌐 **知识链接**

在 Flash 中，文字的制作过程一般如下：使用文字工具，在场景中输入文字；设置文字的属性，如大小、颜色、字体和字号等；对文字进行特殊处理，比如打散、变形等操作。

请思考：圆为什么需转换成元件？遮罩层是如何运行的？如何让探照灯照到"乌"字时，停顿一会？

任务 3．添加图片

添加图片"fengmian_main"，效果如图 9-33 所示。

步骤 1　在库面板中双击"page1_fengmian"，进入元件"page1_fengmian"的编辑窗口，在时间轴面板中，单击"插入图层"按钮 ，插入图层 5，并将其重命名为"图片"。

步骤 2　在时间轴面板中选择"图片"图层的第 40 帧，按【F6】键，插入关键帧。

步骤 3　选择"图片"图层的第 40 帧，选择"文件→导入→导入到舞台"菜单命令，在弹出的"导入到舞台"对话框中，选择从教材所提供网站中下载的素材文件夹中的"images"文件夹中的图像文件"fengmian_main.jpg"，单击"打开"按钮，将图像导入到舞台工作区，如图 9-34 所示。

图 9-33　添加图片效果图

图 9-34　插入图片

步骤 4　单击工具面板上的任意变形工具按钮 ，修改图片的大小到合适的尺寸，如图 9-35 所示。

任务 4．添加脚本控制影片剪辑元件播放

图 9-35　任意变形工具按钮

将"page1_fengmian"影片剪辑元件拖到主场景中，测试影片，发现影片剪辑元件会循环播放。为了让影片剪辑元件一次播放完后，就停止在最后一帧，不再循环播放，可以利用脚本语句来控制影片剪辑元件。

步骤 1　选择"标题 2"图层的第 61 帧，选择"窗口→动作"菜单命令（或按【F9】键），打开动作面板，如图 9-36 所示。

步骤 2　在脚本工作区中输入 ActionScript 语句：stop()；使得影片剪辑元件播放一次后就停止，如图 9-37 所示。

图 9-36　打开动作面板

图 9-37　在脚本区输入脚本语句

9.2.3　杂志封面内页的制作

　　模拟真实的翻书过程，翻开封面页后，所看到的是杂志的封面内页，在这一页，也就是 page2_fengmianb 影片剪辑元件，制作一个图片轮换显示的动画来展示乌镇的自然风光，其页面效果如图 9-38 所示。

图 9-38　封面内页效果图

　　在这个模块中设计了一个图片切换的动画，主要是利用补间动画与遮罩层技巧来实现的。具体分为以下两个任务来完成。

　　任务 1．设置背景
　　任务 2．制作图片切换动画

任务 1．设置背景

　　步骤 1　在库面板中双击"page2_fengmianb"元件，打开此元件的编辑窗口，在时间轴面板中，将图层 1 重命名为"背景"。

　　步骤 2　选择"文件→导入→导入到库"菜单命令，在弹出的"导入到库"对话框中，选择从教材所提供网站中下载的素材文件夹中的"images"文件夹中的图像文件"page_bj1.jpg"，单击"打开"按钮，将图像导入到库中。

　　步骤 3　选择"背景"图层的第 1 帧，从库面板中把位图元件"page_bj1.jpg"拖动到影片剪辑元件"page2_fengmianb"的编辑窗口中，并在属性面板中设置 X、Y 坐标为（-175，-225），如图 9-39 所示。

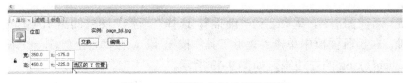

图 9-39　页面效果图及属性设置

知识链接

这里可看出背景图片与封面的背景图片有所类似，但是又有所不同，其实是利用 Photoshop 对封面背景图片进行处理得到的，读者若有兴趣，可自行下载 PSD 文件进行参考学习。

任务 2. 制作图片切换动画

（1）从左到右逐渐推出的图像切换效果。

步骤 1　选择"文件→导入→导入到库"菜单命令，将素材文件夹中的图像文件"wuzhen(0).jpg"、"wuzhen(1).jpg"、"wuzhen(2).jpg"、"wuzhen(3).jpg"导入到 Flash 的库面板中。

步骤 2　新建图层 2，重命名为"图片 1"，选择"图片 1"图层的第 1 帧，将库面板中的"wuzhen(0).jpg"图片拖曳至舞台中合适的位置，如图 9-40 和图 9-41 所示。

步骤 3　选择"图片 1"图层的第 30 帧，按【F5】键，插入帧。

图 9-40　时间轴面板

步骤 4　新建图层 3，重命名为"图片 2"，选择"图片 2"图层的第 10 帧，按【F6】键，插入关键帧。将库面板中的"wuzhen(1).jpg"图片拖曳至舞台，位置同"wuzhen(0).jpg"图片重合，如图 9-42 所示。

图 9-41　编辑窗口页面效果图 1　　　　图 9-42　编辑窗口页面效果图 2

步骤 5　新建图层 4，重命名为"渐推"，选择"渐推"图层的第 10 帧，按【F6】键，插入关键帧。在工具面板中单击"矩形工具"按钮 □，在舞台上绘制一个长条矩形，遮住实例 wuzhen(1).jpg 的左边缘，如图 9-43 所示。

步骤 6　选择"渐推"图层的第 30 帧，按【F6】键，插入关键帧。单击"任意变形工具"按钮 ，将矩形放大到正好罩住整个实例 wuzhen(1).jpg，如图 9-44 所示。

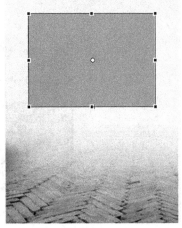

图 9-43　在"渐推"图层的第 10 帧绘制长条矩形　　图 9-44　在"渐推"图层的第 30 帧将矩形放大到
　　　　　　　　　　　　　　　　　　　　　　　　　　　　　　　罩住整幅图片

　　步骤 7　选中"渐推"图层的第 10 帧，在"帧"属性面板的"补间"下拉列表中，选择"形状"，创建补间形状动画。

　　步骤 8　为了使图片 wuzhen(1).jpg 在舞台中持续一段时间，选择"渐推"图层的第 60 帧，按【F5】键，插入帧。选择"图片 2"图层的第 60 帧，按【F5】键，插入帧。

　　步骤9　选择"渐推"图层，单击鼠标右键，从弹出的快捷菜单中选择"遮罩层"命令，使"渐推"图层成为遮罩层，"图片 2"图层成为被遮罩层，此时的时间轴面板如图 9-45 所示。

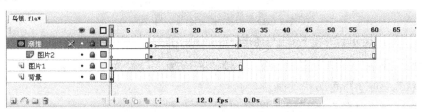

图 9-45　使用补间形状动画与遮罩层后的时间轴面板

知识链接

这里利用到补间形状动画以及遮罩层的原理，可参考第 2.8.3 节相关内容。

（2）从中间向两边逐渐开门的图像切换效果。

　　步骤 1　新建图层，命名为"图片 3"，选择第 40 帧，按【F6】键，插入关键帧，将库面板中的"wuzhen(2).jpg"图片拖曳至舞台，位置同 wuzhen(1).jpg 重合。

　　步骤 2　新建图层，命名为"开门"，选择第 40 帧，按【F6】键，插入关键帧，绘制一个长条矩形。

　　步骤 3　选择"窗口→对齐"菜单命令，打开"对齐"面板，如图 9-46 所示。

图 9-46　"对齐"面板

步骤 4　选择刚绘制的长条矩形，在"对齐"面板中，单击"对齐/相对舞台分布"按钮 ，再单击"水平中齐"按钮，使长条矩形位于舞台正中水平对齐，如图 9-47 所示。

图 9-47　在图层"图片 3"的第 40 帧绘制长条矩形

步骤 5　选择图层"图片 3"的第 90 帧，按【F5】键，插入帧；选择图层"开门"的第 90 帧，按【F5】键，插入帧。

步骤 6　选择图层"开门"的第 60 帧，按【F6】键，插入关键帧。单击"任意变形工具"按钮 ，将矩形从中间往两边放大到正好罩住整个实例 wuzhen(2).jpg，如图 9-48 所示。

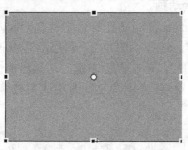

图 9-48　在"开门"图层的第 60 帧将矩形放大到罩住整幅图片

步骤 7　选中"开门"图层的第 40 帧，在"帧"属性面板的"补间"下拉列表中，选择"形状"，创建补间形状动画。

步骤 8　将"开门"图层设为图层"图片 3"的遮罩层。

知识链接

　　"对齐"面板的使用："对齐"面板可以调整多个对象之间的相对位置或各对象相对于舞台的位置。

　　"对齐"选项主要用来将对象水平、垂直、向上、向下、向左、向右进行对齐。

　　"分布"选项可以将所选对象按照中心间距或者边缘间距相等的方式进行分布。

　　"间隔"选项用于调整对象间的距离。

　　"匹配大小"选项可以调整所选对象的大小，使所有对象水平或垂直尺寸与所选最大对象的尺寸一致。

　　"相对于舞台"选项被选中时，所选对象将与舞台对齐。

（3）漂浮式的图像切换效果。

步骤 1　新建图层，命名为"图片 4"，选择第 70 帧，按【F6】键，插入关键帧，将库面板中的"wuzhen(3).jpg"图片拖曳至舞台，位置同 wuzhen(2).jpg 重合。

步骤 2　新建图层，命名为"放大"，选择图层"图片 4"的第 120 帧，按【F5】键，插入帧；选择图层"开门"的第 120 帧，按【F5】键，插入帧。

步骤 3　选择图层"放大"的第 70 帧，按【F6】键，插入关键帧，在图片的左下角绘制一个小正方形。

步骤 4　选择图层"放大"的第 90 帧，按【F6】键，插入关键帧，把矩形放大到完全遮住图片，如图 9-49 所示。

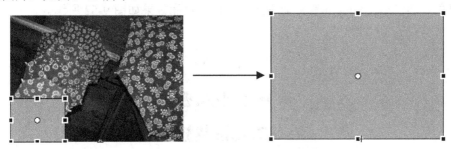

图 9-49　"侧开门"图层第 70 帧和第 90 帧的编辑窗口

步骤 5　在"放大"图层的第 70～90 帧之间，创建补间形状动画。

步骤 6　选择图层"放大"的第 70 帧，选择"修改→形状→添加形状提示"菜单命令，台上将出现一个红色的形状提示点 ⓐ 。按【Ctrl+Shift+H】组合键三次，再添加三个形状提示点 ⓑ 、 ⓒ 、 ⓓ 。

步骤 7　选中图层"放大"的第 70 帧，移动四个形状提示点到如图 9-50 所示的位置。

步骤 8　选中图层"放大"的第 90 帧，移动四个形状提示点到如图 9-51 所示的位置。

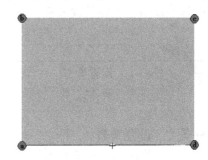

图 9-50　"放大"图层第 70 帧形状提示点位置　　图 9-51　"放大"图层第 90 帧形状提示点位置

步骤 9　将"放大"图层设为图层"图片 4"的遮罩层。

步骤 10　选中"背景"图层的第 120 帧，按【F5】键，插入帧。按回车键，播放动画，观看动画效果。

🌀 知识链接

形状提示点：在补间形状动画中，如果要控制复杂的形状变化，则需要使用形状提示点。形状提示点的作用是在形状渐变的初始状态与结束状态上，分别指定一些关键点，并使这些关键点在起始帧和终止帧中一一对应。这样 Flash 就会根据这些关键点的对应关系来计算形状变化的过程。

提示

形状提示点的设置命令只能在补间形状动画的起始帧被激活。起始关键帧处的形状提示点显示黄色圆圈，终止关键帧处的形状提示点显示绿色圆圈。如果形状提示点不在对象上，则显示红色圆圈。

9.2.4 目录页面的制作

目录页面（page3_mulu 影片剪辑元件）设计页面效果如图 9-52 所示。

图 9-52 目录页面效果图

在这个模块中设计一个目录页面，主要是如何在 Flash 中对文字添加滤镜，以及"对齐"面板的使用。具体可分为以下两个任务来完成。

任务 1. 设置背景
任务 2. 制作文本

任务 1. 设置背景

步骤 1　在库面板中双击"page3_mulu"元件，打开此元件的编辑窗口，在时间轴面板中，将图层 1 重命名为"背景"。

步骤 2　选择"文件→导入→导入到库"命令，菜单在弹出的"导入到库"对话框中，选择从教材所提供网站中下载的素材文件夹中的"images"文件夹中的图像文件"page_bjr.jpg"，单击"打开"按钮，将图像导入到库中。

步骤 3　选择"背景"图层的第 1 帧，从库面板中把位图元件"page_bgr.jpg"拖动到影片剪辑元件"page3_mulu"的编辑窗口，并在属性面板中设置 X、Y 坐标为（-175，-225）。

任务 2. 制作文本

（1）输入文本"目录"，并设置其属性，其效果如图 9-53 所示。

图 9-53　输入文本效果

步骤 1　新建图层，命名为"标题"，选择第 1 帧，选择工具面板中的文本工具，在其属性面板中设置文字字体为华文琥珀，字号大小为 60 像素，颜色为#CC6600，在舞台上输入文字"目录"。

步骤 2　选择文本"目录"，打开滤镜面板，添加投影滤镜效果，如图 9-54 所示。

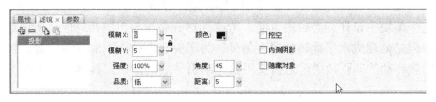

图 9-54　给文字添加投影滤镜

（2）输入其他文本，并调整其在舞台上的位置，其效果如图 9-55 所示。

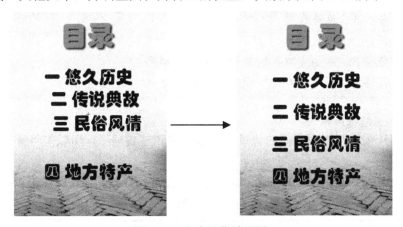

图 9-55　文本最终效果图

步骤 1　新建图层，命名为"内容"，选择第 1 帧，选择工具面板的文本工具，在其属性面板中设置文字字体为华文琥珀，字号大小为 38 像素，颜色为黑色。在舞台上输入文字"一悠久历史"、"二传说典故"、"三民俗风情"、"四地方特产"。

步骤 2　在舞台上全选文本，打开对齐面板，单击水平中齐按钮 和垂直平均间隔按钮 ，调整文本位置，效果如图 9-55 所示。

9.2.5 封底页面的制作

封底页面（page16_fengdi 影片剪辑元件）设计页面效果如图 9-56 所示。

图 9-56 封底页面效果图

在这个模块中设计一个封底页面，考虑到封底必须与封面相对应，所以运用了相同的背景，但是处理成水平翻转效果。另外，为了突出制作人、制作时间等，对文本制作了一个随意移动的动画效果，这需要用到运动引导层的知识。具体可分为以下 4 个任务来完成。

任务 1. 设置背景
任务 2. 插入图片
任务 3. 添加文本并创建运动引导层动画
任务 4. 利用脚本控制元件的播放

任务 1. 设置背景

背景图片采取与封面相同的背景，不过考虑到左右顺序，所以需将背景图片进行水平翻转。

步骤 1 在库面板中双击"page16_fengdi"元件，打开此元件的编辑窗口，在时间轴面板中，将图层 1 重命名为"背景"，如图 9-57 所示。

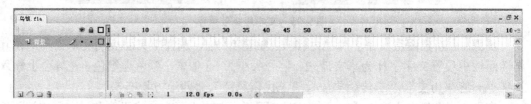

图 9-57 时间轴面板

步骤 2 选择"背景"图层的第 1 帧，从库面板中把位图元件"fengmian_bj.jpg"拖动到编辑窗口，并在属性面板设置 X、Y 坐标为（-175），（-225），如图 9-58 所示。

图 9-58　利用位图"属性"面板调整图像位置

步骤 3　单击刚导入的实例"fengmian_bj.jpg"，选择"修改→变形→水平翻转"菜单命令，将导入的位图进行水平翻转。

任务 2．插入图片

新建图层，命名为"图片"，在第 1 帧插入图片"fengmian_main.jpg"，效果如图 9-59 所示。

图 9-59　页面效果图

任务 3．添加文本并创建引导层动画

（1）创建"文本"图层，设置图层第 1 帧的文本。

步骤 1　新建图层，命名为"文本"，在第 1 帧输入文本"走入乌镇，制作人：幽幽，制作时间：2010 年 12 月 31 日"。

步骤 2　在工具面板中，用指针工具 选择文本，在属性面板中设置其字体为华文琥珀，字号大小为 14，颜色为黑色。

步骤 3　选中文本，在滤镜面板添加模糊滤镜，如图 9-60 所示，使文本模糊化，文字效果如图 9-61 所示。

图 9-60　滤镜面板

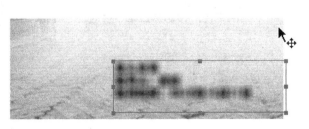

图 9-61　文字效果

（此处为引导层时间轴截图）

图 9-62　添加引导层

（2）创建运动引导层。

步骤 1　在时间轴面板中选中"文本"图层，单击鼠标右键，在弹出的快捷菜单中选择"添加引导层"命令，为"文本"图层添加运动引导层，如图 9-62 所示。

步骤 2　单击引导层的第 1 帧，选择工具面板中的铅笔工具，在舞台中绘制一条平滑的曲线，如图 9-63 所示。

步骤 3　单击图层"文本"的第 1 帧，选择工具面板中的任意变形工具按钮 ，将文本的中心点与引导线起点重合，如图 9-64 所示。

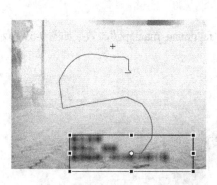

图 9-63　用铅笔在舞台绘制曲线

图 9-64　设置文本的中心点与引导线起点重合

（3）设置图层最后一帧的文本。

步骤 1　分别在四个图层的 30 帧处插入关键帧。

步骤 2　单击图层"文本"的第 30 帧，在滤镜面板取消文本的滤镜效果，并在属性面板中设置文本字号大小为 20，效果如图 9-65 所示。

步骤 3　单击图层"文本"的第 30 帧，将文本从引导线的一端移动到另一端，效果如图 9-66 所示。

图 9-65　文字效果

图 9-66　页面效果图

步骤 4　在图层"文本"的第 1～30 帧之间创建补间动画。

知识链接

这里使用了运动引导层的知识，可参考第 2.8.3 节运动引导层内容部分。

任务 4．利用脚本控制元件的播放

将"page16_fengdi"影片剪辑元件拖到主场景中，测试影片，发现影片剪辑元件会循环播放。为了让影片剪辑元件一次播放完后，就停止在最后一帧，不再循环播放，可利用脚本语句来控制影片剪辑元件。

步骤 1　选择"文本"图层的第 30 帧，按 F9 键，打开动作面板。

步骤 2　在脚本工作区中输入 ActionScript 语句：stop()，如图 9-67 所示使得影片剪辑元件播放一次后就停止。

图 9-67　在脚本区输入脚本语句

9.2.6　创建其他 12 个页面

创建其他 12 个页面，各页面效果分别如图 9-68 至图 9-79 所示。

图 9-68　目录内页

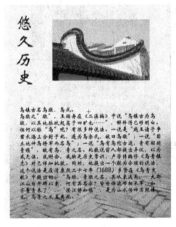

图 9-69　正文第 1 页

图 9-70　正文第 2 页

图 9-71　正文第 3 页

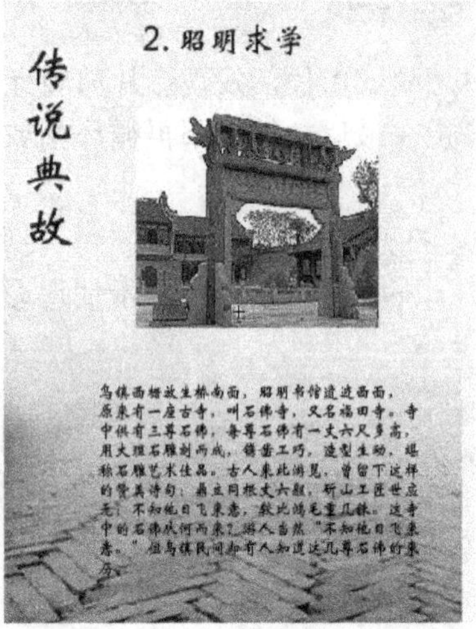

272

2. 昭明求学

传说典故

图 9-72　正文第 4 页

1. 元宵走桥

民俗风情

图 9-73　正文第 5 页

2. 香市

民俗风情

图 9-74　正文第 6 页

3. 茶馆风情

民俗风情

图 9-75　正文第 7 页

4. 皮影戏

民俗风情

图 9-76　正文第 8 页

1. 蓝印花布

地方特产

图 9-77　正文第 9 页

图 9-78　正文第 10 页

图 9-79　封底内页

9.2.7　利用 ActionScript 编写翻页效果

前面 16 个页面已创建好，但如何将这 16 个页面组织起来，也就是如何将这 16 个影片剪辑元件加载到舞台上，并能实现翻页效果，在这个模块中将利用 ActionScript 来编写程序实现翻页效果。具体分为以下 3 个任务来完成。

任务 1.　制作翻页按钮

任务 2.　新建影片剪辑元件"AS"，编写代码，实现翻页效果

任务 3.　将"AS"影片剪辑元件放置在主场景的舞台上

任务 1.　制作翻页按钮

步骤 1　按【Ctrl+F8】组合键，新建一个按钮元件，命名为"BOT"，在按钮的最后一帧上画一个正方形，如图 9-80 所示。

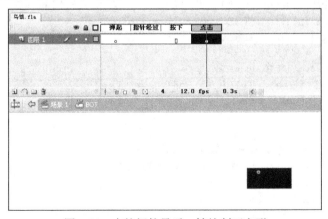

图 9-80　在按钮的最后一帧绘制正方形

步骤 2　为按钮添加链接属性，将它的标识符命名为"CB"，如图 9-81 所示。

图 9-81　为按钮添加链接属性

任务 2．新建影片剪辑元件"AS"，编写代码，实现翻页效果

新建影片剪辑元件，命名为"AS"，在第 1 帧的脚本工作区中写入以下代码：

```
//定义变量
function hero() {
    PW = 350;          //书页的宽
    PH = 450;          //书页的高
    PC = 16777215;        /* 0xFFFFFF */
    MP = 16;           //书的页数
    AS = 0.08;
    SN = 0.002;
    DR = 0.4;
    DA = 20;
    SY = _y;
    PWH = PW+PH;
    PY = (PH/2)+PW;
    DD = 1;
    VR = -1;
    ENP = 2.5;
    CP = 0.5;
    DRG = false;
    //将按钮加载到书页的4个角
    attachMovie("CB","BRB",110);
    attachMovie("CB","TRB",111);
    attachMovie("CB","BLB",120);
    attachMovie("CB","TLB",121);       //设置它们的位置
    BLB._xscale = (TLB._xscale=-100);
    TLB._yscale = (TRB._yscale=-100);
    BRB._x = (TRB._x=PW);
    BLB._x = (TLB._x=-PW);
    BLB._visible = (TLB._visible=false);
    PI(ENP,DD,VR);
}
function MM() {
    //创建空的影片剪辑来加载书页
    this.createEmptyMovieClip("FBPM",70);
    with (FBPM) {
        beginFill(21760,100);
        lineTo(PWH,(-VR)*PWH);
        curveTo(0,((-VR)*2)*PWH,-PWH,(-VR)*PWH);
        lineTo(0,0);
```

```
            endFill();
        }
        FBPM.duplicateMovieClip("FTPM",80);
        this.createEmptyMovieClip("FSM",90);
        DP(FSM,-DD,VR);
        FSM._rotation = (VR*DD)*90;
        this.createEmptyMovieClip("SSM",100);
        DP(SSM,DD,VR);
        FBP.setMask(FBPM);
        FTP.setMask(FTPM);
        FS.setMask(FSM);
        SS.setMask(SSM);
    }
    //定义变量获得函数返回的值
    function L01(rrr) {
        return (((rrr>1) ? 1 : (((rrr<0) ? 0 : (rrr)))));
    }
    //定义变量来画圆，实现书页弯曲效果
    function MSE(t, xq, yq) {
        with (t) {
            var c = [0, 0, 0, 0, 0, 0, 0];
            var a = [30, 25, 15, 5, 0, 1, 6];
            var ra = [0, 1, 17, 51, 89, 132, 255];
            var m = {matrixType:"box", x:0, y:(-yq)*PW, w:xq*PW,
h:(-yq)*PH, r:0};
            beginGradientFill("linear",c,a,ra,m);
            moveTo(0,(-PW)*yq);
            lineTo(0,(-PWH)*yq);
            lineTo(xq*PW,(-PWH)*yq);
            lineTo(xq*PW,(-PW)*yq);
            lineTo(0,(-PW)*yq);
            endFill();
        }
    }
    //定义变量来画圆，实现书页的角跟随鼠标移动达到弯曲的效果
    function GGR() {
        if (DRG) {
            MRO = ((-DD)*((_xmouse-startX)-(DD*DA)))/(2*PW);
        } else {
            ((MRO>0.666666666666667)        ?        ((MRO=MRO+AS))        :
((MRO=MRO-AS)));
        }
        return (L01(MRO));
    }
    function SAFP(ENP, DD) {
        PI(ENP,DD,VR);
        startX = DD*PW;
        BRB._visible                                                    =
(BLB._visible=(TRB._visible=(TLB._visible=0)));
        PRO = 0;
        FFF(ODR);
```

```
            onEnterFrame = function () {
                FA(L01((PRO=PRO+AS)));
            };
            CP = ENP;
    }
    function SB() {
        var m = ((-VR)*(PW+(PH/2)));
        var e = (PH/2);
        BRB._y = (BLB._y=m+e);
        TRB._y = (TLB._y=m-e);
    }
    function FA(goalR) {
        step = (goalR-ODR)*DR;
        ODR = ODR+step;
        FFF(ODR);
        if (ODR>(1-SN)) {
            FFF(1);
            FD();
            if (AFG) {
                if (CP != EAFP) {
                    SAFP(CP+(DAF*2),DAF);
                } else {
                    AFG = false;
                }
            }
        }
    }
    function turnTo(ENP) {
        if (ENP != CP) {
            if (!onEnterFrame) {
                var d = ((ENP>CP) ? 1 : -1);
                SAFP(ENP,d);
            }
        }
    }
    function flipTo(targPage) {
        if (targPage>CP) {
            DAF = 1;
        } else if (targPage<CP) {
            DAF = -1;
        } else {
            return (undefined);
        }
        AFG = true;
        EAFP = targPage;
        SAFP(CP+(DAF*2),DAF);
    }
    function DP(t, xq, yq) {
        with (t) {
            beginFill(PC,100);
            moveTo(0, (-yq)*PW);
            lineTo(0, (-yq)*PWH);
```

```
        lineTo(xq*PW,(-yq)*PWH);
        lineTo(xq*PW,(-yq)*PW);
        endFill();
    }
}
//顺时针旋转
function FFF(CV) {
    var r = (((VR*DD)*45)*CV);
    FBPM._rotation = (FTPM._rotation=-r);
    FBP._rotation = (FSM._rotation=(VR*(DD*90))-(r*2));
    FS._rotation = (SS._rotation=(VR*(DD*45))-r);
}
//翻页完成后，设置其透明度
function FD() {
    onEnterFrame = null;
    ODR = 0;
    BRB._alpha = (BLB._alpha=(TRB._alpha=(TLB._alpha=100)));
    if (CP != 0.5) {
        BLB._visible = (TLB._visible=true);
    } else {
        BLB._visible = (TLB._visible=false);
    }
    if (CP != (MP+0.5)) {
        BRB._visible = (TRB._visible=true);
    } else {
        BRB._visible = (TRB._visible=false);
    }
    //删除所加载的影片剪辑
    if (PRO == 0) {
        FS.removeMovieClip();
        FSM.removeMovieClip();
        SS.removeMovieClip();
        SSM.removeMovieClip();
        FBP.removeMovieClip();
        FBPM.removeMovieClip();
        if (DD == 1) {
            SRP.removeMovieClip();
        } else {
            SLP.removeMovieClip();
        }
    } else {
        FTP.removeMovieClip();
        if (DD == -1) {
            SRP.removeMovieClip();
        } else {
            SLP.removeMovieClip();
        }
    }
    FTPM.removeMovieClip();
}
//创建新的空影片剪辑，加载其他书页
```

```
function SSW() {
    this.createEmptyMovieClip("FS",50);
    MSW(FS,-DD,VR);
    FS._rotation = (VR*DD)*45;
    this.createEmptyMovieClip("SS",60);
    MSW(SS,DD,VR);
    SS._rotation = (VR*DD)*45;
}
function LB() {
    if (CP == 0.5) {
        SLP._visible = 0;
        FTP.Shade._alpha = 67;
    } else if (CP == (MP+0.5)) {
        SRP._visible = 0;
        FTP.Shade._alpha = 67;
    }
    if (ENP == 0.5) {
        FS._alpha = 67;
        SS._visible = 0;
    } else if (ENP == (MP+0.5)) {
        FS._alpha = 67;
        SS._visible = 0;
    }
}
function SFG() {
    this.createEmptyMovieClip("FTP",30);
    DP(FTP,DD,VR);
    var PN = ((DD == 1) ? (CP+0.5) : (CP-0.5));
    with (FTP) {
        attachMovie("print"+PN,"Print",10);
        with (Print) {
            _x = (DD*PW)/2;
            _y = (-VR)*PY;
        }
    }
    FTP.createEmptyMovieClip("Shade",20);
    MSE(FTP.Shade,DD,VR);
    this.createEmptyMovieClip("FBP",40);
    DP(FBP,-DD,VR);
    var PN = ((DD == 1) ? (ENP-0.5) : (ENP+0.5));
    FBP.attachMovie("print"+PN,"Print",10);
    with (FBP.Print) {
        _x = ((-DD)*PW)/2;
        _y = (-VR)*PY;
    }
    FBP._rotation = (DD*VR)*90;
}

function MSW(t, xq, yq) {
    with (t) {
        var c;
        var a;
```

```
        var ra;
        var mxl;
        var m;
        c = [0, 0, 0, 0, 0, 0, 0];
        a = [30, 25, 15, 5, 0, 1, 6];
        ra = [0, 1, 17, 51, 89, 132, 255];
        mxl = Math.sqrt((PW*PW)+(PWH*PWH));
        m = {matrixType:"box", x:0, y:(-yq)*mxl, w:xq*PW, h:yq*(mxl-PW),
r:0};
        beginGradientFill("linear",c,a,ra,m);
        moveTo(0, (-yq)*PW);
        lineTo(0, (-yq)*mxl);
        lineTo(xq*PW, (-yq)*mxl);
        lineTo(xq*PW, (-yq)*PW);
        endFill();
    }
}
function SMF(DD, VR) {
    PI(CP+(DD*2),DD,VR);
    startX = DD*PW;
    DRG = true;
    BRB._alpha = (BLB._alpha=(TLB._alpha=(TRB._alpha=0)));
    ODR = 0;
    onEnterFrame = function () {
        var goalR = GGR();
        step = (goalR-ODR)*DR;
        ODR = ODR+step;
        FFF(ODR);
        if (!DRG) {
            if (ODR<SN) {
                FFF(0);
                PRO = 0;
                FD();
            } else if (ODR>(1-SN)) {
                FFF(1);
                PRO = 1;
                FD();
            }
        }
    };
}
function PI(ep, d, v) {
    ENP = ep;
    DD = d;
    VR = v;
    _y = (SY+(v*((PY*_yscale)/100)));
    SST();
    SFG();
    SSW();
    MM();
    LB();
    SB();
```

```
    }
    function SST() {
        this.createEmptyMovieClip("SLP",10);
        if (ENP != 0.5) {
            DP(SLP,-1,VR);
            var PN = ((DD == 1) ? (CP-0.5) : (ENP-0.5));
            var SLPP = SLP.attachMovie("print"+PN, "Print", 1);
            SLPP._x = (-PW)/2;
            SLPP._y = (-VR)*PY;
        }
        this.createEmptyMovieClip("SRP",20);
        if (ENP != (MP+0.5)) {
            DP(SRP,1,VR);
            var PN = ((DD == 1) ? (ENP+0.5) : (CP+0.5));
            var SRPP = SRP.attachMovie("print"+PN, "Print", 1);
            SRPP._x = PW/2;
            SRPP._y = (-VR)*PY;
        }
        var t = ((DD>0) ? (SLP) : (SRP));
        t.createEmptyMovieClip("Shade",2);
        MSE(t.Shade,-DD,VR);
    }
    function DRRS() {
        if (MRO>0.666666666666667) {
            CP = CP+(2*DD);
        }
        PD = (DRG=false);
        BRB._visible                                              =
(BLB._visible=(TLB._visible=(TRB._visible=false)));
    }
    function PSRS(side) {
        if (PD) {
            PD = false;
        } else {
            flipTo(CP+(side*2));
        }
    }
    stop();
    hero();
    //定义每一个所加载进来的按钮
    BLB.onRollOver = function() {
        SMF(-1,1);
    };
    TLB.onRollOver = function() {
        SMF(-1,-1);
    };
    BRB.onRollOver = function() {
        SMF(1,1);
    };
    TRB.onRollOver = function() {
        SMF(1,-1);
    };
```

```
     BLB.onRollOut
(BRB.onRollOut=(TRB.onRollOut=(TLB.onRollOut=function () {
     DRG = false;
   }))) ;
   BLB.onRelease = (TLB.onRelease=function () {
     PSRS(-1);
   });
   BRB.onRelease = (TRB.onRelease=function () {
     PSRS(1);
   });
   BLB.onDragOut = (TLB.onDragOut=function () {
     PD = true;
     BRB._visible = (TRB._visible=false);
   });
   BRB.onDragOut = (TRB.onDragOut=function () {
     PD = true;
     BLB._visible = (TLB._visible=false);
   });
   BLB.onReleaseOutside
(BRB.onReleaseOutside=(TLB.onReleaseOutside=
(TRB.onReleaseOutside=function () {
     DRRS();
   }))) ;
```

这里利用脚本语言，主要实现了：

● 定义变量画圆，实现书页的角跟随鼠标移动达到弯曲的效果；

● 遮罩效果，以及按钮控制。

任务 3．将"AS"影片剪辑元件放置在主场景的舞台上

（1）设置主背景。

打开场景 1 的编辑窗口，选择图层 1，修改名称为"背景"，导入图片"bg01.jpg"到舞台。

（2）放置"AS"影片剪辑元件。

新建图层 2，命名为"杂志"，将"AS"影片剪辑元件放置到"杂志"图层的第 1 帧上，并使用"对齐"面板让它居中，完成后的效果如图 9-82 所示。

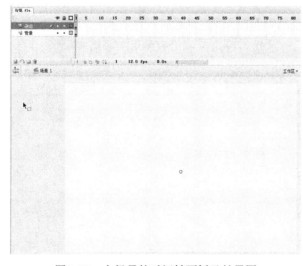

图 9-82　主场景的时间轴面板及效果图

（3）到此整个电子杂志就制作完成了，按【Ctrl+Enter】组合键，测试影片动画效果。

9.3　常见问题

将页面加载到 Flash 主场景中出现位置错乱是一种常见的问题。

本项目将每一个页面都做成一个影片剪辑元件，如果不设置好位置，即元件的背景图片的位置，就会发现页面超出 Flash 文件窗口，或无法实现自动翻转的问题。

解决方法是要注意 Flash 文件的尺寸（750×536 像素），在设置每个元件的背景图片时将图片大小设置为 350×450 像素，并定位在 X 坐标-175 像素，Y 坐标-225 像素处。

9.4　项目总结

本章通过制作电子杂志的项目——走入乌镇，介绍了利用 Flash 来制作电子杂志的方法，其中详细讲解了如何设计电子杂志及 Flash 动画的制作方法。

9.5　实训练习　制作电子杂志

自主设计一个主题，根据主题收集、整理素材，制作一个电子杂志。

第 10 章

音乐 MTV（Premiere）

10.1　项目分析

10.1.1　项目介绍

经常在电视上看到一些专业的 MTV 在播放，不禁在想，它们是怎样制作出来的呢？本章通过学习一个完整的 MTV《草原绿了》，从零开始学习如何实现 MTV 制作的全过程。此外还会学习到第三方专业的歌词同步字幕制作软件——Kbuilder Tools，掌握了它，可以使制作出来的 MTV 作品更加专业，字幕制作过程也更加轻松。

在本项目中，MTV 视频是在 Premiere Pro CS3 中完成的，视频同步声音字幕是使用软件 KBuilder Tools 来完成的。

10.1.2　创意设计与解决方案

▶ 1．创意设计

在制作 MTV 的过程中，通过制作一些效果来学习 Premiere Pro CS3 的基本操作、基本技巧和常用的重要知识点，例如，使用 Sequence 的嵌套实现字符流的效果；通过增加关键帧设置图片的运动；设置图片组的运动和制作一面多画等特效。制作过程中还包含了 Premiere Pro CS3 的素材剪辑、特效添加、特效控制和字幕的创建等知识点。通过添加同步染色字幕，掌握专业字幕制作软件 Kbuilder Tools 的使用方法与技巧。

▶ 2．解决方案

收集所需的视频、图片、音频和歌词等相关素材并整理。素材的收集是制作流程的一个非常重要的环节，素材准备不充分，在制作阶段不得不回头再进行素材的收集，会延长制作周期。本项目素材，可从所提供教材素材网站中下载。

▶ 3．主要内容的解决思路

（1）使用 Sequence 的嵌套实现闪烁与流动的效果。

（2）运用特效控制实现图片的运动。

（3）组合运用特效控制实现图片组的运动。

（4）运用边角固定实现一面多画的效果。

10.1.3 相关知识点

（1）MTV 项目设置。

（2）素材导入与管理。

（3）Sequence 的嵌套。

（4）Matrix 字符流的实现方法。

（5）视频素材的出入点设置。

（6）视频特效。

（7）视频转场。

（8）透明度关键帧及淡入淡出效果的实现。

（9）运动参数的传递。

（10）用 KBuilder Tools 制作 MTV 同步字幕。

（11）项目输出。

10.2 实现步骤

一个完整的 MTV 应包括 4 个部分：片头、内容画面、字幕和片尾。将制作音乐 MTV 项目分为 6 个模块来制作，具体制作过程如下。

10.2.1 项目创建与素材导入

任务 1. 新建一个项目
任务 2. 素材准备及导入

任务 1 新建一个项目

步骤 1 启动 Adobe Premiere Pro CS3 软件，在弹出的欢迎界面中单击"新建项目"按钮，如图 10-1 所示。

步骤 2 打开"新建项目"对话框，展开左侧的"有效预置模式"列表中的 DV-PAL 文件夹，选择其中的"标准 48kHz"选项，设置项目"名称"为"音乐 MTV"，如图 10-2 所示。

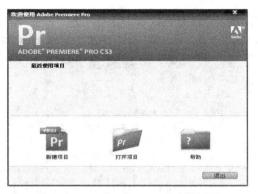

图 10-1　Premiere Pro CS3 欢迎界面

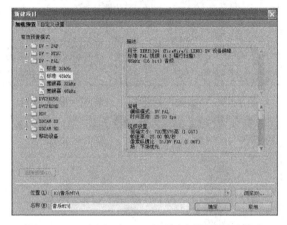

图 10-2　"新建项目"对话框中设置预置模式

任务 2　素材准备及导入

步骤 1　在窗口左侧的"项目"面板中按【CTRL＋/】组合快捷键，创建两个容器，名字分别为"视频"、"草原图片"，如图 10-3 所示。

步骤 2　鼠标右键单击"视频"文件夹，在弹出的快捷菜单中选择"导入"命令，打开"导入"对话框，导入所需的视频文件，如图 10-4 所示，单击"打开"按钮。

图 10-3　创建两个素材文件夹

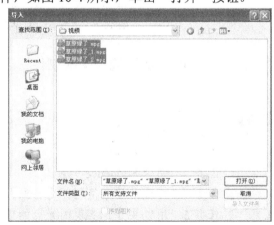

图 10-4　"导入"对话框

步骤 3　设置图片的默认持续时间。选择"编辑→参数→常规"菜单命令，打开"参数"对话框，在"常规"项中设置"静帧图像默认持续时间"为"125"帧，如图 10-5 所示。

步骤 4　选中"草原图片"文件夹，单击鼠标右键，在弹出的快捷菜单中选择"导入"命令。打开"导入"对话框，导入所需的图片文件，如图 10-6 所示，单击"打开"按钮。

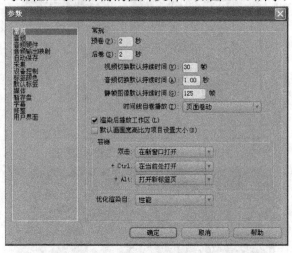

图 10-5　"参数"对话框中设置图片默认时间

图 10-6　"导入"对话框中导入图片素材

10.2.2　Matrix 字符流片头的制作

任务 1.　制作字符

任务 2.　制作闪烁的字符

任务 3.　使用 Sequence 的嵌套制作流动的字符

任务 4.　将流动的字符制作为背景

任务 5.　用镜头光晕实现闪光点的效果

任务 6.　制作背景墙

任务 7.　用基本 3D 制作三维背景墙的效果

任务 8.　合成

要制作一首专业的 MTV 音乐，其中制作特色的片头是不可缺少的。相信电影《黑客帝国》中的 Matrix 片头给许多人都留下了深刻的印象，这个颇具科幻色彩的片头可以用 Premiere Pro CS3 制作出来。下面开始制作一个 Matrix 字符流的片头。

任务 1　制作字符

步骤 1　首先把从所提供教材素材网站中下载的素材里面附带的 Matrix Code NFI 字体安装进系统字体里面。

具体操作为：选择"开始→控制面板"开始菜单命令，打开"控制面板"，双击"字体"选项打开"字体"文件夹，将 Matrix Code NFI 字体文件复制进去，这样就在系统中装入了制作 Matrix 片头所用的字符。

步骤 2　进入 Premiere Pro CS3 界面，选择"文件→字幕"菜单命令，打开"新建字幕"对话框，如图 10-7 所示，输入名称"字幕 1A"，单击"确定"按钮，打开一个字幕窗口，如图 10-8 所示。

图 10-7　"新建字幕"对话框　　　　　　　　图 10-8　"字幕"窗口

步骤 3　选择"文字工具"，在"字幕"窗口右侧"字幕属性"面板中"属性"下的"字体"选项中，单击"Matrix Code NFI 字体即可，如图 10-9 所示。

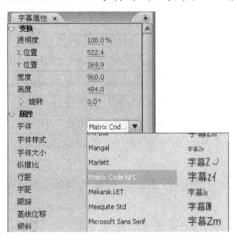

图 10-9　选择 Matrix Code NFI 字体

步骤 4　单击"字幕"窗口上方的"停止跳格"图标 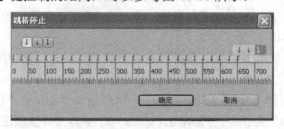，在打开的"跳格停止"对话框中设置【Tab】键控制的距离，可以参考图 10-10 所示。

图 10-10　"跳格停止"对话框

步骤 5　选择字符颜色为绿色，在工作区域内左上角写入第一个字符，并按【Tab】键，则下一个字符的位置跳到了先前设置的距离，写下第二个字符，并按【Tab】键，重复以上操作。到了工作区域右面边缘则按【Enter】键进入下一行，直至写完整篇字符，如图 10-11 所示。

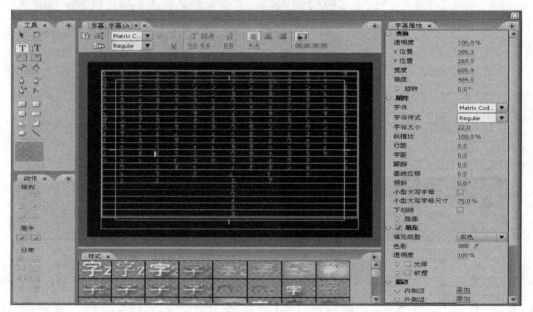

图 10-11　字幕 1A

步骤 6　单击"字幕"窗口中"基于当前字幕新建字幕"图标 ，打开"新建字幕"对话框，输入名称为"字幕 1B"，单击"确定"按钮，如图 10-12 所示。继续在这个"字幕"窗口，将其中的一部分字符换作另外一些，但是注意不要改变整个字符的形状。

步骤 7　在"字幕 1B"窗口中单击"基于当前字幕新建字幕"图标 ，打开"新建字幕"对话框，输入名称为"字幕 2A"，单击"确定"按钮。继续在这个"字幕"窗口，改变其中的一些字符，同时也改变一下整个字符画面的形状，可以将每列的长短进行修改，如图 10-13 所示。

步骤 8　用同样方法制作"字幕 2B"。修改"字幕 2A"中部分字符，但是不改变整个形状，如图 10-14 所示。

步骤 9　最后，按照同样的方法完成"字幕 3A"和"字幕 3B"字符文件，如图 10-15所示。

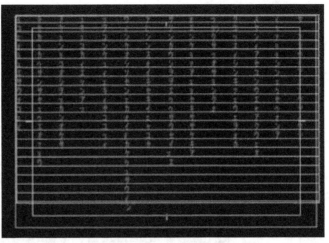

图 10-12　字幕 1B　　　　　　　　　　图 10-13　字幕 2A

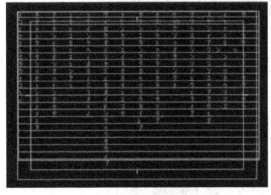

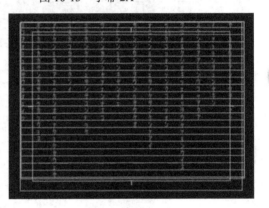

图 10-14　字幕 2B　　　　　　　　　　图 10-15　字幕 3A 和字幕 3B

任务 2　制作闪烁的字符

步骤 1　选择"文件→新建→序列"菜单命令，打开"新建序列"对话框，如图 10-16
所示，输入名称"字幕 1 flash"，单击"确定"按钮，进入时间线窗口。

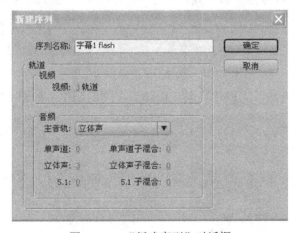

图 10-16　"新建序列"对话框

步骤 2　在"时间线：字幕 1 flash"窗口中，将"字幕 1A"拖入"视频 1"轨道，
将"字幕 1B"拖入"视频 2"轨道，并调节出点到合适位置，如图 10-17 所示。

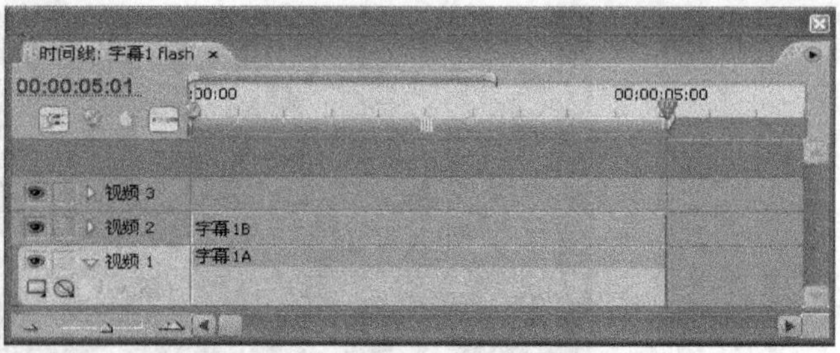

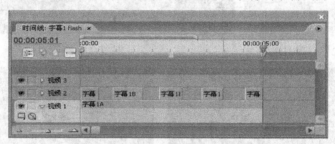

图 10-17　添加字幕素材

步骤 3　选择剃刀工具，将"字幕 1B"文件不规则地切分为若干段，并间隔删除，如图 10-18 所示。此时拖动时间线，可以在浏览器窗口中看到字符闪烁。

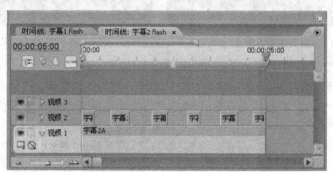

图 10-18　剪辑素材（1）

步骤 4　在项目窗口新建一个序列，命名为"字幕 2 flash"，在时间线窗口打开"字幕 2 flash"，将"字幕 2A"和"字幕 2B"分别拖入"视频 1"和"视频 2"轨道，进行同上面一样的操作，如图 10-19 所示。

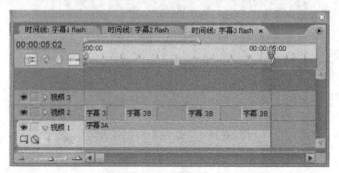

图 10-19　新建"字幕 2 flash"序列

步骤 5　用同样方法，完成"字幕 3 flash"序列的制作，如图 10-20 所示。

图 10-20　剪辑素材（2）

任务 3 使用 Sequence 的嵌套制作流动的字符

步骤 1 在项目窗口新建一个名为"流动字符"的序列，并进入时间线窗口。分别将"字幕 1 flash"、"字幕 2 flash"和"字幕 3 flash"拖入"视频 1"、"视频 2"和"视频 3"轨道，并按图 10-21 所示排列在合适位置。

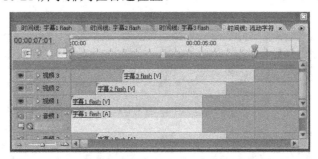

图 10-21 新建"流动字符"序列

步骤 2 单击"字幕 1 flash"，在"效果控制"窗口"视频特效"中展开"运动"选项，在第一帧处设置"位置"关键帧，参数为（360.0，-30.0）。在最后一帧处设置"位置"关键帧，参数为（360.0，400.0），如图 10-22 所示。

步骤 3 此时拖动时间线，可以在浏览器窗口中看到字符的上下移动效果，如图 10-23 所示。

图 10-22 添加关键帧（1）

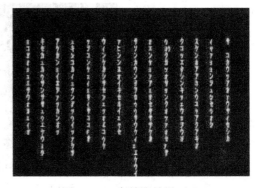

图 10-23 字符流效果（1）

步骤 4 同样设置"字幕 2 flash"和"字幕 3 flash"的运动位置选项，使其也能上下移动，第一帧和最后一帧的参数可以与"字幕 1 flash"的参数一样。

步骤 5 在"视频 1"轨道上复制两段"字幕 1 flash"文件，在"视频 2"轨道上复制两段"字幕 2 flash"文件，在"视频 3"轨道上复制两段"字幕 3 flash"文件，并将它们随意摆放，可以参考图 10-24 所示效果。

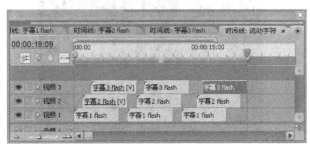

图 10-24 添加字幕素材

步骤 6 此时拖动时间线，可以在浏览器窗口中看到字符不停地无规则上下流动。

任务 4 将流动的字符制作为背景

步骤 1 在项目窗口新建一个名为"背景"的序列，分别将"字幕 1 flash"、"字幕 2 flash"和"字幕 3 flash"拖入"视频 1"、"视频 2"和"视频 3"轨道上，并按图 10-25 所示效果摆放。

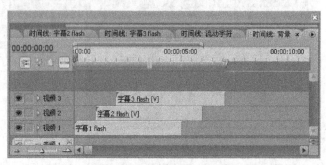

图 10-25 新建"背影"序列

步骤 2 单击"字幕 2 flash"，在"效果控制"窗口中展开"运动"选项，设置"位置"选项的参数为（360.0，450.0），使其下移。此处不必设置关键帧，因为不需要"字幕 2 flash"的运动。可以在浏览器窗口中看到如图 10-26 所示的效果。

图 10-26 字符流效果（2）

步骤 3 同样单击"字幕 3 flash"，在特效控制窗口中展开"运动"选项，设置位置选项的参数为（707，288），使其右移。此处也不必设置关键帧，因为不需要"字幕 3 flash"的运动。可以在浏览器窗口中看到如图 10-27 所示的效果。

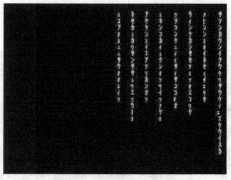

图 10-27 字符流效果（3）

步骤 4　分别在"视频 1"、"视频 2"和"视频 3"轨道上复制两段"字幕 1 flash"、"字幕 2 flash"和"字幕 3 flash"文件，并随意摆放，效果如图 10-28 所示。

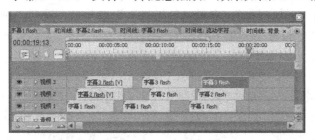

图 10-28　添加字幕素材

步骤 5　可以调节各段文件的位置参数值，以达到满意的效果，最后可以在浏览器窗口中观看到一幅不时变换的背景，如图 10-29 所示。

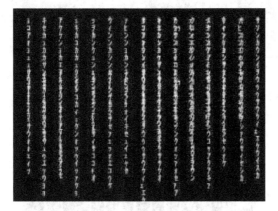

图 10-29　字符流效果（4）

任务 5　用镜头光晕实现闪光点的效果

步骤 1　选择"文件→新建→黑场视频"菜单命令，新建一个"黑场视频"文件。此时项目窗口将自动导入此文件。

步骤 2　在项目窗口新建一个名为"闪光点"的序列，进入时间线窗口，将"流动字符"序列拖入"视频 1"轨道，将"黑场视频"拖入"视频 2"轨道，入点在 0 秒处，如图 10-30 所示。

图 10-30　新建"闪光点"序列

步骤 3　选择"效果"选项卡"视频特效"，选择"生成"文件夹的"镜头光晕"效果，将其拖放在"黑场视频"上，打开"效果控制"面板"镜头光晕"对话框，设置"光晕亮度"参数为 10%，调整"光晕中心"在画面中心，设置"光晕中心"参数为（360.0，288.0），"镜头类型"选择为"50-300mm"，如图 10-31 所示。

步骤4 选择"效果"选项卡"视频特效",选择"键"文件夹下的"亮度键"效果,将其赋予"黑场视频",并采用默认参数设置。

步骤5 单击"黑场视频",选择"效果控制"选项卡,展开"透镜光晕"效果,在第一帧和最后一帧处设置"光晕中心"的关键帧,使其能够由上至下随着落下的字符运动。在中间设置几处"光晕亮度"的关键帧,调节参数,使其能够在下落的过程中无序地变亮或变暗。如图10-32所示。

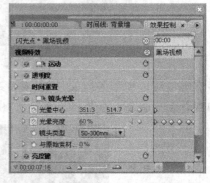

图10-31 设置"镜头光晕"效果参数　　　　图10-32 添加关键帧

步骤6 此时可以在浏览器窗口观看光点的运动和闪烁情况,效果如图10-33所示。

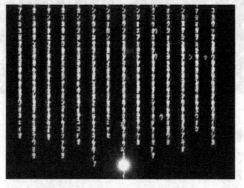

图10-33 字符流效果(5)

步骤7 选择"效果"选项卡"视频特效",选择"图像控制"文件夹下"色彩平衡"效果,将其赋予"黑场视频",并在"效果控制"选项卡调节参数,设置"红"为60,"蓝"为60,"绿"为100,使光点呈现绿色,效果如图10-34所示。

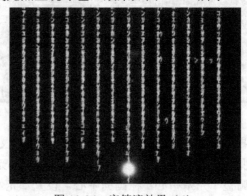

图10-34 字符流效果(6)

步骤 8　复制几段"黑场视频"，将其放在"视频 2"轨道上，如图 10-35 所示，调节每段的光点位于画面左右不同的位置。

图 10-35　添加"黑场视频"

任务 6　制作背景墙

步骤 1　在"项目"选项卡新建一个名为"背景墙"的序列，并进入时间线窗口。将"背景"和"闪光点"序列分别拖入"视频 1"和"视频 2"轨道，并调节"背景"的入点稍落后于"闪光点"，如图 10-36 所示。

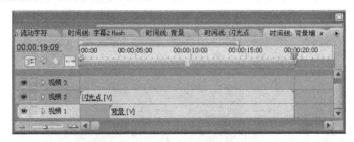

图 10-36　新建"背景墙"序列

步骤 2　单击"背景"文件，选择"效果控制"选项卡展开"运动"选项，设置"背景"的位置参数为（386.0，277.6），使它的字符列能与流动字符的字符列间隔开来，避免重叠到一起。并在第一帧和合适位置设置透明度的关键帧，数值分别为 0 和 70%，使字符能够渐入，并且比较透明。如图 10-37 所示。

图 10-37　设置"背景"效果参数

步骤 3　此时可以在浏览器窗口中看到设置后的效果，如图 10-38 所示。

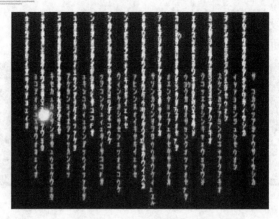

图 10-38　字符流效果（7）

任务 7　用基本 3D 制作三维背景墙的效果

步骤 1　在"项目"选项卡新建一个名为"底背景墙"的序列，并进入时间线窗口。分别将"黑场视频"和"背景墙"拖入"视频 1"和"视频 2"轨道，拖拽"黑场视频"，使其长度与"背景墙"的出点一致，如图 10-39 所示。

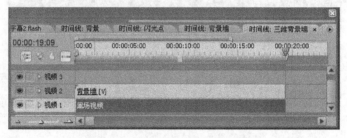

图 10-39　新建"底背景墙"序列

步骤 2　选择"效果"选项卡"视频特效"，选择"透视"文件夹下的"基本 3D"效果，将其赋予"背景墙"。单击"背景墙"文件，选择"效果控制"选项卡展开"基本 3D"选项，设置"倾斜"数值为-73.0°，使画面做横向旋转。同时调节"运动"选项下的"位置"参数值为（360.0，530.0），并适当设置"比例"的数值，如参考值 150.0，使背景墙适当扩大，如图 10-40 所示。

图 10-40　设置"基本 3D"效果参数

步骤 3　此时可以在浏览器窗口中看到设置完毕的效果，如图 10-41 所示。

图 10-41　字符流效果（8）

步骤 4　选择"文件→新建→彩色蒙板"菜单命令，新建一个"彩色蒙板"文件，颜色不能选择黑色，其他颜色均可，将其拖入时间线窗口的"视频 3"轨道上，如图 10-42 所示。

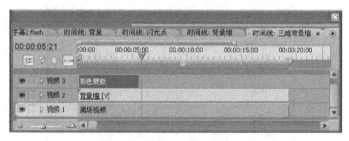

图 10-42　添加"彩色蒙板"

步骤 5　单击"彩色蒙板"文件，选择"效果控制"选项卡展开"运动"选项，将其位置参数值设置为合适的值，如（360.0，723.0），使其下移，正好能将"背景墙"遮住，如图 10-43 为在浏览器窗口中所示效果。

图 10-43　字符流效果（9）

步骤 6　复制"彩色蒙板"的"运动"选项数值，设置"视频 1"轨道上的"黑场视频"文件的"运动"选项，使其具有同样的数值，然后删除"彩色蒙板"。

⊙► **知识链接**

"彩色蒙板"的作用是传递参数。

步骤 7　在"项目"选项卡新建一个名为"右背景墙"的序列，进入时间线窗口。分别将"黑场视频"和"背景墙"拖入"视频 1"和"视频 2"轨道，并调节使其出点一致。

步骤 8　选择"效果"选项卡"视频特效"，选择"透视"文件夹下的"基本 3D"效果，将其赋予"背景墙"。单击"背景墙"文件，选择"效果控制"选项卡展开"基本 3D"选项，设置"旋转"数值为 80.0°，使画面做纵向三维旋转。同时调节"运动"选项下的"位置"参数值为（640.0，288.0），并适当设置"比例"的数值，如参考值 150.0，使背景墙适当扩大。如图 10-44 所示。

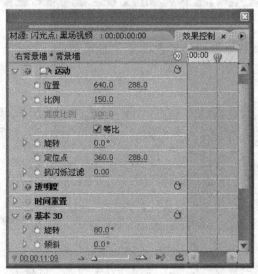

图 10-44　设置"基本 3D"效果参数

步骤 9　此时可以在浏览器窗口中看到设置完毕的效果，如图 10-45 所示。

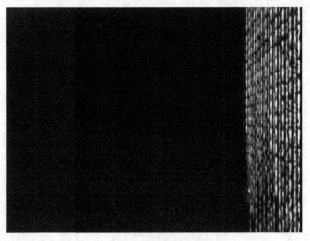

图 10-45　字符流效果（10）

步骤 10　将"彩色蒙板"拖入"视频 3"轨道，并选择"视频特效"选项卡"扭曲"文件夹下的"边角固定"效果，将其赋予"彩色蒙板"。单击"彩色蒙板"，选择"效果控制"选项卡展开"边角固定"效果，设置其参数"下左"为（0.0，410.0），下右为（720.0，1200.0），并调节"运动"选项下的"位置"参数值，如图 10-46 所示，使其能够刚好覆盖"背景墙"中的字符。

步骤 11　此时可以在浏览器窗口中看到设置完毕的效果，如图 10-47 所示。

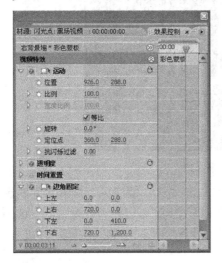

图 10-46　设置"边角固定"效果参数　　　　　图 10-47　字符流效果（11）

步骤 12　按照"彩色蒙板"的"边角固定"效果参数和"运动"参数，设置"黑场视频"文件，以使后者具有与"彩色蒙板"一样的变形和位置，然后删除"彩色蒙板"。

步骤 13　在"项目"选项卡新建一个名为"左背景墙"的序列，然后进行与"右背景墙"几乎一样的操作，不过要将"基本 3D"选项下"旋转"数值设置为-80.0，"运动"选项下"位置"设置为100.0，"比例"设置为150.0，以便产生左面墙壁的效果。同样引进一个"色彩蒙板"，用"边角固定"效果设置其遮住"背景墙"的字符，"边角固定"参数设置为"下左"为（0.0，1200.0），下右为（720.0，410.0），"运动"选项下的"位置"参数值为（-180.0，288.0），然后复制给"黑场视频"。

任务 8　合成

步骤 1　在"项目"选项卡新建一个名为"立体背景墙"的序列，进入时间线窗口。分别将"背景墙"、"三维背景墙""右背景墙"和"左背景墙"拖入"视频 1"、"视频 2"、"视频 3"和"视频 4"轨道，如图 10-48 所示。

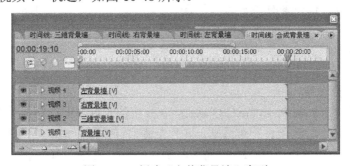

图 10-48　新建"立体背景墙"序列

步骤 2 此时可以在浏览器窗口中看到立体效果，如图 10-49 所示。

图 10-49 字符流效果（12）

步骤 3 在"项目"选项卡新建一个名为"Matrix 片头"的序列，进入时间线窗口，将"立体背景墙"拖入"视频 1"轨道，单击"立体背景墙"，选择"效果控制"选项卡，展开"运动"选项，分别在第一帧处和最后一帧处设置"比例"的关键帧，并设置数值分别为 100、125。

步骤 4 至此，整个作品已完成，选择"文件→导出→影片"菜单命令，输出剪辑文件为"Matrix 字符流.avi"。

10.2.3 MTV 画面的制作

任务 1. 项目设置
任务 2. 素材文件的管理
任务 3. 创建片头字幕
任务 4. 设置字幕文件在时间线上的位置并增加效果
任务 5. 图片的运动（右上角移入、左下角移入、比例缩放）
任务 6. 从视频素材中导出单帧图片
任务 7. 视频素材的出入点设置
任务 8. 图片运动属性的复制实现图片组匀速运动
任务 9. 一面多画的制作

任务 1 项目设置

步骤 1 启动 Adobe Premiere CS3 软件，在弹出的欢迎界面中单击"新建项目"按钮。

步骤 2 打开"新建项目"对话框，展开左侧"有效预置模式"列表中的"DV-PAL"文件夹，选择其中的"标准 48kHz"选项，设置项目"名称"为"素材剪辑"。

任务 2　素材文件的管理

步骤 1　在窗口左侧"项目"面板中按【CTRL＋/】组合快捷键，新建一个文件夹，命名为"片头字幕"，如图 10-50 所示。

步骤 2　在"视频"文件夹中导入上 10.2.2 节合成的视频文件"Matrix 字符流.avi"。

步骤 3　将"草原绿了.mpg"拖入"视频 1"轨道，如图 10-51 所示。将"Matrix 字符流.avi"拖入"视频 2"轨道。

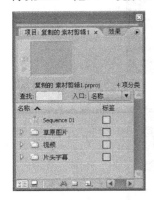

图 10-50　新建素材文件夹

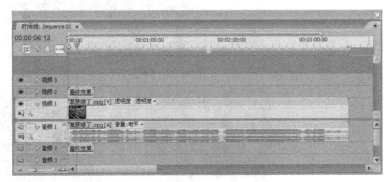

图 10-51　添加视频素材

任务 3　创建片头字幕

步骤 1　选择"文件→新建→字幕"菜单命令，新建一个字幕文件，命名为"歌曲名称"，如图 10-52 所示。

图 10-52　新建字幕"歌曲名称"

步骤 2　在"字幕"窗口中输入文字"草原绿了"，然后进行相应的字体、字号和颜色设置，如图 10-53 所示。

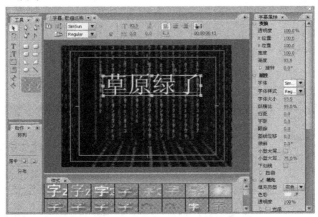

图 10-53　设置相应字体字号

步骤 3　用同样方法再创建两个字幕"作词作曲"、"演唱者"，分别如图 10-54 和图 7-55 所示。

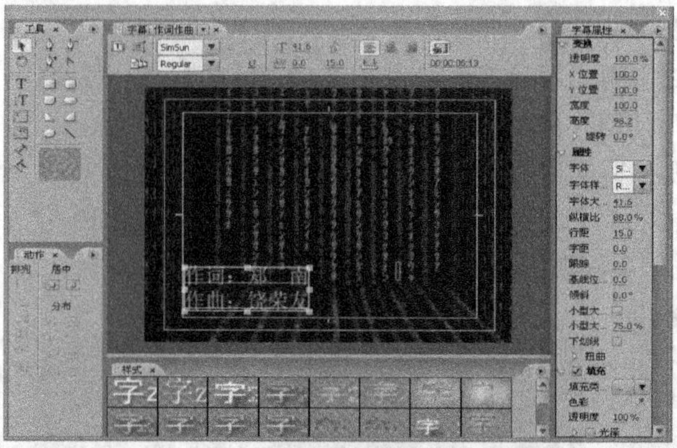

图 10-54 新建字幕"作词作曲"

图 10-55 新建字幕"演唱者"

步骤 4 在"项目"选项卡中将三个字幕文件"歌曲名称"、"作词作曲"和"演唱者"拖入"片头字幕"文件夹中，如图 10-56 所示。

任务 4 设置字幕文件在时间线上的位置并增加效果

步骤 1 将字幕文件"歌曲名称"拖到"视频 3"轨道上，设置其入点为"00:00:00:00"，出点为"00:00:15:00"。

步骤 2 选择"效果"选项卡，打开"视频切换效果"，选取"叠化"中的"叠化"效果，拖放到素材"歌曲名称"上，如图 10-57 所示。

图 10-56 整理文件夹

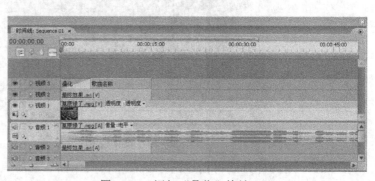

图 10-57 添加"叠化"特效（1）

步骤 3　在时间线面板，用鼠标右键单击"视频 3"后的空白处，在弹出对话框中添加 3 条视频轨，如图 10-58 所示。

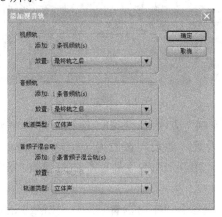

图 10-58　"添加视频轨"对话框

步骤 4　将字幕文件"作词作曲"拖到"视频 4"轨道上，设置其入点为"00:00:05:00"，出点为"00:00:15:00"。给字幕文件"作词作曲"添加"叠化"效果。如图 10-59 所示。

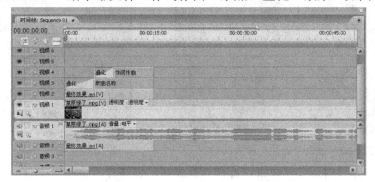

图 10-59　添加"叠化"特效（2）

步骤 5　将字幕文件"演唱者"拖到"视频 4"轨道上，设置其入点为"00:00:16:00"，出点为"00:00:25:00"。给字幕文件"演唱者"添加"叠化"效果。如图 10-60 所示。

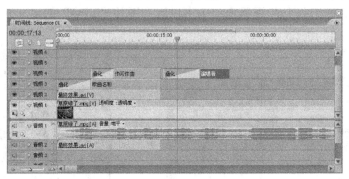

图 10-60　添加"叠化"特效（3）

任务 5　图片的运动（右上角移入、左下角移入、比例缩放）

步骤 1　在"项目"选项卡中展开"草原图片"文件夹，将其中的"1.jpg"拖放至"视频 2"轨道，如图 10-61 所示，设置其入点为"00:01:12:20"，出点为"00:01:23:01"。

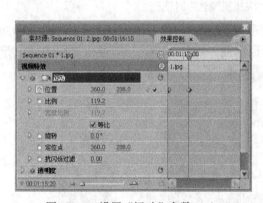

图 10-61　添加图片素材

　　步骤 2　选择"效果控制"选项卡，展开"运动"选项，将时间指示器定位到"1.jpg"的起始帧，添加关键帧，设置"位置"参数为（1098.4，44.0）。单击"运动"变为黑色，然后将时间指示器定位到"00:01:15:02"处，添加关键帧，设置"位置"参数为（360.0，288.0）。如图 10-62 所示。

　　步骤 3　在"节目"监视器窗口中可以看到图片"1.jpg"的运动轨迹，如图 10-63 所示。

图 10-62　设置"运动"参数（1）　　　　图 10-63　图片"1"运动轨迹

　　步骤 4　将"2.jpg"拖放至"视频 3"轨道，设置其入点为"00:01:16:10"，出点为"00:01:27:04"。在"效果控制"窗口中，在其起始点"00:01:16:10"设置"位置"为（-326.3，480.0），单击"运动"为黑色，在"00:01:22:04"处添加关键帧，设置位置为（360.0，288.0），如图 10-64 所示。

　　步骤 5　在"节目"监视器窗口中可以看到图片"2.jpg"的运动轨迹，如图 10-65 所示。

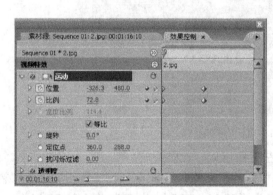

图 10-64　设置"运动"参数（2）　　　　图 10-65　图片"2"运动轨迹

任务6　从视频素材中导出单帧图片

步骤 1　双击"项目"选项卡中"视频"文件夹下的"草原绿了_1.mpg"视频文件，在"素材源"监视器窗口中打开文件。将时间指示器定位到"00:03:07:00"处，如图 10-66 所示。

图 10-66　剪辑素材（1）

步骤 2　选择"文件→导出→单帧"菜单命令，打开"输出单帧"对话框，输入文件名为"1.bmp"，如图 10-67 所示。

图 10-67　"输出单帧"对话框

步骤 3　单击"保存"按钮，"1.bmp"自动保存在"项目"选项卡中，如图 10-68 所示。接着，将"1.bmp"拖入"草原图片"文件夹。

步骤 4　将"1.bmp"拖放至"视频 4"轨道上，设置其入点为"00:01:22:01"，出点为"00:01:27:04"。选择"效果控制"选项卡，在其起始点"00:01:16:10"处分别添加"位置"和"比例"的关键帧，设置"位置"为（360.0，288.0），"比例"为 30.0。在其出点处单击"运动"为黑色，分别添加"位置"和"比例"的关键帧，设置"位置"为（360，288.0），"比例"为 100.0，如图 10-69 所示。

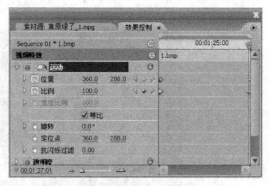

图 10-68 "项目"选项卡面板 　　　　图 10-69 设置"运动"参数（3）

任务 7　视频素材的出入点设置

步骤 1　双击"项目"选项卡"视频"文件夹中的"草原绿了_1.mpg"，在"节目源"监视器窗口打开。在"00:03:08:03"处设置入点，在"00:03:13:06"处设置出点。如图 10-70 所示。

图 10-70　剪辑素材（2）

步骤 2　将剪辑后的"草原绿了_1.mpg"拖放至"视频 3"轨道"2.jpg"之后，给其添加"叠化"效果，如图 10-71 所示。

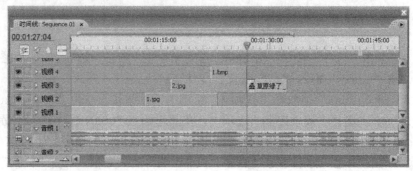

图 10-71　添加"叠化"效果（4）

步骤 3 双击"项目"选项卡"视频"文件夹中的"草原绿了_2.mpg"，在"节目源"监视器窗口打开。在"00:00:06:14"处设置入点 ，在"00:00:09:10"处设置出点 。如图 10-72 所示。

步骤 4 双击"项目"选项卡"视频"文件夹中的"草原绿了_2.mpg"，在"节目源"监视器窗口打开。在"00:01:02:09"处设置入点 ，在"00:01:12:19"处设置出点 。如图 10-73 所示。

图 10-72 剪辑素材（3）

图 10-73 剪辑素材（4）

步骤 5 拖动"时间线"窗口中的时间指示器到"00:01:53:24"处，将剪辑后的"草原绿了_1.mpg"和"草原绿了_2.mpg"依次拖放至"视频 2"轨道上，如图 10-74 所示。

图 10-74 添加视频素材

任务 8 图片运动属性的复制实现图片组匀速运动

步骤 1 拖动"时间线"窗口中的时间指示器到"00:02:08:23"处，将"项目"窗口中"草原图片"文件夹中的图片"3.jpg"、"4.jpg"、"5.jpg"、"6.jpg"和"7.jpg"依次拖放至"视频 2"轨道至"视频 6"轨道上，并且设置图片出现顺序依次相差 2s，如图 10-75 所示。

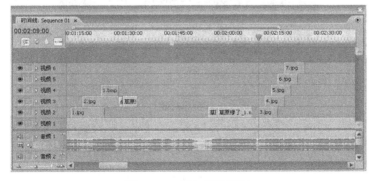
图 10-75 添加图片素材

步骤 2　单击"3.jpg",选择"效果控制"选项卡,在其起始帧分别添加"位置"和"比例"的关键帧,设置"位置"为(825.0,480.0),"比例"为"30.0",如图 10-76 所示。

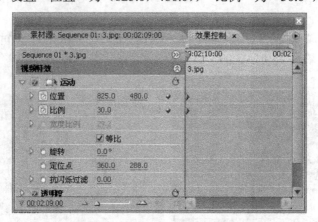

图 10-76　设置"运动"参数(4)

步骤 3　在其结束帧分别添加"位置"和"比例"的关键帧,设置"位置"为(-109.0,480.0),"比例"为"30.0",如图 10-77 所示。

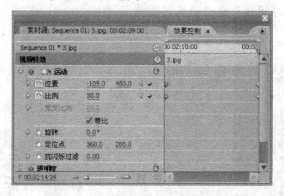

图 10-77　设置"运动"参数(5)

步骤 4　单击"3.jpg",选择"效果控制"选项卡,用鼠标右键单击"运动"后,在弹出的快捷菜单中选择"复制"命令。然后单击"视频 3"轨道上的"4.jpg",选择"效果控制"选项卡,用鼠标右键单击"运动"后,在弹出的快捷菜单中选择"粘贴"命令。如图 10-78 所示。

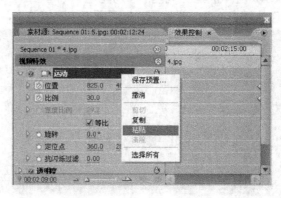

图 10-78　"运动"参数的复制

步骤 5　同样，将"3.jpg"的"运动"属性粘贴到"5.jpg"、"6.jpg"和"7.jpg"的"运动"属性中，在"节目"监视器窗口中就会预览到图片组匀速运动的效果，如图 10-79 所示。

图 10-79　图片组匀速运动效果预览

任务 9　一面多画的制作

步骤 1　拖动"时间线"窗口中的时间指示器到"00:02:34:00"处，将"项目"窗口中"草原图片"文件夹中的图片"8.jpg"、"9.jpg"、"10.jpg"、"11.jpg"和"12.jpg"依次拖放至"视频 2"轨道至"视频 6"轨道上，并且设置图片出现顺序依次相差 1s，如图 10-80 所示。

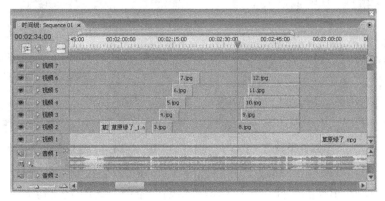

图 10-80　添加图片素材

步骤 2　选择"效果"选项卡"视频特效"文件夹下"扭曲"文件夹，将"边角固定"效果拖到"视频 6"轨道的"12.jpg"上。

步骤 3　选择"效果控制"选项卡，单击打开"边角固定"属性。将时间定位器拖到起始帧（00:02:38:00）处，增加"上左"、"上右"、"下左"和"下右"关键帧，参数分别为设"上左"（0.0，0.0）、"上右"（720.0，0.0）、"下左"（0.0，576.0）和"下右"（720.0，576.0），如图 10-81 所示。

步骤 4　将时间定位器拖到（00:02:40:00）处，增加"上左"、"上右"、"下左"和"下右"关键帧，参数分别设为"上左"（180.0，144.0）、"上右"（540.0，144.0）、"下左"（180.0，432.0）和"下右"（540.0，432.0），如图 10-82 所示。

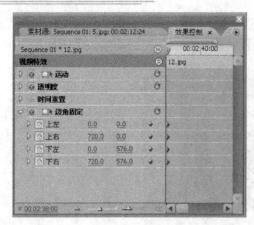
图 10-81　设置"边角固定"参数（1）

图 10-82　设置"边角固定"参数（2）

步骤 5　在"节目"监视器窗口中，可以看到如图 10-83 所示效果。

步骤 6　选择"效果"选项卡"视频特效"文件夹下"扭曲"文件夹，将"边角固定"效果分别拖到视频轨道"8.jpg"、"9.jpg"、"10.jpg"和"11.jpg"上。

步骤 7　选择"效果控制"选项卡，右键单击"边角固定"属性，在出现的快捷菜单中单击"复制"命令，如图 10-84 所示。

图 10-83　一面多画效果预览（1）

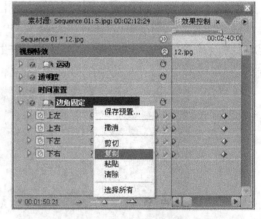
图 10-84　"边角固定"参数的复制

步骤 8　单击"视频 5"轨道上的"11.jpg"，选择"效果控制"选项卡，右键单击"边角固定"属性，在出现的快捷菜单中单击"粘贴"命令，如图 10-85 所示。

步骤 9　选择"效果控制"选项卡打开"边角固定"属性，修改第二个关键帧的参数为"上左"（180.0，432.0）、"上右"（540.0，432.0）、"下左"（0.0，576.0）和"下右"（720.0，576.0），如图 10-86 所示。

步骤 10　在"节目"监视器窗口中，可以看到如图 10-87 所示效果。

步骤 11　同样，将"视频 6"轨道上"12.jpg"的"边角固定"属性复制到"8.jpg"、"9.jpg"和"10.jpg"上。

步骤 12　单击"视频 4"轨道上的"10.jpg"，选择"效果控制"选项卡打开"边角固定"属性，修改第二个关键帧的参数为"上左"（0.0，0.0）、"上右"（720.0，0.0）、"下左"（180.0，144.0）和"下右"（540.0，144.0），如图 10-88 所示。

图 10-85 "边角固定"参数的粘贴

图 10-86 设置"边角固定"参数（3）

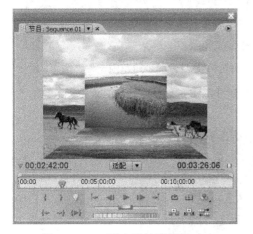

图 10-87 一面多画效果预览（2）

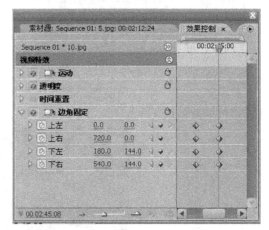

图 10-88 设置"边角固定"参数（4）

步骤 13 在"节目"监视器窗口中，可以看到如图 10-89 所示效果。

步骤 14 单击"视频 3"轨道上的"9.jpg"，选择"效果控制"选项卡打开"边角固定"属性，修改第二个关键帧的参数为"上左"（0.0，0.0）、"上右"（180.0，144.0）、"下左"（0.0，576.0）和"下右"（180.0，432.0），如图 10-90 所示。

图 10-89 一面多画效果预览（3）

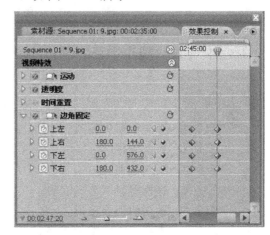

图 10-90 设置"边角固定"参数（5）

步骤 15 在"节目"监视器窗口中，可以看到如图 10-91 所示效果。

步骤 16 单击"视频 2"轨道上的"8.jpg"，选择"效果控制"选项卡打开"边角固定"属性，修改第二个关键帧的参数为"上左"（540.0，144.0）、"上右"（720.0，0.0）、"下左"（540，432.0）和"下右"（720.0，576.0），如图 10-92 所示。

图 10-91 一面多画效果预览（4）

图 10-92 设置"边角固定"参数（6）

步骤 17 在"节目"监视器窗口中，可以看到如图 10-93 所示的效果。至此，一面多画的效果就做成了。

图 10-93 一面多画效果预览（5）

10.2.4 MTV 同步字幕的制作

任务 1. 准备所需的素材

任务 2. 载入歌词

任务 3. 载入歌曲

任务 4. 选择编辑状态

任务 5. 歌词的同步取时

任务 6. 卡拉 OK 字幕效果预览

任务 7. 用 Premiere 编辑卡拉 OK 字幕

声音和字幕的同步如果用 Premiere 来实现，那将是一个既耗时又耗力的工作。这里，介绍一款快速制作字幕的好帮手——KBuilder。

KBuilder 即小灰熊卡拉 OK 字幕设计工具，其窗口如图 10-94 所示。它用于设计专业的卡拉 OK 同步变色字幕，并生成卡拉 OK 字幕脚本，然后通过视频非线性编辑软件进行叠加处理，就可以制作出令人激动的卡拉 OK 节目。如果将节目刻录成卡拉 OK 视频光盘，可以在计算机或家用 VCD、SVCD 和 DVD 机器上播放它们。

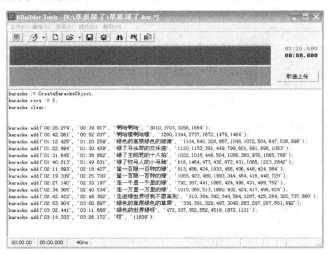

图 10-94　KBuilder Tools 窗口

任务 1　准备所需的素材

步骤 1　制作之前，先要准备下面所需的素材。"草原绿了"歌曲的音频文件"草原绿了.wav"或影音文件"草原绿了.mpg"。

步骤 2　"草原绿了"歌词文本"草原绿了.txt"，如图 10-95 所示。

图 10-95　歌词文本文件

若做单行的卡拉 OK 字幕，一行字数不要太多，一般不要大于 10，两行字幕不要大于 15，否则效果不好看。

任务 2　载入歌词

步骤 1　打开 KBuilder 3.5 软件，选择"文件→打开"菜单命令，或单击工具栏中的"　"按钮，打开"打开"对话框，选择"草原绿了.txt"文件，如图 10-96 所示，单击"打开"按钮。

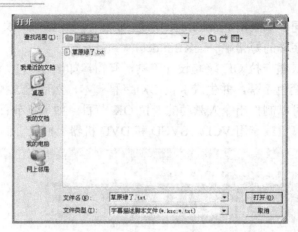

图 10-96　"打开"对话框

步骤 2　把"草原绿了.txt"装载进来后，程序会自动在歌词前面加上三行代码，如图 10-97 所示。

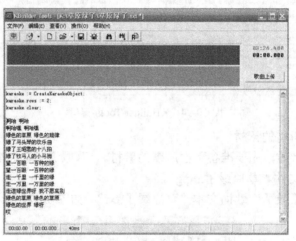

图 10-97　载入歌词后的"KBuilder Tools"窗口

任务 3　载入歌曲

加载歌词之后，接下来要载入歌曲了。载入歌曲的目的是帮助把握唱词速度。

步骤 1　选择"文件→打开多媒体文件"菜单命令或单击工具栏中的"  "按钮，把"草原绿了.wav"文件装载进来，如图 10-98 所示。

图 10-98　打开多媒体文件

步骤 2　此时，可以按【Enter】键开始播放音乐。如果想看画面，按【F5】快捷键或选择"查看→多媒体播放器"菜单命令，就可以调出播放窗口，如图 10-99 所示。控制方法和一般播放器没有什么区别，操作非常简单。

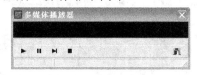

图 10-99　多媒体播放器

任务 4　选择编辑状态

小灰熊字幕编辑器有三种编辑模式，必须正确选择才能顺利操作。

步骤 1　选择"编辑→编辑模式/取时值模式"菜单命令或单击工具栏中"　"按钮，即可进行三种模式（文本编辑、逐字同步取时、逐行同步取时）的切换。

"文本编辑"模式：可以导入、编辑修改歌词文本。此时文本框的背景为白色，如图 10-100 所示。

图 10-100　"文本编辑"模式

"逐字同步取时"模式：使歌词逐字跟随演唱同步变色。此时文本框的背景为灰色，如图 10-101 所示。

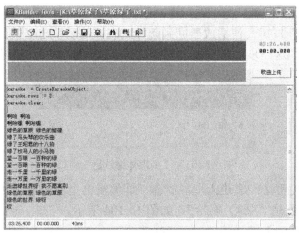

图 10-101　"逐字同步取时"模式

"逐行同步取时"模式：使歌词逐句跟随演唱同步变色。此时文本框的背景为深绿色，如图 10-102 所示。

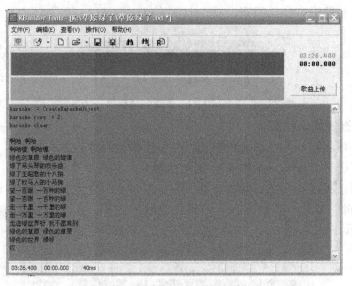

图 10-102　逐行同步取时模式

以上三种状态还可以通过按【F2】快捷键进行切换。同时，使用快捷键可大大提高制作速度和质量，以下列出了常用快捷键。

F2：切换编辑模式，按一下切换一种模式，不断循环。

F4：卡拉 OK 预览，按一下调出预览窗口进行预播放。

F5：多媒体播放器，按一下调出多媒体播放器，然后使用下面两个快捷键进行操作：

Enter（回车键）为播放/停止。

Space（空格键）为同步取时。

Ctrl+N：新建歌词文本。

任务 5　歌词的同步取时

"同步取时"是让歌词字幕与演唱同步变色的关键一步。在这之前一定要多听几遍歌曲，熟记歌词与节奏，一切准备就绪后按以下步骤进行制作。

步骤 1　初始化播放器。方法是按【F5】键打开"多媒体播放器"窗口，如图 10-103 所示，单击"停止"按钮，使播放器回到起始状态，然后单击"关闭"按钮 ⬛ 隐藏"多媒体播放器"窗口。这一步非常重要，为的是保证歌词脚本的开始时间与歌曲精确同步。

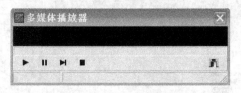

图 10-103　"多媒体播放器"窗口

步骤 2　按快捷键【F2】进入取时状态（即编辑框呈灰色显示状态），把光标定位在第一句歌词上，也就是"啊哈 啊哈"，如图 10-104 所示。

步骤 3　按【Enter】键开始播放，当播放至第一个歌词如"啊哈"时立刻按一下空格键，这时歌词的第一个单词变了颜色，如图 10-105 所示。

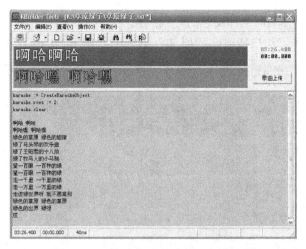

图 10-104　把光标定位在第一句歌词上

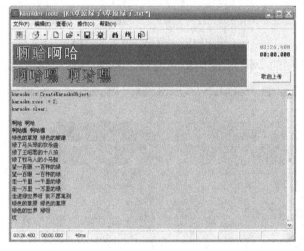

图 10-105　按空格键取词

步骤 4　播放至第二个"啊哈"时，再按一下空格键。这时预览区的"啊哈啊哈"都变了颜色。以此类推，只要紧跟演唱节奏不断按空格键，就可以连续进行整句歌词的同步变色，如图 10-106 所示。

图 10-106　歌词的同步变色

步骤 5　当第一行歌词全部变色后，继续按一下空格键换下一行，此时，第一行歌词同步取时完毕，程序自动生成时间代码加入歌词中，如图 10-107 所示。

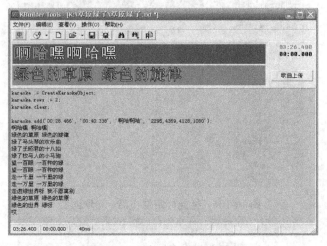

图 10-107　自动生成时间代码

步骤 6　重复上面的步骤 5，直到歌曲结束，这时的窗口已经变成了如图 10-108 所示。

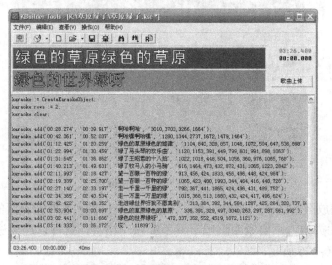

图 10-108　制作完成的同步字幕

任务 6　卡拉 OK 字幕效果预览

步骤 1　完成歌词的同步取时后，可以选择"操作→卡拉 OK 预览"菜单命令或单击工具栏中的" 回 "按钮预览效果，如图 10-109 所示。

图 10-109　卡拉 OK 预览

如果发现歌词变色与演唱节奏不同步，可单击"停止"按钮，再单击播放键重新开始播放。如果还是不同步，则需要按以下方法处理。

某些字句不同步，这是同步取时操作不熟练导致的问题，最好重新同步取时一次。

全部不同步，最常见的是变色先于演唱，这是没有初始化播放器引起的，可以重新同步取时一次。

步骤 2　确认无误后，就可以选择"文件→另存为"菜单命令保存成字幕脚本，如图 10-110 所示，生成".ksc"格式的文件。

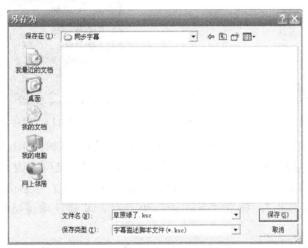

图 10-110　保存脚本字幕

任务 7　用 Premiere 编辑卡拉 OK 字幕

用小灰熊制作的字幕脚本（KSC 文件）可被安装了小灰熊插件的 Premiere 当作 Alpha 通道文件直接调用。小灰熊在安装过程中会自动搜寻 Premiere 软件并与之建立关联，如图 10-111 所示。

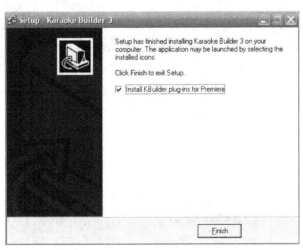

图 10-111　KBuilder 与 Premiere 关联

安装了小灰熊插件的 Premiere 在启动后，屏幕右下角的系统托盘里会出现小灰熊图标，如图 10-112 所示。

步骤 1　在"项目"选项卡中导入字幕脚本"草原绿了.ksc"，如图 10-113 所示。

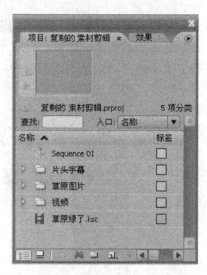

图 10-112　系统托盘上的小灰熊图标

图 10-113　"项目"选项卡

步骤 2　将"草原绿了.ksc"拖放至"视频 7"轨道上，如图 10-114 所示。

步骤 3　拖动时间线预览效果，如发现字幕显示位置不准确，则需要设置位置，双击 Windows 窗口右下角的小灰熊图标，打开如图 10-115 所示的"KBuilder 3"对话框，设置"上下调整"为"-40"，设置"行间距"为"2"，其他选项保持默认，如图 10-115 所示。

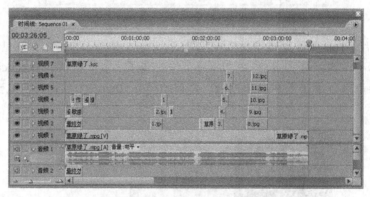

图 10-114　添加字幕脚本素材

图 10-115　"KBuilder 3"对话框中设置字幕显示位置

步骤 4　经过编辑、预览发现字幕的位置没有问题了，如图 10-116 所示。如果此时的歌词推进没有与歌曲音乐完全同步，则需要继续调整素材"草原绿了.ksc"的位置。

图 10-116　预览字幕素材

10.2.5　片尾的制作

任务 1. 新建片尾字幕

任务 2. 制作滚动字幕效果

任务 3. 增加字幕黑场视频背景

任务 4. 预览视频

任务 1　新建片尾字幕

步骤 1　进入 Premiere Pro CS3 界面，选择"文件→字幕"菜单命令，打开"新建字幕"对话框，创建名称为"片尾字幕"的字幕，输入如图 10-117 所示字幕。

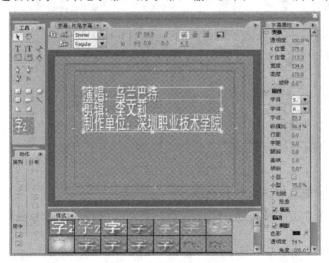

图 10-117　创建片尾字幕

步骤 2　单击"选择工具"选中字幕，单击字幕窗口"样式"中的"方正稚艺"。调整行距为 66.0，倾斜为 0.0°，如图 10-118 所示。

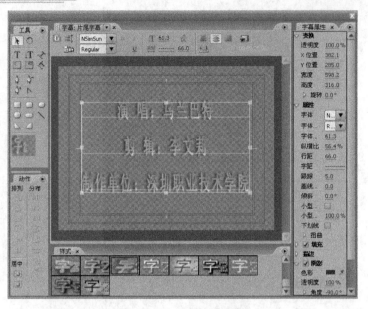

图 10-118 设置字幕属性

任务 2 制作滚动字幕效果

单击字幕窗口的"滚动/游动"选项 ，在弹出的"滚动/游动选项"对话框中选择字幕类型为"滚动"，时间为"开始于屏幕外"，单击"确定"按钮，如图 10-119 所示。

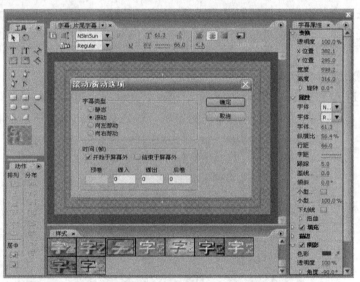

图 10-119 设置字幕类型

任务 3 增加字幕黑场视频背景

步骤 1 选择"文件→新建→黑场视频"菜单命令，在项目选项卡中自动出现"黑场视频"图像。

步骤 2 将"黑场视频"拖放至"视频 2"轨道上，并添加"叠化"特效。将"片尾字幕"拖放至"视频 3"轨道上，在"草原绿了.ksc"结尾处添加"叠化"特效。如图 10-120 所示。

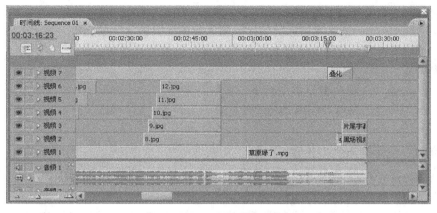

图 10-120　添加片尾字幕

任务 4　预览视频

至此，MTV 制作全部结束，按【Enter】键预览效果，如图 10-121 所示。

图 10-121　预览 MTV 效果

10.2.6 MTV 项目输出

任务 1. 视频输出类型设置
任务 2. 选择文件保存位置

任务 1 视频输出类型设置

步骤 1 激活时间线面板，然后选择"文件→导出→Adobe Media Encoder"菜单命令，弹出如图 10-122 所示"Export Settings"对话框。

图 10-122 "Export Settings"对话框

步骤 2 在弹出的"Export Settings"对话框中，选择输出的视频类型 Format 为"MPEG2-DVD"，如图 10-123 所示。

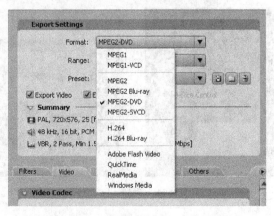

图 10-123 选择要创建的视频类型

步骤3　在DVD格式"Preset"下拉列表中选择"PAL高品质"，如图10-124所示。

图10-124　选择DVD格式

任务2　选择文件保存位置

步骤1　单击"OK"按钮，在弹出的"Save File"对话框中，选择文件保存位置和文件名，如图10-125所示，单击"保存"按钮。

图10-125　"Save File"对话框中选择文件保存位置和文件名

10.3　拓展技巧

10.3.1　染色字幕的其他做法

本项目中应用专业字幕制作软件小灰熊 KBuilder Tools 制作同步字幕，也可以通过 Adobe Photoshop 来完成多段字幕的制作，然后在 Premiere Pro CS3 中设置剪辑的"运动"

属性关键帧来实现剪辑的左右移动,再加上图像蒙板就可以实现卡拉 OK 中字幕随着时间推移从左到右的"染色"效果。

1. 制作字幕图像

步骤 1　首先,使用 Adobe Photoshop 来创建所需要的字幕文件。启动 Adobe Photoshop,在 Photoshop 程序窗口中,选择"文件→新建"菜单命令,打开"新建"对话框,在其中对所要创建的新图像进行设置,具体参数如图 10-126 所示。

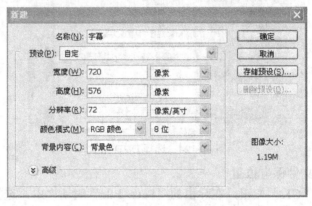

图 10-126　Photoshop "新建"对话框

步骤 2　完成参数设置后,单击"确定"按钮,新建了一个名为"字幕",大小为"720×576 像素"的黑色背景文件。

步骤 3　选择"视图→新建参考线"菜单命令,在弹出的"新建参考线"对话框中,设置垂直和水平的参数,建议分别为 2.54 厘米和 18.4 厘米,如图 10-127 所示。

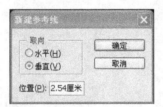 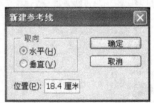

图 10-127　"新建参考线"对话框设置

步骤 4　单击窗口左侧浮动工具栏中的"T"按钮,在字符属性窗口中选择合适的字体,并对其字体属性进行设置。然后输入第一行歌词"绿色的草原　绿色的旋律"。单击浮动工具栏中的"➤╈"按钮,将文本对象拖动到参考线处,如图 10-128 所示。选择"文件→另存为"菜单命令,将当前图像保存为 JPG 格式,文件名为"字幕 1.jpg"。

步骤 5　单击 Photoshop 窗口"图层"面板中的"◻"按钮,在当前文件中添加一个新的图层。在新的图层上输入第二行歌词"绿了马头琴的欢乐曲",单击关闭"绿色的草原　绿色的旋律"图层前面的"👁"按钮,然后将当前图像文件输出为"字幕 2.jpg"文件。重复上面的步骤,继续创建两个新的图层,分别输入第三行歌词"绿了王昭君的十八拍"和第四行歌词"绿了牧马人的小马驹"。最后得到如图 10-129 所示的文件结构。

步骤 6　保存"字幕.psd"文件,这样就得到了由四个文字图层加一个黑色背景图层所组成的 PSD 格式图像文件,以及四个单独的 JPG 格式字幕图像文件。

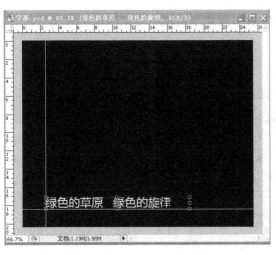

图 10-128　输入歌词

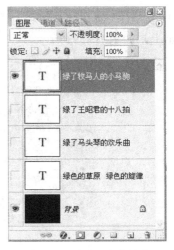

图 10-129　歌词文件结构

2. 导入项目文件

步骤 1　在 Premiere Pro CS3 新建一个项目，名称为"字幕"。

步骤 2　选择"文件→新建→彩色蒙板"菜单命令，在弹出的调色板窗口中设置 R、G、B 值分别为 0、0、255，单击"确定"按钮。打开"选择名称"对话框，命名为"蓝色蒙板"，如图 10-130 所示。

步骤 3　选择"文件→导入"菜单命令，在弹出的"导入"对话框中将前面在 Photoshop 中生成的"字幕.psd"文件导入项目中。在导入 PSD 文件时将弹出如图 10-131 所示的"导入层文件"对话框，选择将"字幕.psd"文件作为"序列"导入到项目中。

步骤 4　单击"确定"按钮。观察项目窗口所导入的剪辑，可以发现作为序列导入的"字幕.psd"文件自动生成了一个名为"字幕"的剪辑箱，其中包括 PSD 文件中每一个图层单独生成的静态图像，以及这些图像一次组成的字幕序列，如图 10-132 所示。

图 10-130　"选择名称"对话框　　　图 10-131　"导入层文件"对话框　　　图 10-132　字幕剪辑箱

3. 时间线制作与调整

步骤 1　在项目窗口中导入歌曲"草原绿了.mp3"。将"草原绿了.mp3"拖入到"音频1"轨道上。然后依次将项目窗口中字幕剪辑箱中的四个字幕图像文件拖入到"视频2"轨道上，如图10-133所示。

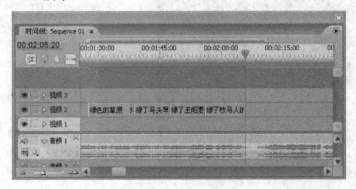

图 10-133　添加素材

步骤2　根据音频"草原绿了.mp3"调节字幕图像剪辑在视频轨道上的长度，保证音频和字幕图像一致。

步骤3　将项目窗口中的"蓝色蒙板"拖入"视频3"轨道上，使其位于第一句歌词图像剪辑"绿色的草原　绿色的旋律"上方，并调整其长度与后者长度和始末位置一致。在"效果"窗口"视频特效"下，选择"键"文件夹下的"图像蒙板"效果，将其赋予"蓝色蒙板"。

步骤4　选择"效果控制"选项卡"视频特效"，展开"图像蒙板键"，单击"→"按钮，打开"选择蒙板图像"对话框，选择"字幕1.jpg"图像文件，如图10-134所示。

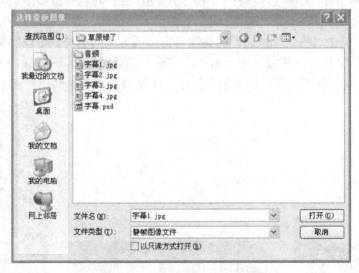

图 10-134　"选择蒙板图像"对话框

步骤5　在"节目"监视器窗口中出现如图10-135所示的字幕效果。

步骤6　在"效果"窗口"视频切换效果"下，选择"擦除"文件夹下的"擦除"效果，将其赋予"蓝色蒙板"。

步骤7　选中"视频3"轨道上刚刚添加的"擦除"效果，拖动鼠标将其调整至与"蓝色蒙板"剪辑长度相同并两端对齐，如图10-136所示。

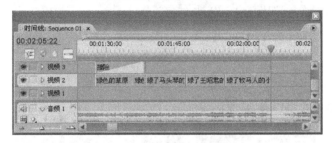

图 10-135　字幕效果预览

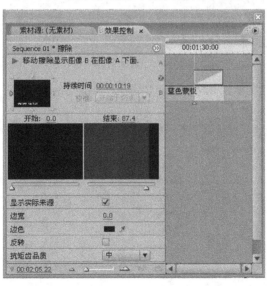

图 10-136　添加"擦除"特效

　　步骤 8　双击"视频 3"轨道上"擦除"效果，弹出"效果控制"面板，调整"开始"和"结束"的参数值，可以调节擦除的速度与音频播放的速度一致，如图 10-137 所示。

图 10-137　调整"效果控制"参数

　　步骤 9　以同样的操作方法，完成其他剪辑的字幕效果，最后效果如图 10-138 所示。
　　步骤 10　保存项目文件，并输出最终的视频文件。

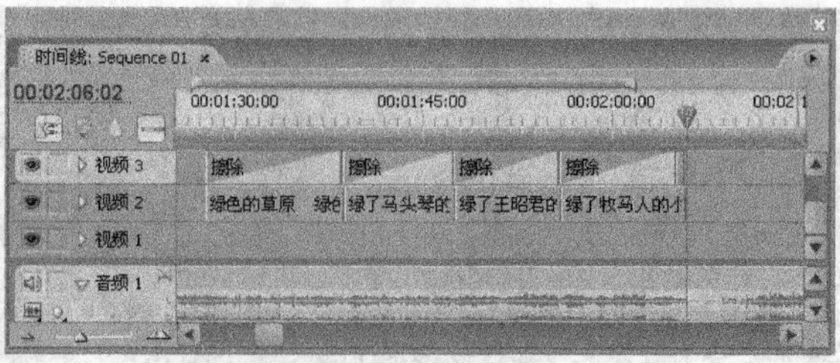

图 10-138　字幕效果

10.3.2　画面定位的计算方法

在进行一面多画效果的制作时，应用了"边角固定"特效。边角的坐标不是随意设定的，可以通过计算四个角的坐标值来进行精确定位。

步骤 1　首先要确认节目监视器窗口画幅的大小。在创建新项目时，视频画幅大小默认为"720 宽 576 高"，如图 10-139 所示。

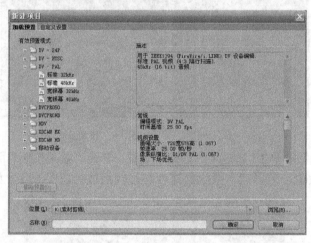

图 10-139　"新建项目"对话框

步骤 2　如果重新设置视频画幅大小，可以单击"自定义设置"选项卡，如图 10-140所示。

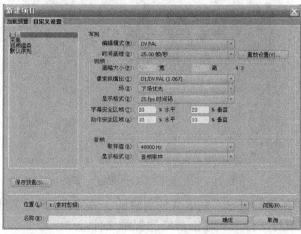

图 10-140　"新建项目"的"自定义设置"选项卡

步骤 3　单击"编辑模式"选项，出现如图 10-141 所示下拉列表。

步骤 4　选择"桌面编辑模式"后，视频画幅大小可以进行重新设置，如图 10-142 所示。

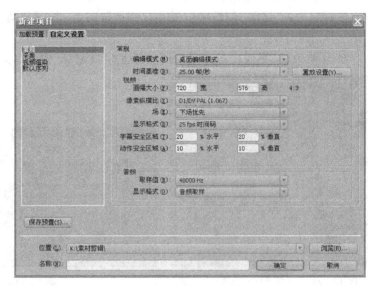

图 10-141　选择编辑模式　　　　　　　　图 10-142　设置画幅大小

步骤 5　在项目中使用的素材，勾选了"默认画面宽高比为项目设置大小"复选框。如图 10-143 所示。

步骤 6　既然默认视频画幅大小为 720 宽 576 高，那么节目监视器窗口中几个关键点的坐标如图 10-144 所示。

步骤 7　根据图 10-144 所示关键点的坐标，可以计算出所需点的坐标值。

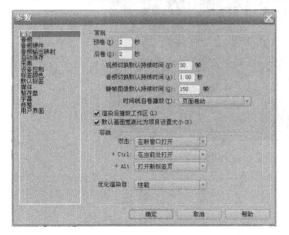

图 10-143　设置画面宽高比

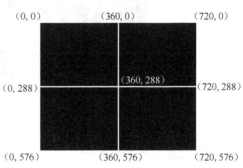

图 10-144　节目监视器画幅的坐标

10.3.3　台标的展示

如果想使 MTV 更具有个性化，可以增加台标。具体制作步骤如下。

步骤 1　在项目面板中导入图像"台标.gif"。

步骤 2　将时间定位器拖动到"00:00:15:01"处，将"台标.gif"拖入视"频轨 3"轨道上，长度为 51s。设置"台标.gif"的"运动"属性参数，位置为（667.5，60.0），比例为 106.7，如图 10-145 所示。

步骤 3　将时间定位器分别拖动到"00:01:27:04"、"00:02:09:00"处，将"台标.gif"拖入视频轨上，"运动"属性中位置和比例参数同上，长度分别为 10s 和 14s，如图 10-146 所示。

步骤 4　在节目监视器窗口中预览带台标的 MTV 效果，如图 10-147 所示。

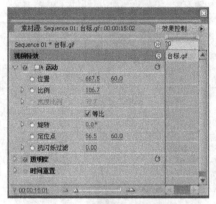

图 10-145　设置"效果控制"参数

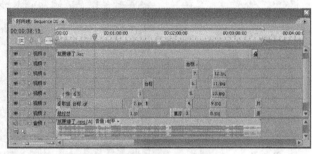

图 10-146　添加台标素材

图 10-147　预览台标效果

10.4　常见问题

1. 图片组运动速度不一致

图片组运动时，每张图片的运动速度不一致，出现间距拉大或缩小的效果。这时候需要在图片"运动"属性中查找开始和结束两个关键帧的"位置"的参数值来计算位移，同时计算开始和结束两个关键帧的时间差，算出速度是否一致。如果不一致，就需要调整参数以达到统一。

2．一面多画不能精确定位

如果在一面中出现个数不同的规则画面，则需要精确定位每个画面四个角的坐标。只要通过"项目设置常规"命令查看项目窗口大小，首先确定项目四个角的坐标，然后可以规则划分，确定不同点的坐标。

10.5　项目总结

本项目通过制作一个完整的 MTV，可以使读者基本能够运用 Premiere Pro CS3 进行影视后期制作。在制作过程中，不仅介绍了 Premiere Pro CS3 中的一些基本操作和基本技巧，比如新建项目、导入素材和素材剪辑等，还通过一些特殊效果的制作介绍了 Premiere Pro CS3 的重要知识点。在制作片头字符流视频时，介绍了 Sequence 的嵌套使用、字幕的创建、彩色蒙板的应用、停止跳格图标的用法等；在制作图片组的运动过程中，介绍了运动属性的设置、添加关键帧的方法等，其中包含了画中画的制作；在制作一面多画的过程中，介绍了边角固定特效的应用等；在制作卡拉 OK 字幕效果时，介绍了如何使用专业字幕制作软件小灰熊 KBuilder Tools 制作同步声音字幕，完成卡拉 OK 染蓝效果。事实上，每一个效果的制作都可以作为一个单独的项目进行实训。

本项目在制作过程中，主要进行了以下操作：

（1）项目的创建与设置；

（2）素材的导入与分类管理；

（3）Sequence 的嵌套使用；

（4）自定义字幕文件；

（5）彩色蒙板的应用；

（6）"停止跳格"的应用；

（7）"叠化"特效的应用；

（8）"基本 3D"特效的应用；

（9）"镜头光晕"特效的应用；

（10）"边角固定"特效的应用；

（11）图片的运动；

（12）素材的剪辑；

（13）KBuilder Tools 专业卡拉 OK 字幕制作软件的使用；

（14）项目输出。

10.6　实训练习　制作 MTV

以班级活动的视频和照片为素材，以音频文件"相亲相爱一家人.mp3"为主题曲，制作 MTV。要求图片做运动效果，有照片和视频字幕说明，增加各种不同特效，制作染色字幕效果。

参 考 文 献

[1] 张小强. 多媒体项目制作实录. 重庆：重庆出版集团，2004.

[2] 缪亮等. Authorware 多媒体课件制作实验与实践. 北京：清华大学出版社，2008.

[3] 石雪飞. 数字音频编辑 Adobe Audition 3.0. 北京：电子工业出版社，2009.

[4] 王竹泉. 中文版 Photoshop CS2/Premiere Pro 2.0 动感电子相册制作宝典. 北京：兵器工业出版社，2007.

[5] 陈伟. 突破瓶颈：Premiere 影视后期编辑的革命. 北京：清华大学出版社，2007.